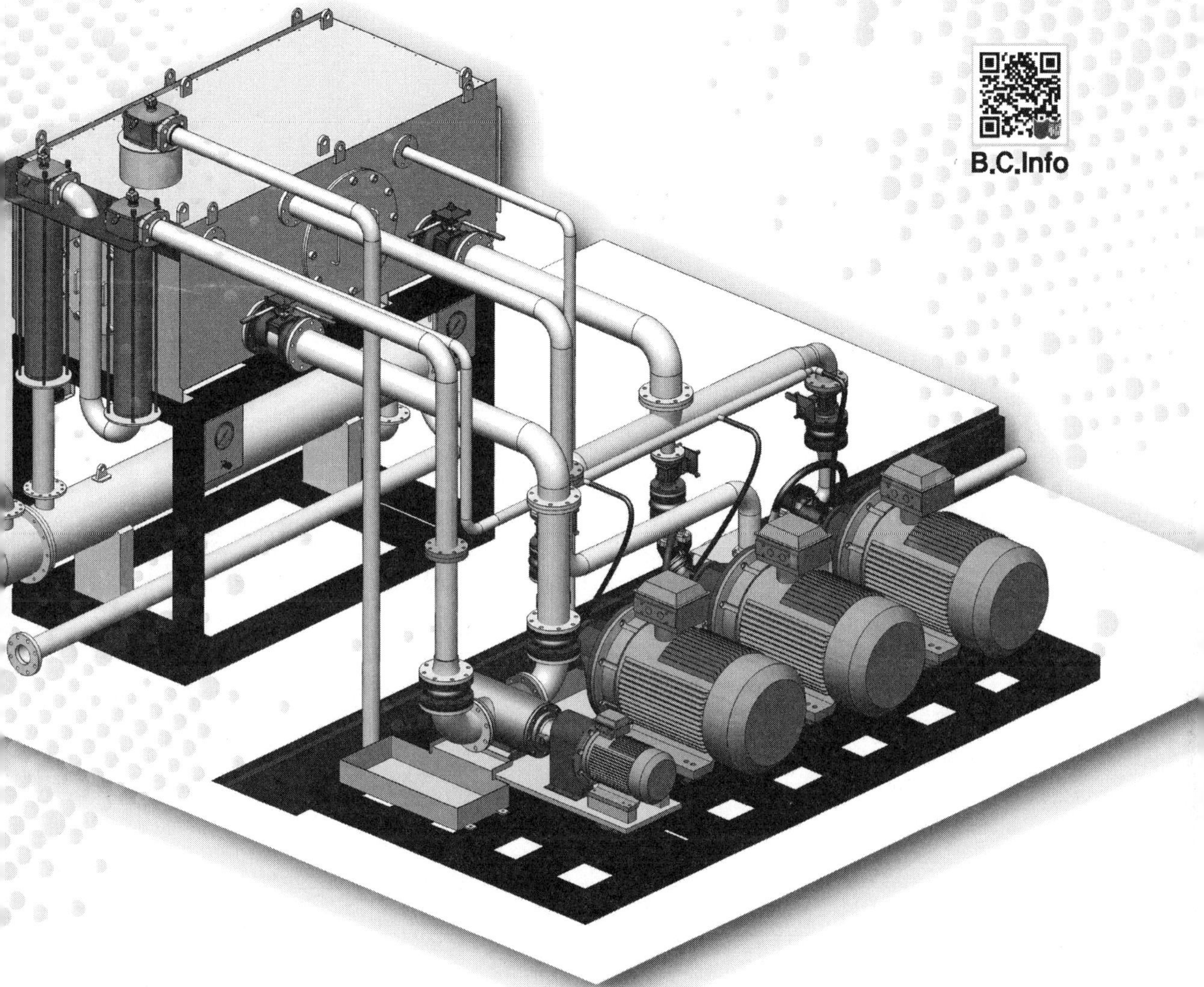

B.C.Info

제 2 판

NCS HYDRAULIC CONTROL

NCS 유압제어

신흥열 저

Contents

01 NCS 유압제어 개요

1.1 NCS 소개

NCS란 국가직무능력표준으로서 National Competency Standards의 약자이다. 산업현장에서 필요한 인력양성을 위해 직무 수행에 요구되는 지식, 기술, 소양 등의 내용을 국가가 산업부문별, 수준별로 체계화한 것으로, 산업현장에 필요한 인력 양성을 위해 직업교육, 훈련, 자격 등에서 활용하고 있으며, 능력중심 채용 등 인사관리에도 활용되고 있다.

1장에서 기술하는 내용은 국가직무능력표준 홈페이지(www.ncs.go.kr)의 내용을 참고하여 작성하였다.

유압제어는 NCS 체계에서 다음과 같은 위치를 점하고 있다.

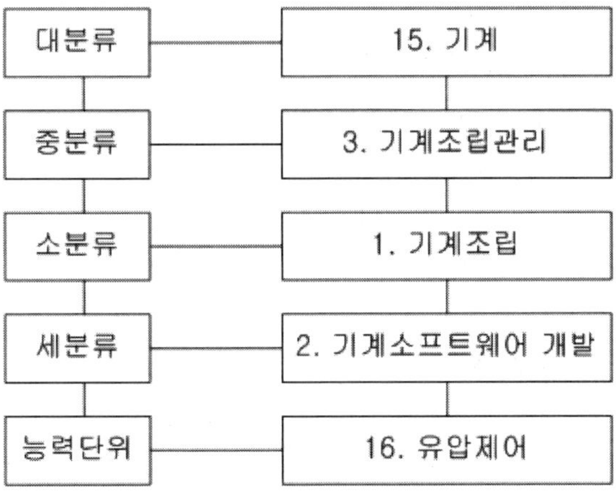

그림 1.1 NCS 체계에서 유압제어의 위치

1.2 유압제어 능력단위

NCS 체계에서 유압제어 능력단위의 분류번호, 명칭 및 정의는 다음과 같다.

▮ 분류번호 : 1503010216_16v4

▮ 능력단위 명칭 : 유압제어

▮ 능력단위 정의 : 유압제어란 유체압력 에너지를 이용한 밸브 및 밸브 및 실린더 등의 요소를 활용하여 제어 방법을 선택하고 유압 제어회로를 구성하며, 시험 운전하는 능력이다.

유압제어 능력단위는 다음과 같은 능력단위요소와 수행준거를 포함한다.

능력단위요소	수 행 준 거
1503010216_16v4.1 유압제어 방식설계하기	1.1 유압요소의 종류에 따라 제어 및 구동에 필요한 사양을 선정할 수 있다. 1.2 시스템에서 요구되는 제어의 목적과 용도에 따라 제어 방법을 설계할 수 있다. 1.3 선정된 결과물을 정리하여 제공할 수 있다.
	【지식】 ○ 기계 장치의 기초 ○ 유압기기 작동법 ○ 유압 기초 지식
	【기술】 ○ 부하선 ○ 시퀀스 제어 기술정 능력 ○ 유압 제어 및 센서활용 능력 ○ 유압밸브 및 액추에이터 선정 능력
	【태도】 ○ 국제표준규격을 준수하는 태도 ○ 상시점검을 통한 유압 기기를 관리하는 태도 ○ 위급사항을 예방하려는 태도
1503010216_16v4.2 유압제어 회로구성하기	2.1 부품의 종류에 따른 배선방법 및 구성 기기간의 관계를 파악하고 회로도를 작성할 수 있다. 2.2 부품의 특성에 따른 설치방법을 파악하고 요구되는 조건 및 성능을 충족하여 작동할 수 있도록 설치할 수 있다.

능력단위요소	수 행 준 거
1503010216_16v4.2 유압제어 회로구성하기	2.3 회로도에 근거하여 전기 배선 및 배관을 할 수 있다.
	【지식】 ○ 유압 기기의 관리에 관한 지식 ○ 유압 기초 지식
	【기술】 ○ 시퀀스 제어 기술 ○ 유압 제어 및 센서활용 능력 ○ 유압 회로 설계 기술 ○ 유압 기기 선정 능력
	【태도】 ○ 국제표준규격을 준수하는 태도 ○ 상시점검을 통한 유압 기기를 관리하는 태도 ○ 위급사항을 예방하려는 태도
1503010216_16v4.3 시험 운전하기	3.1 회로도를 이용하여 동작을 시킬 수 있다. 3.2 유압기기의 출력조정, 속도조정 등의 조작을 부하의 운동특성에 맞게 조정할 수 있다. 3.3 시운전을 통한 유압기기의 이상 유무를 파악할 수 있다.
	【지식】 ○ 유압 기기의 관리에 관한 지식 ○ 유압 기초 지식
	【기술】 ○ 시퀀스 제어 기술 ○ 유압 제어 및 센서활용 능력 ○ 유압회로 설계 기술 ○ 유압 기기 선정 능력
	【태도】 ○ 국제표준규격을 준수하는 태도 ○ 상시점검을 통한 유압 기기를 관리하는 태도 ○ 위급사항을 예방하려는 태도

유압제어 능력단위의 적용범위 및 작업상황은 다음과 같다.

[고려사항]

- 유압 부품을 선정하기 위한 계산 방법은 해당 제품 카탈로그 및 규격화 된 계산 공식을 따른다.
- 제어목표는 제어기를 사용하여 시스템의 특성을 만족시키는데 있다.
- 주변 시스템은 유압 기기를 제어하는 센서 등과 같은 요소를 모두 포함한다.

[자료 및 관련서류]

- 전기 · 전자 도면
- 배선 · 배관 도면
- 기계 도면
- 유압 제품의 사양 및 매뉴얼
- KS 및 ISO 관련 규정집
- 작업 표준서
- 유지보수 매뉴얼 및 점검 일지

[장비 및 도구]

- 유압제어 시스템
- 유압 펌프
- 컴퓨터
- 유압기기 선정 프로그램
- 만능회로 측정기

유압제어 능력단위의 평가지침은 다음과 같다.

[평가 방법]

- 평가자는 능력단위의 유압제어의 수행준거에 제시되어 있는 내용을 평가하기 위해 이론과 실기를 나누어 평가하거나 종합적인 결과물의 평가 등 다양한 평가 방법을 사용할 수 있다.
- 피평가자의 과정평가 및 결과평가 방법은 다음과 같다.

평 가 방 법	평 가 유 형	
	과정평가	결과평가
A. 포트폴리오	✔	✔
B. 문제해결 시나리오		
C. 서술형시험	✔	✔
D. 논술형시험		
E. 사례연구		
F. 평가자 질문		✔
G. 평가자 체크리스트	✔	✔
H. 피평가자 체크리스트	✔	✔
I. 일지/저널		
J. 역할연기		
K. 구두발표		
L. 작업장 평가	✔	✔
M. 기타		

[평가 시 고려사항]

- 평가자는 피평가자가 수행준거 및 평가내용에 제시되어 있는 내용을 성공적으로 수행할 수 있는지를 평가해야 한다.
- 평가자는 다음 사항을 평가해야 한다.
  - 제어 목적에 따른 압력 매체의 선정
  - 사용 환경에 따른 압력 매체 및 제어 방법의 판단
  - 기기의 고장 상태나 이상 유무 판단
  - 검사 장비의 선정 및 사용 방법

유압제어 능력단위를 수행하기 위하여 필요한 직업기초능력은 다음과 같다.

순번	직 업 기 초 능 력	
	주요영역	하위영역
1	의사소통능력	문서파악능력, 문서작성능력, 경청능력, 의사표현능력, 기초외국어능력
2	수리능력	기초연산능력, 기초통계능력, 도표분석능력, 도표작성능력
3	문제해결능력	사고력, 문제처리능력
4	정보능력	컴퓨터활용능력, 정보처리능력
5	기술능력	기술파악능력, 기술선택능력, 기술적용능력

1.3 유압제어를 포함하는 능력단위 구조도

유압제어 능력단위를 포함하고 있는 세분류 「기계소프트웨어 개발」은 다양한 능력단위를 포함하고 있다. 그리고 세분류 「기계소프트웨어 개발」은 소분류 「기계조립」에 속하게 되며 소분류 「기계조립」에는 여러 가지 다른 세 분류 직무가 포함된다. 다음의 그림은 능력단위 구조도로써 이와 같은 관계를 보여 주고 있다.

직능유형 / 직능수준	기계수동조립	기계소프트웨어개발	기계펌웨어개발	기계하드웨어개발
2	조립도면해독 조립안전관리 조립도면작성 조립부품다듬질 공기압장치조립 전기전자장치조립준비	공기압제어 PLC제어기본모듈프로그램개발 PLC제어프로그램테스트	펌웨어동작테스트	기계하드웨어제작
3	치공구조립 조립제품출고 전기전자장치조립 유압장치조립 기계부품조립 조립부품준비 기계구동장치조립	센서활용기술 모터제어 유압제어 PC제어프로그램테스트 HMI프로그램개발 기계시스템운용파라미터최적화	펌웨어구조설계 개발환경구축 펌웨어프로그래밍 펌웨어필드테스트	PCB설계 회로상세설계 기계하드웨어시험
4	조립현장교육	제어프로그램구조설계 PC제어프로그램개발 PLC제어특수모듈프로그램개발	펌웨어기본설계 펌웨어신뢰성 평가	제어기구조설계 회로도작성 기계하드웨어유지관리
5	작업공정설계	기계시스템분석 기계시스템 제어방식 결정	기능요구사항분석 고객기술지원	개념설계
6	조립계획수립 조립작업관리	제어프로세스분석	컴포넌트분석	사양분석

02 유압의 적용과 특징

유압(hydraulics)이란 동력을 전달하는 매체로 사용되는 유압 작동유를 이용하여 힘이나 운동을 발생시키는 것을 의미한다. 유압 작동유는 동력을 전달하는 매체를 뜻한다. 이미 17세기에 압력을 받은 유체는 동력을 전달할 수 있다는 사실이 발견되었으며, 이는 Blaise Pascal (1623~1662)이 1653년 정지된 유체 내의 압력은 모든 방향으로 똑같이 전달된다는 파스칼의 법칙에 기인한다. 그로부터 약 100년 후에는 Bernoulli에 의하여 유동하는 유체의 에너지 보존 법칙이 발견되었고 이러한 법칙들이 공업에 응용되기까지에는 많은 시간이 흘러야 했으며, 제2차 세계대전의 발발과 더불어 자동화 기계에 채택될 수 있었다.

2.1 유압의 적용

유압은 동력의 전달 매체로 사용하는 유압 작동유가 상대적으로 점도가 높고 비압축성이기 때문에 고압을 만드는데 경제적이다. 따라서 큰 힘을 필요로 하는 기계공업을 비롯한 많은 산업분야에 이용되고 있다. 유압의 응용에는 실린더와 배관만으로 된 것을 비롯하여 상당히 복잡한 회로를 구성하는 것까지 매우 다양하다. 간단한 응용으로 우리가 주변에서 자주 볼 수 있는 것은 자동차의 수리 등에 널리 사용되고 있는 유압 잭과 자동차의 브레이크, 인장시험기의 인장력 발생 장치, 가정이나 사무실의 출입문 상부에 부착되어 문을 조용히 닫히도록 하는 도어정지기, 자동차나 철도 차량 등에서 차체를 지지하는 스프링과 함께 사용되는 유압 댐퍼, 충격 완충기 등이 있다.

유압은 일반적으로 두 가지 형태로 분류할 수 있는데 그것은 고정식 유압장치(stationary hydraulics)와 이동식 유압장치(mobile hydraulics)이다. 이동식 유압장치는 고정식 유압시스템을 이동 가능한 수단을 이용하여 그 설치위치를 변경할 수 있는 시스템을 말한다. 이동식 유압장비는 바퀴나 트랙, 체인을 이용하여 이동이 가능하다. 이동식 유압시스템은 일반적으로 토목공사 현장에서 주로 볼 수 있는 굴삭기 등의 장비이다. 고정식 유압시스템은 일반적으로 생산현장에서 견고하게 설치되어 사용되는 유압기계를 의미한다. 이들은 위치를 변경하지 않는 고정된 장소에 설치되어 일정한 형태의 운동을 하는 시스템이다. 이동식 유압장비에서 밸브는 주로 수동으로 작동되고, 고정식 유압장비는 주로 전기신호, 즉 솔레노이드 밸브에 의하여 작동된다.

고정식 유압장치가 사용되는 분야는 생산과 조립기계, 이송라인, 승강기, 콘베어 장치, 프레스, 사출기, 롤링기 등이다. 또한 고정식 유압설비의 대표적인 응용 분야 중의 하나가 공작기계인데 현대의 CNC 선반은 공구와 가공물의 클램핑에 유압이 사용되고 있으며, 공구의 이송과 스핀들의 구동에도 유압이 많이 이용되고 있다.

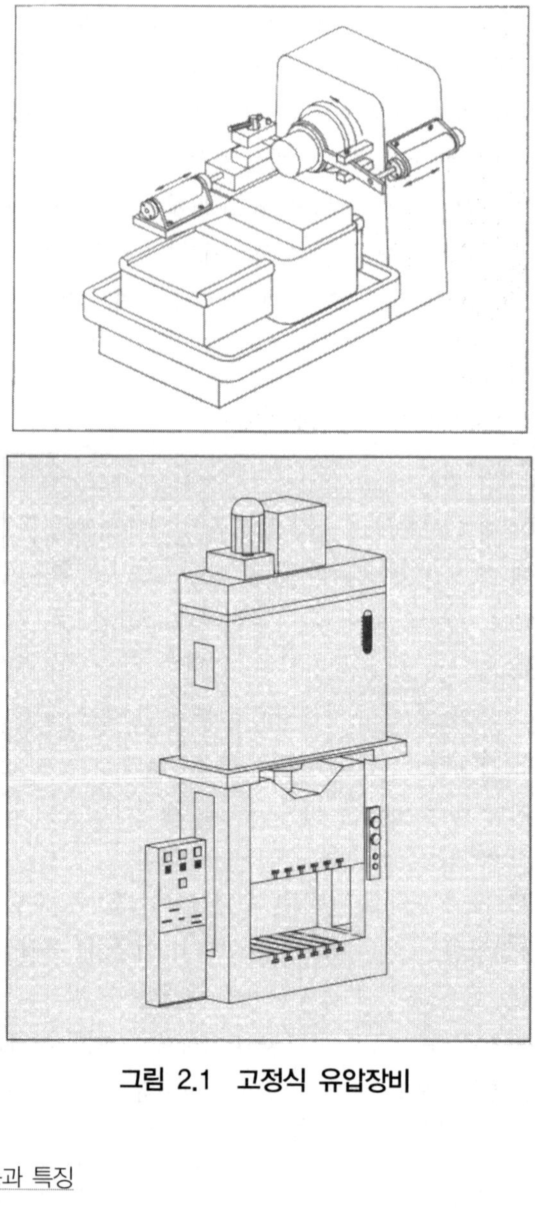

그림 2.1 고정식 유압장비

이동식 유압장치가 사용되는 분야는 건설장비, 농업용 기계, 상용 차량 등이다. 건설장비는 이동식 유압장비의 대표적인 응용 분야로서 굴삭기(excavator)를 예로 들면, 모든 운동이 유압에 의해서 이루어지며, 이동 기어(travelling gear)의 운동도 유압에 의해서 수행된다. 직선운동은 실린더와 같은 직선운동 기구에 의하여 얻어지며, 회전운동은 유압 모터와 같은 회전운동 기구에 의하여 이루어진다.

그림 2.2 이동식 유압장비

일반 기계에 대한 유압의 응용은 공작기계의 경우 이송 기구에 응용됨으로써 공정의 자동화에 전기회로와 기계적 구조물과 조합되어 사용하고 있다. 또한 대량생산의 요구에 맞추어 특정 부품을 가공하는 전용 공작기계 및 트랜스퍼 머신(transfer machine)에도 유압이 사용된다. 압연기나 프레스에도 고압의 유압이 사용되고 있으며, 다이캐스트(die casting) 장치나 플라스틱 성형기에서 금형의 고정이나 원료의 사출 등에 큰 힘을 이용하기 위하여 유압이 이용되고 있다.

건설기계는 대부분의 경우 액추에이터가 운동할 때 큰 힘을 필요로 한다. 따라서 유압을 사용하는 경우가 많은데 그것들은 일반적으로 이동식 유압시스템으로 불도저(bulldozer), 파워셔블(power shovel), 셔블 로더(shovel loader), 트럭 크레인(truck crane), 모터 그레이더(motor grader) 등을 이용한 지하철 공사, 빌딩 건설의 기초 공사, 댐 등의 토목 공사에 많이 이용되고 있으며, 액추에이터로 유압 실린더 및 유압 모터가 장착되어 사용하고 있다.

제철 및 제강을 위한 산업설비도 사람의 접근이 어렵고 위험하며 큰 힘을 요구하는 곳이 많기 때문에 유압의 사용이 일반화되어 있다. 그 예는 용광로(furnace), 연속 주조기, 유압

압연기, 유압식 매니퓰레이터(manipulator) 등이며, 이들은 유압을 이용한 설비의 품질 향상, 정밀도 향상에 대한 요구로 서보 밸브(servo valve)를 사용하는 유압 서보 시스템을 많이 사용하고 있다.

중량물을 운반하는 하역 운반기계도 유압을 적용하는 예이다. 주행 기구를 가진 차량으로 지게차(fork lift), 덤프 트럭(dump truck), 콘크리트 트럭믹서(concrete truck mixer), 이동식 크레인(mobile crane) 등이 그 예이다.

2.2 유압의 특징

일반적으로 유체동력이라 함은 유압 작동유와 같은 액체 또는 공기와 같은 기체를 이용한 동력을 의미한다. 유압 작동유를 사용하는 유압동력을 다른 형태의 동력과 비교하여 보면, 성능 면에서 전기·기계식의 중간 위치에 해당한다. 유압식과 전기식은 중·장거리에 비교적 정밀하게 조정이 가능하나 기계식은 단거리에서 전달 효율이 가장 좋고 전달 동력의 크기에서는 유압식이 전기·기계식보다 훨씬 크다. 또한 가격 면에서 전달 동력이 적을 때에는 전기식이 저렴하지만 전달 동력이 클 때에는 가격이 비슷하게 된다.

이와 같이 기계나 장치의 유압화가 이루어지고 있는 것은 유압장치에 다음과 같은 장점이 있기 때문이다.

제어 기술에서 힘이나 운동, 제어 신호를 발생, 전달하는 데에는 유압 이외에도 기계적 방법, 전기, 공압 등의 매체가 사용될 수 있다. 각각의 매체를 이용하는 방법은 나름대로의 장단점이 있기 때문에 응용 분야에 따라 특징을 살려 사용하는 것이 바람직하다. 유압을 이용하는 경우에는 다음과 같은 장점이 있다.

- 직선운동과 회전운동이 용이하고 소형으로 큰 힘을 낼 수 있다.
- 기계에 의하지 않고 힘과 속도를 무단계로 간단히 변화시킬 수 있다.
- 원격제어가 가능하고, 전기와의 조합으로 간단히 자동제어를 이룰 수 있다.
- 전부하 상태에서 시동이 가능하다.
- 과부하에 대한 방지 대책이 간단하다.
- 입력부와 출력부의 위치를 자유로이 배치할 수 있다.
- 유압에너지의 축적이 가능하다.
- 수동이나 자동 조작이 가능하다.
- 충격이나 진동을 용이하게 감쇄시킬 수 있다.
- 다른 유체에 비하여 윤활성과 방청성이 좋다.

- 공기압에 비하여 조작이 안전하고 응답이 빠르다.
- 정확한 위치제어를 할 수 있다.

그러나 다음과 같은 단점도 갖고 있다.

- 유압유의 온도가 변화하면 점도가 변하여 액추에이터의 정밀한 위치제어와 속도제어에 영향을 준다.
- 유압 부품의 연결부위에서 누유가 발생하여 주변 환경이 지저분해진다.
- 유압 기기와 유압 작동유의 선정과 배관 방법에 따른 압력손실 방지를 고려하여야 한다.
- 유압회로의 구성이 전기회로의 구성보다 쉽지 않다.
- 소음과 진동이 발생하기 쉽다.
- 이물질에 민감하므로 유압유 속에 공기나 먼지가 들어가지 않도록 주의하여야 한다.
- 고압 사용으로 인한 위험성이 있다.

이와 같은 단점들은 유압장치를 신중하게 설계, 제작하고 사용자도 세심하게 주의하여 사용하면 충분히 극복할 수 있다. 유압은 기계 장치와 전기를 함께 조합하면 보다 우수한 장치로 개량될 수 있으므로 산업 전반에 걸쳐 광범위하게 사용되고 있다.

예로부터 작동유체로서 물과 공기도 사용되어 왔다. 물은 구입이 용이하고 약간의 누설이 생기더라도 화재나 공해에 별 문제가 없으나, 얼거나 끓기 쉽고, 배관과 기기에 부식을 야기하며, 윤활성이 없기 때문에 접촉면에서 큰 마찰이 생기는 결점이 있다. 그러나 유압유는 부식을 방지하고 윤활성도 양호하다. 하지만, 누설되면 주변을 오염시키고 화재를 일으킬 위험이 있다. 따라서 수압시험과 같이 정적인 힘을 가하거나 유량을 많이 사용하여야 하는 경우에는 물이나 물과 기름의 혼합유체를 사용한다. 공기는 압축성이 크므로 탄성체로 취급하며 유량을 일정하게 변화시키는 데에는 유압보다 어려움이 있다. 고압이 되면 폭발의 위험과 함께 체적이 증가하므로 보통 1 MPa 이하에서 사용한다. 그러나 공압은 취급이 간편하고 누설되더라도 해가 없으며, 복귀관이 필요 없는 등의 장점이 있어서 자동화의 수단으로 많이 사용한다. 표 2.1은 동력 전달 제어방식의 비교로써 작업용 매체를 선정할 때 고려하여야 할 사항이다.

표 2.1 동력 전달 제어 방식의 비교

종류 / 특징	공 압	유 압	전 기	기 계
에너지 축적	공기탱크로 간단	어큐뮬레이터로 가능	직류만을 축전지로	스프링, 추 등 소규모
동력원의 집중	용이	곤란	용이	약간 곤란
동력원 입수	약간 용이	약간 곤란	용이	곤란
인화 폭발	압축성에 의한 폭발	유압유에 의한 인화성	누전에 의한 인화	관계없음
외부 누설	관계없음	더러움	감전	관계없음
온도의 허용 범위	5～60 ℃ (-40～200 ℃)	50～60 ℃	40 ℃이고 좁다	넓음
과부하 안전 대책	압력제어 밸브로 가능	릴리프 밸브로 가능	복잡	복잡
출력 유지	용이	약간 곤란	곤란	곤란
작동 속도	크다 (10 m/s도 가능)	중간 (1 m/s정도)	가장 크다	적다
보수 관리	용이	약간 곤란	약간 곤란	용이
에너지 변환 효율	약간 나쁨	약간 좋음	좋음	약간 좋음
출력	중간	크다 (10톤 이상 가능)	중간	적다
윤활 대책	1톤 기준	필요 없음	필요 없음	필요함
배수 대책	필요함	필요 없음	필요 없음	관계없음
속도 제어	필요함	좋음	좋음	나쁨
중간 정지	곤란	용이	용이	약간 곤란
응답성	나쁨	좋음	대단히 좋음	좋음
신호의 전달	약간 곤란	약간 곤란	용이	약간 곤란
대부하 특성	변동이 큼	변동이 있음	변동이 거의 없음	변동이 거의 없음
소음	크다	약간 크다	적다	약간 적다

2.3 에너지 선정 시 고려사항

어떤 형태의 에너지를 선정하는 가는 다음의 사항을 고려하여 결정한다.

▮ 작업 요소에 사용되는 에너지

- 전기 에너지
- 유압 에너지
- 공압 에너지
- 위에 언급된 에너지의 조합

▮ 제어 매체의 선정

- 기계적 제어
- 전기적 제어
- 전자적 제어
- 공압 제어(일반 압력 사용)
- 공압 제어(저압 사용)
- 유압 제어

▮ 작업 요소의 선정에 필요한 고려 사항

- 힘
- 행정거리
- 운동의 종류(선형/회전)
- 속도
- 크기
- 내구 수명
- 민감도
- 안전성 및 신뢰성
- 에너지 비용
- 제어성
- 취급성
- 저장성

▮ 제어 요소의 선정에 필요한 고려 사항

- 부품의 신뢰성
- 환경 영향에 대한 민감성
- 유지 보수와 수리에 대한 용이성
- 부품의 스위칭 시간
- 신호 속도
- 공간 점유 정도
- 내구 수명
- 작업자와 보수 유지 인원에 대한 훈련 요구 정도
- 제어 시스템의 변경 가능성

03 유압의 원리와 법칙

3.1 SI 기본단위

유압이나 자연 법칙의 이해를 위해서는 그와 관련된 물리량이나 단위 체계에 대한 지식이 필요하다. 공학에서 물리량이란 물체의 특성, 즉 측정 가능한 상태나 과정을 말한다. 따라서 속도, 압력, 시간, 온도는 물리량이지만, 색은 물리량이 될 수 없다. 이러한 물리량을 표현하는 데에는 여러 가지 방법이 있지만 명확한 의사소통을 위하여 대부분의 과학자들은 동일한 단위 체계를 사용하게 되었으며 이를 SI 단위(International system of unit)라 한다.

SI 단위는 국제적으로 통용되는 물리량의 측정 단위로서 SI 단위계의 기본단위에는 각각 길이, 질량, 시간, 온도, 전류, 광도, 물질의 양이 있다. 이를 표로 정리하면 다음과 같다.

표 3.1 SI 기본단위

측정량	단위	약어
길이	meter	m
질량	kilogram	kg
시간	second	s
전류	ampere	A
온도	degree Kelvin	K
광도	candela	cd
물질량	mole	mol

우리가 일상생활이나 산업현장에서 모든 단위를 기본단위로 표현하게 되면 단위가 매우 복잡하게 된다. 따라서 기본단위로부터 유도되는 단위를 새로운 이름으로 정의하여 사용하게 되는데 이를 유도단위라고 하며, 유압과 관련된 유도단위에는 힘, 면적, 체적, 유량, 압력 등이

있다. 이중에서 특히 힘과 압력이 많이 사용되며 힘의 단위로는 Newton(N)이 사용되고 압력의 단위로는 Pascal(Pa)이 사용된다.

3.2 힘의 단위

힘은 물체의 질량을 가진 물체의 속도를 변화시키는 요인이며 식으로 나타내면 다음과 같다.

$$F = m \cdot a$$

여기에서 F : Force (힘)

m : mass (질량)

a : acceleration (가속도)

힘의 SI 유도단위는 뉴턴(N)이다. 1 N은 1 kg의 질량을 가진 물체에 1 m/s^{2}의 가속도를 주기 위한 힘이다. 따라서 1 N은 다음과 같이 정의된다.

$$1\,\text{N} = 1\,\text{kg} \cdot 1\,\text{m/s}^2$$

우리가 실생활에서 많이 사용하고 있는 kgf의 단위는 주로 공학 단위계에서 많이 사용하고 있는데 뉴턴과는 다음과 같은 관계가 있다.

$$\begin{aligned} 1\,\text{kgf} &= 1\,\text{kg} \cdot 1\,\text{G} \quad (\text{G : 중력가속도}) \\ &= 1\,\text{kg} \cdot (9.81\,\text{m/s}^2) \\ &= 9.81\,\text{kg} \cdot \text{m/s}^2 \\ &= 9.81\,\text{N} \end{aligned}$$

따라서 kgf(킬로그램 중)를 N으로, N을 kgf로 변환시키는 데에는 다음과 같은 관계가 사용된다.

- 1 N = 0.102 kgf
- 1 kgf = 9.81 N

3.3 압력의 단위

압력은 단위 면적당 작용하는 힘이며 이를 식으로 나타내면 다음과 같다.

$$p = F/A$$

여기에서 p : pressure (압력)

F : Force (힘)

A : Area (면적)

압력의 SI 유도단위는 파스칼(Pa)이다. 1 Pa은 1 m^2의 면적에 1 N의 힘이 작용할 때의 압력이다. 따라서 1 Pa은 다음과 같이 정의된다.

$$1\,\text{Pa} = 1\,\text{N}/1\,\text{m}^2$$

우리가 실제로 생산현장에서 많이 사용하고 있는 kgf/cm^2의 단위는 주로 공학 단위계에서 많이 사용하고 있는데 Pa과는 다음의 관계가 있다.

$$\begin{aligned} 1\,\text{kgf/cm}^2 &= 9.81\text{N}/(0.01\,\text{m})^2 \\ &= 98100\,\text{N/m}^2 \\ &= 98100\,\text{Pa} \\ &= 98.1\,\text{kPa} \end{aligned}$$

또한 Pa단위는 무척 작은 압력의 단위이기 때문에 실제로 사용되는 압력을 표현하면 너무 큰 숫자로 표현된다. 그래서 좀 더 큰 단위인 bar가 사용된다.

$$\begin{aligned} 1\,\text{bar} &= 100{,}000\,\text{Pa} \\ &= 100\,\text{kPa} \end{aligned}$$

kgf/cm^2을 bar로 또는 bar를 kgf/cm^2로 변환시키는 데에는 다음과 같은 관계가 사용된다.

- $1\,\text{kgf/cm}^2 = 0.981\,\text{bar}$
- $1\,\text{bar} = 1.02\,\text{kgf/cm}^2$

실제로 1 kgf/cm^2라는 압력과 1 bar라는 압력은 서로 다르지만 실제 현장에서는 같은 단위로 취급해도 무방하다. 6 bar의 압력은 정확하게 6.11832 kgf/cm^2이지만 이를 6 kgf/cm^2라고 간주해도 그 오차는 2%에 불과하다. 따라서 실제 현장에서는 1 bar=1 kgf/cm^2 라고 생각해도 무방하다.

여러 가지 산업분야에서 사용되는 용도별 사용압력은 그림 3.1과 같다.

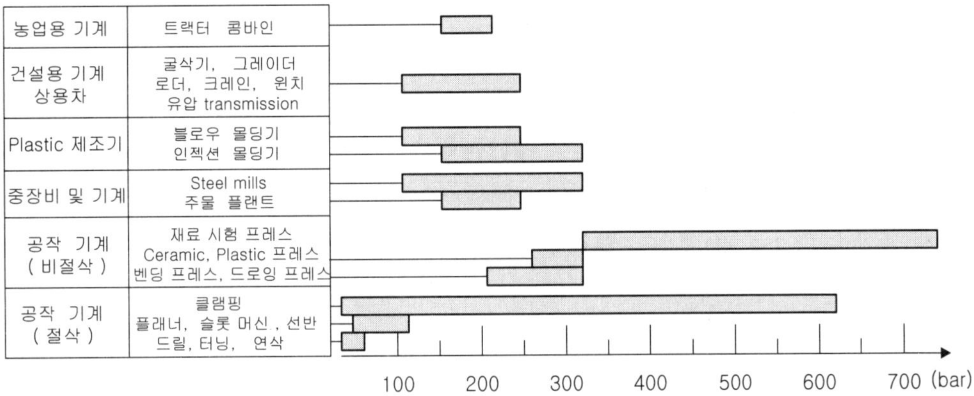

그림 3.1 용도별 사용압력

기타 압력에 사용되는 단위를 정리하면 표 3.2와 같다.

표 3.2 압력 단위의 환산표

Pa (파스칼)	bar (바)	kgf/cm^2	atm (표준대기압)	mmH_2O (수주)	mmHg (수은주)	Psi
1	1×10^{-5}	1.01972×10^{-5}	9.86923×10^{-5}	1.01972×10^{-1}	7.50062×10^{-3}	1.45038×10^{-4}
1×10^{5}	1	1.01972	9.86923	1.01972×10^{4}	7.50062×10^{2}	1.45038×10
9.80665×10^{4}	9.80665×10^{-1}	1	9.67841×10^{-1}	1×10^{4}	7.35559×10^{2}	1.42234×10
1.01325×10^{5}	1.01325	1.03323	1	1.03323×10^{4}	7.60×10^{2}	1.46960×10
9.80665	9.80665×10^{-5}	1×10^{-4}	9.67841×10^{-5}	1	7.35559×10^{-2}	1.42234×10^{-3}
1.33322×10^{2}	1.33322×10^{-3}	1.35951×10^{-3}	1.31579×10^{-3}	1.35951×10	1	1.93368×10^{-2}
6.89473×10^{3}	6.89473×10^{-2}	7.03065×10^{-2}	6.80457×10^{-2}	7.03065×10^{2}	5.17147×10	1

3.4 절대 압력과 게이지 압력

압력을 호칭하는 방법에는 절대 압력과 게이지 압력(상대 압력)이 있다. 게이지 압력이란 압력 게이지 상에 표시되는 압력으로서 대기압과의 차이를 의미한다. 절대 압력은 게이지 압력에 대기압을 더한 값을 의미한다. 유압에서의 압력이란 항상 대기압과의 차이를 의미하기 때문에 상대 압력만을 나타내며, 압력계 또한 대기압과의 차이만을 표시하도록 되어 있다. 그림 3.2에 게이지 압력과 절대 압력과의 관계를 표현하였다.

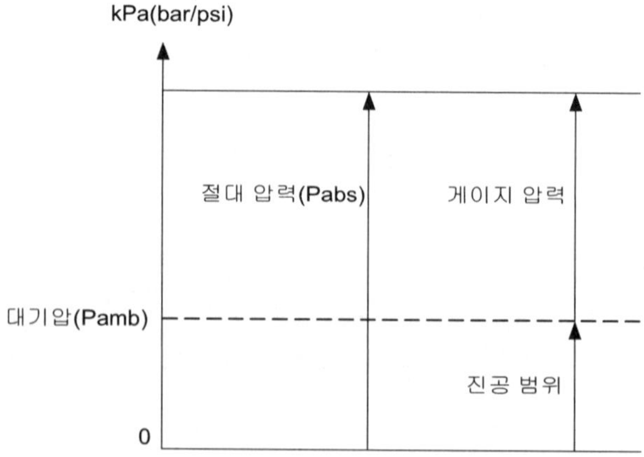

그림 3.2 게이지 압력과 절대 압력

3.5 유량의 단위

유량은 일정한 시간 동안 배관을 통하여 흐르는 체적을 표현하기 위하여 사용한다. 그림 3.3에서 1분 동안 10 ℓ의 체적을 용기에 채웠다면 유량은 10 ℓ/min가 된다. 이를 식으로 표현하면 다음과 같다.

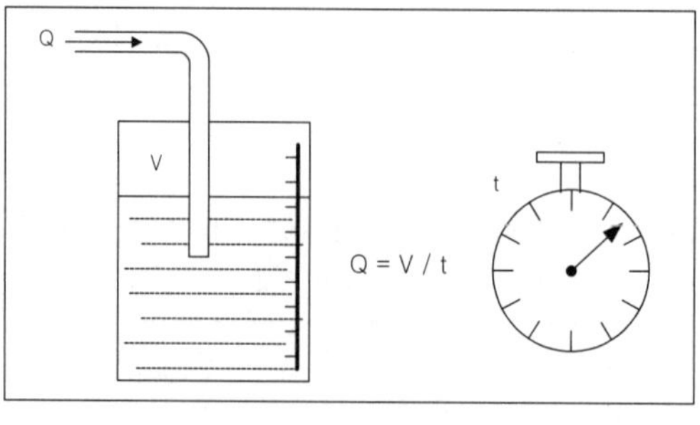

그림 3.3 유량의 측정

$$Q = V / t$$

여기에서 Q : Flow rate (유량)
V : Volume (체적)
t : time (시간)

유량의 단위는 m^3/s가 사용되나 유압 시스템에서는 m^3/s 단위가 너무 크므로 보통의 경우 ℓ/min를 많이 사용한다.

3.6 파스칼(Pascal)의 원리

유압 장치에서 힘의 전달은 파스칼의 원리에 기초를 둔 것이다. 파스칼의 원리는 1653년 파스칼에 의하여 제창된 원리로서, 밀폐된 용기 내에서 정지하고 있는 유체에 힘을 가하면 압력이 형성되고, 이 압력은 유체의 모든 부분에 같은 크기로 전달되며, 항상 직각 방향으로 작용한다는 것이다. 그림 3.4와 같이 밀폐된 용기에 액체를 가득 채우고, 액체가 비압축성이라고 가정한다면 상부에서 힘을 가할 때 액체는 힘의 크기와 힘이 작용하는 면적에 따라 압력이 형성되며, 이 압력은 액체의 모든 부분에 전달된다. 따라서 다음과 같은 식이 성립된다.

$$p = F_1/A_1 = F_2/A_2 = F_3/A_3 \ \cdots$$

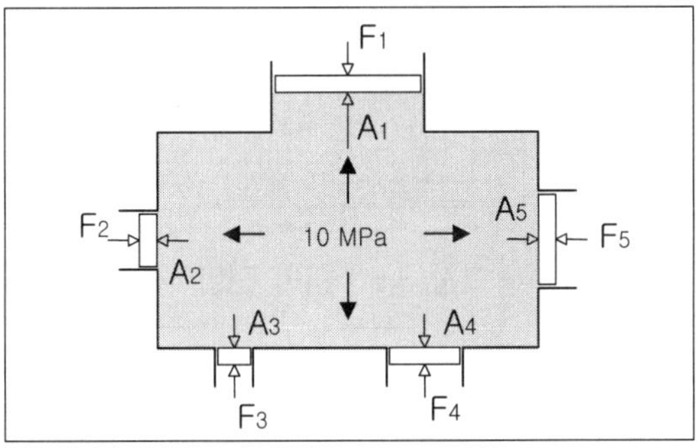

그림 3.4 파스칼의 원리

3.7 힘의 전달

유압 장치는 파스칼의 원리를 이용하여 압력의 전달에 의하여 힘을 발생시켜 일을 하고 또한 유압 작동유의 전달에 의하여 움직임이 발생한다고 할 수 있다. 그림 3.5는 자동차를 들어올리기 위하여 사용하는 유압잭에서 힘을 전달하는 원리를 설명한 것이다. 단면적이 적은 쪽은 사람이 힘을 가하는 쪽으로 힘을 받는 면적을 A_1, 사람이 누르는 힘을 F_1이라 하면 유압 작동유에 만들어지는 압력은 $p_1 = F_1/A_1$이 된다. 한편 자동차의 무게가 작용하는 쪽은 단면적이 A_2로 넓고, 자동차의 무게에 의한 힘을 F_2라 하면 이에 의하여 만들어지는 압력은 $p_2 = F_2/A_2$ 이다. 그런데 파스칼의 원리에 의하면 $p_1 = p_2$가 되어야 한다. 따라서 다음과 같은 식이 성립된다.

$$\frac{F_1}{A_1} = \frac{F_2}{A_2}$$

따라서 이 식을 이용하면 F_1, F_2, A_1, A_2의 값을 계산할 수 있다.

압력 피스톤 측의 작은 힘은 넓은 작업 피스톤 면에서 큰 힘을 발휘할 수 있다. 이것이 유압잭이나 승강대 등의 유압시스템에서 작용되는 기본원리이다. 힘 F_1은 부하에 의한 저항을 이길 수 있는 충분한 유체의 압력을 형성시켜야 한다.

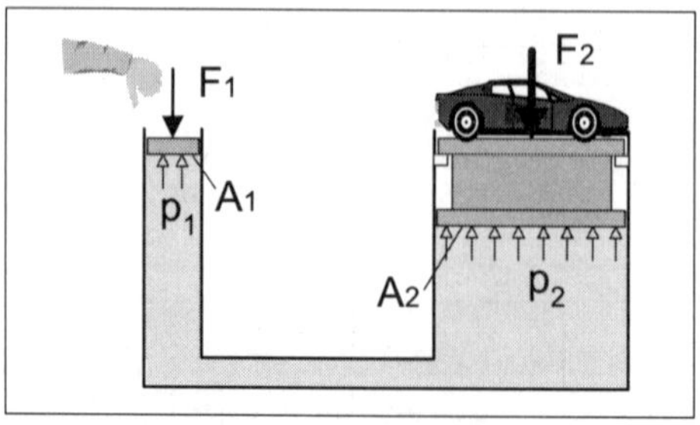

그림 3.5 힘의 전달

3.8 변위의 전달

파스칼의 원리를 적용시키면 사람이 들어 올릴 수 있는 무게는 사람이 누르는 힘에 대하여 면적 비만큼 커지는 것을 알 수 있다. 이와 같이 유압 장치에서는 힘을 증폭시킬 수 있고, 이 힘은 힘이 작용하는 두 부분을 배관으로 연결하면 먼 거리까지 힘을 전달할 수 있는 것이다.

유압 장치에서 설명한 바와 같이 힘을 증폭할 수는 있지만 일은 크게 할 수 없다. 일은 에너지라고도 표현할 수 있는 것으로 외부에서 동력을 공급하지 않는다면 에너지가 커질 수 없다는 것이다. 일 혹은 에너지는 힘과 거리의 곱으로 표현할 수 있으므로 이에 변함이 없다는 것은 유압 장치에서 힘은 커지지만 움직인 거리는 적어진다는 것을 의미한다. 그림 3.6은 이와 같은 상황을 설명해 준다.

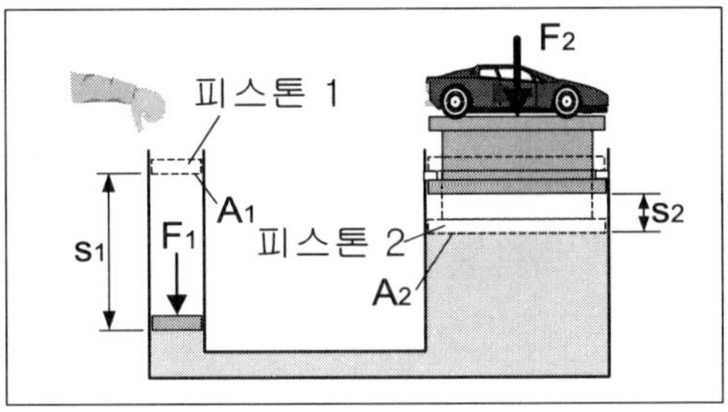

그림 3.6 변위의 전달

그림에서 보면 힘 F_1이 작용하여 s_1만큼의 변위 차이가 발생되면 이는 피스톤2를 s_2만큼 이동시키게 된다. 필요한 변위 체적은 다음과 같이 계산된다.

$$V_1 = s_1 \cdot A_1 \qquad\qquad V_2 = s_2 \cdot A_2$$

변위 체적은 같아야 하므로 다음 식이 성립한다.

$$s_1 \cdot A_1 = s_2 \cdot A_2$$

이 식에서 A_1의 면적이 A_2의 면적보다 작으므로 변위 s_1은 변위 s_2보다 커져야 함을 알 수 있다. 역으로 피스톤의 변위는 면적 비에 따라 달라지고 이것으로 s_1과 s_2의 값을 계산할 수 있다.

자동차가 올라간 높이는 면적 비만큼 적어지는 것이다. 따라서 자동차를 작업이 필요한 높이만큼 상승시키려면 사람이 여러 번 유압잭을 작동시켜야 한다. 여러 번 누른다는 것은 사람에 의하여 눌려져 있던 부분이 다시 원래의 상태로 돌아올 수 있어야 하고 이때 자동차를 들어올리기 위하여 사용되었던 유압 작동유가 되돌아오지 않도록 하기 위하여 역류를 방지하는 체크 밸브(check valve)를 사용하여야 한다. 그리고 사람이 눌렀던 부분을 원래의 위치로 되돌아오게 할 때 유압 작동유가 보충될 수 있도록 기름 탱크를 설치하여야 한다. 또한, 사람이 누를 때 유압 작동유가 흐르지 않고 자동차를 들어 올리는 부분으로 흐를 수 있도록 하기 위하여 또 다른 체크 밸브를 설치하여야 한다. 그리고 들어 올려졌던 자동차를 다시 내릴 수 있어야 하므로 셧-오프 밸브(shut-off valve)가 설치되어야 한다. 그림 3.7은 이와 같은 유압잭의 구성을 나타낸 것으로 사람이 누르는 쪽은 유압 장치에서 펌프의 역할을 하는 것이며 자동차를 들어 올리는 쪽은 액추에이터의 역할을 하는 것이다.

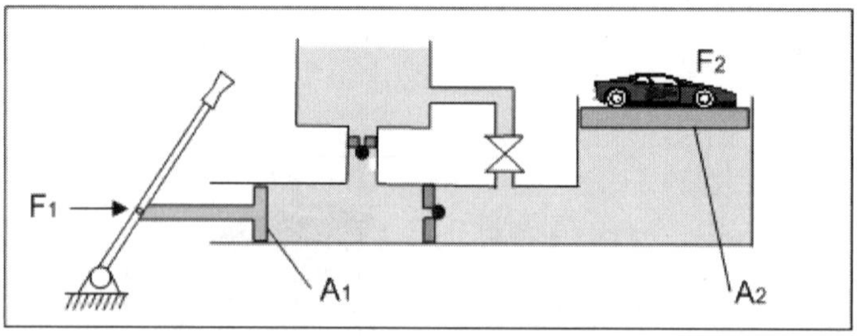

그림 3.7 유압잭의 구성

3.9 압력의 증대

압력 증대기(pressure intensifier)는 일반적으로 압력을 증폭하는 장치로 사용한다. 그림 3.8에서 왼쪽의 피스톤에 압력 p_1을 공급하면 이 압력이 면적 A_1에 작용하므로 피스톤을 힘 F_1으로 밀게 된다. 이 힘은 피스톤 로드로 연결되어 있는 오른쪽 피스톤으로 전달되어 오른쪽 공간에 채워져 있는 유압 작동유에 힘을 가하게 된다. 이 힘 F_2는 F_1과 같으며 이 힘은 면적 A_2에 작용하고 따라서 압력 p_2를 발생시킨다. 피스톤 면적 A_2는 피스톤 면적 A_1에 비하여 작고 따라서 압력 p_2는 압력 p_1보다 커지게 된다. 힘 F_1과 힘 F_2에 대하여 각각 다음과 같은 식이 성립된다.

$$F_1 = p_1 \cdot A_1 \qquad\qquad F_2 = p_2 \cdot A_2$$

두 힘 F_1과 F_2는 같으므로 위 식은 다음과 같이 쓸 수 있다.

$$p_1 \cdot A_1 = p_2 \cdot A_2$$

이 식을 이용하여 p_2 또는 A_2를 결정할 수 있다.

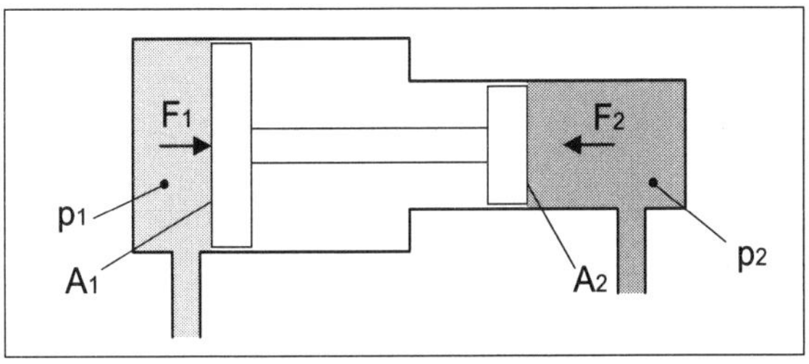

그림 3.8 압력의 증가

3.10 연속의 법칙

유압 장치에서 유압 펌프에 의하여 토출된 유압 작동유는 배관을 통하여 각종 밸브를 거쳐 액추에이터로 공급된다. 즉, 유체의 흐름이 발생하게 되는데, 이와 같이 유체가 운동을 하고 있을 때 그 흐름의 상태를 두 가지로 구분할 수 있다. 임의의 점에서 시간에 따라 변화량이 없는 흐름을 정상상태 흐름(steady state flow)이라 하고 시간에 따라 변화량이 있는 흐름을 비정상상태 흐름(unsteady state flow)이라 한다. 유압 장치에서 유압 작동유의 흐름은 과도적 현상이나 서지 압력(surge pressure)의 발생 등 특별한 경우를 제외하고 작동유의 압축성이 없는 정상상태 흐름이고 층류(laminar flow)로 가정한다. 즉, 시간에 따라서 흐름의 변화량이 없는 것이다. 그림 3.9에서와 같이 배관의 단면적이 달라지더라도 일정량의 유압 작동유가 들어오면 반드시 동일한 양만큼 나가서 제어 체적 내부의 유량은 시간에 따라서 변화가 없는 상태인 것이다. 유량의 식에서 체적 V를 면적 A와 거리 s의 곱으로 표현하면 다음과 같은 식이 얻어진다.

$$Q = V/t = (A \cdot s)/t = A \cdot (s/t) = A \cdot v$$

여기에서 Q : 유량 (m^3/s)
A : 단면적 (m^2)
v : 유체의 속도 (m/s)

따라서 유체의 비중량이 일정하다면 다음과 같은 식이 성립된다.

$$Q = A_1 \cdot v_1 = A_2 \cdot v_2 = A_3 \cdot v_3 = \cdots$$

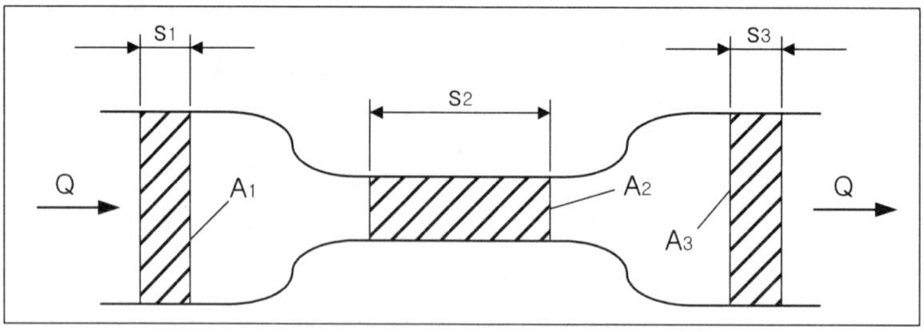

그림 3.9 연속의 법칙

단위시간당의 체적으로 표시되는 유량은 단면이 변하는 파이프 내를 통과할 때 파이프 내의 어느 곳이든지 같다. 따라서 단면적이 작은 곳에서는 단면적이 큰 곳보다 유체의 속도가 빠르다는 것을 알 수 있다.

3.11 유체의 흐름

이상 유체는 유체의 점성을 무시하고 정상상태의 흐름으로 가정한 것이다. 그러나 실제 유체는 점성이 있으므로 마찰 저항으로 인한 흐름의 저항을 받는다. 일반적으로 유체의 흐름은 층류(laminar flow)와 난류(turbulent flow)로 구분한다. 층류는 유압 작동유의 흐름이 원통형으로 평행하게 정렬된 상태로 흐르는 것을 말한다. 이때 관의 중심부에서는 유체가 흘러가는 속도가 바깥쪽보다 빠르다. 이러한 흐름은 유체의 동점도 계수가 크고 유속이 비교적 느리며 유체가 좁은 관을 흐를 때 만들어진다. 유압 장치에서 유체의 흐름은 유압 작동유의 동점도 계수가 크고 단면적이 적은 관을 흐르는 경우가 대부분이므로 층류로 간주하는 경우가 많다.

유압 작동유가 배관을 통하여 흐르는 속도가 일정 속도를 초과하면 정렬된 상태로 흘러가는 흐름의 형태가 깨어져 유체의 입자가 불규칙하게 소용돌이를 일으키면서 흐르는 상태가 되는데 이를 난류라 한다. 이러한 유체의 흐름은 동점도 계소가 적고 유속이 빠르며 굵은 관내의 흐름에서 주로 형성된다.

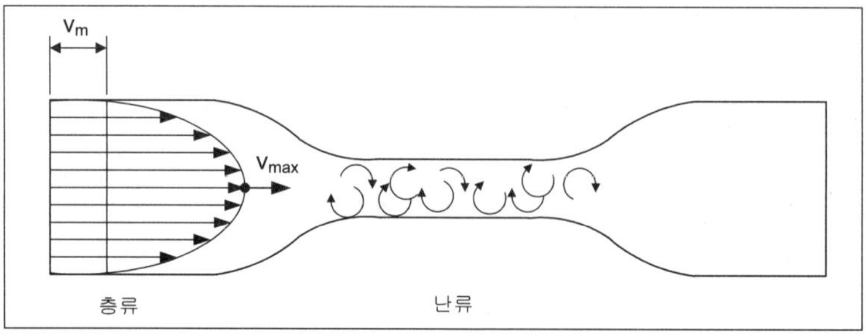

그림 3.10 층류와 난류

층류와 난류를 구분하는 것은 레이놀즈 수(Re : Reynold's number)를 이용한다. 레이놀즈 수는 유체의 속도와 관의 직경 및 유체의 동점도 계수로 표현되며 무차원 수이다.

$$Re = \frac{v \cdot d}{\nu}$$

여기에서 v : 유체의 속도 (m/s)
d : 배관경 (m)
ν : 동점도 계수 (m^2/s)

레이놀즈 수가 2,000 이하일 때에는 유체의 종류에 관계없이 층류가 되고, 4,000 이상일 때에는 항상 난류가 된다. 레이놀즈 수가 2,000~4,000 사이일 때에는 흐름이 불안정하여 천이구역이라 한다. 층류에서 난류로 혹은 난류에서 층류로 변화하는 유속을 임계유속이라 하고 그때의 레이놀즈 수를 임계 레이놀즈 수(critical Reynold's number)라 한다. 유체의 흐름이 임계 레이놀즈 수를 넘어서 난류로 변하면 압력 손실이 증가하므로 배관에서 유체의 속도를 너무 빠르지 않게 하여 가능하면 층류 상태로 흐르도록 설계하여야 한다. 유압 배관의 경우 주로 레이놀즈 수가 1,000 정도가 되도록 유속을 택하고 관의 직경을 정하는 것이 좋다. 임계 유속은 정해져 있는 값이 아니고 유압 작동유의 점도와 배관의 직경에 영향을 받기 때문에, 실제의 경우 경험에 의하여 결정된 값을 사용하는 것이 일반적이다. 표 3.3은 유압 배관의 종류에 따른 표준 임계 속도이고 유압 배관의 설계에 사용할 수 있는 유용한 값이다.

표 3.3 유압 배관에 따른 표준 유속

배관의 종류	작동 압력 조건	표준 유속
압력관	5 MPa	4.0 m/s
	5 MPa ~ 10 MPa	4.5 m/s
	10 MPa ~ 15 MPa	5.0 m/s
	15 MPa ~ 20 MPa	5.5 m/s
	20 MPa ~ 30 MPa	6.0 m/s
흡입관	-	1.5 m/s
복귀관	-	2.0 m/s

3.12 압력 손실

마찰은 유체가 통과하는 모든 시스템 및 부품에서 발생된다. 마찰은 주로 배관 벽과 유체의 마찰(외부마찰)을 뜻하나 유체 간의 마찰인 내부마찰도 있다.

유압유가 통과하는 부품에서도 마찰이 생기는데 이는 열을 발생시킨다. 이 열로 인해 유압시스템의 압력이 떨어지고 작동부에서의 힘도 작아지게 된다.

압력강하의 값은 유압시스템의 내부저항에 따라 달라지며 다음의 내용에 따라 영향을 받는다.

- 유속(단면적, 유량)
- 유체의 흐름(층류, 난류)
- 배관 내 단면적의 축소와 교축부의 개수(교축부, 오리피스)
- 유체의 점도(온도, 압력)
- 배관의 길이와 유체의 분기
- 표면 거칠기
- 배관의 배열

유속은 저항이 속도의 제곱에 비례하기 때문에 내부저항에 가장 큰 변수로 작용한다.

3.13 캐비테이션

캐비테이션(cavitation)의 발생은 금속 물질의 표면에서 아주 작은 입자들을 박리시킨다. 캐비테이션은 유압 펌프 혹은 밸브 등에서 제어를 위하여 사용되는 구성부품의 가장자리 부분에서 발생한다. 이와 같은 물질의 침식은 국부적인 피크 압력과 높은 온도에 기인한다.

유압 작동유가 흐를 때 단면이 좁아지면 속도가 증가하고 이것은 운동 에너지를 증가시킨다. 운동 에너지의 증가는 압력 에너지를 감소시킨다. 즉, 압력이 떨어지는 만큼 유체의 속도가 증가하는 것이다. 압력은 대기압 이하까지 떨어지게 되고 −0.3 bar 이하가 되면 용해된 공기가 분리된다. 압력이 다시 증가하면 속도는 느려지고 공기방울은 다시 붕괴된다. 그림 3.11은 이를 나타낸 것이다. 공기방울의 붕괴는 급격하게 이루어지고 이때 캐비테이션 현상이 발생한다. 이와 같은 캐비테이션 현상에 수반하는 순간적인 고압의 발생은 배관의 단면이 커지는 부분에서 배관의 벽으로부터 아주 작은 입자를 박리시키고, 재료에 피로 현상을 발생시키며 동시에 소음을 야기한다. 또한 캐비테이션은 유압 작동유와 기포가 혼합된 상태에서 발화되기도 한다. 공기방울이 급격하게 붕괴되는 순간 기포가 유압 작동유로 치환되고 압력 증가와 온도 상승을 유발한다. 이는 디젤 엔진처럼 자연적인 점화를 유도하는 마이크로 디젤 현상(micro-diesel effect)을 일으킨다. 이러한 현상은 유압 작동유의 수명에 치명적인 영향을 미친다.

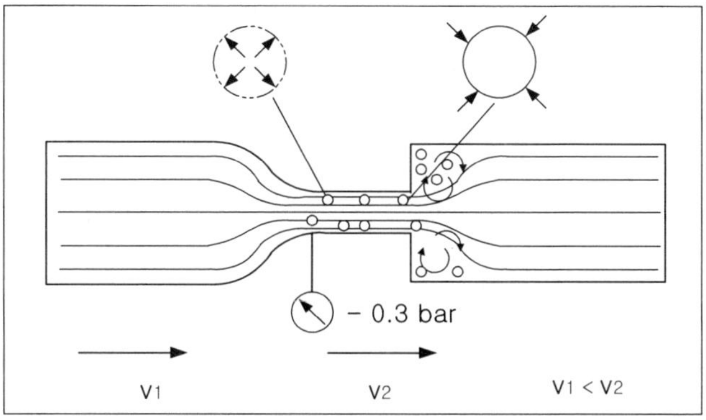

그림 3.11 캐비테이션

유압 시스템의 유압 작동유에 존재하는 기포의 형성은 여러 가지 원인이 있다. 액체는 항상 공기를 포함할 수 있고, 유압 작동유에는 대기압 하에서 체적 비율로 약 9% 정도의 공기가 용해될 수 있다. 이 비율은 압력에 따라 크게 달라지며 유압 작동유의 종류에 따라서도 달라진다. 유압 시스템에서는 펌프의 배관 연결부 등 외부로부터 공기가 유압 작동유로 혼입될 수 있다. 또 다른 가능성은 이미 설치된 펌프 내부의 공기가 유압 작동유에 혼입될 수 있다는 것이다. 이는 복귀관의 설치 오류나 혹은 탱크 내부의 구조적인 문제로 탱크 안에 있는 유압 작동유에서 기포가 충분히 빠져나오지 못하는 것도 원인이다.

3.14 교축부

교축부(throttle point)에서는 지금까지 설명한 여러 가지 형태의 유체 흐름 현상이 발생한다. 유체 흐름 형태의 변화, 마찰, 열의 발생, 압력 강하, 동력의 손실 그리고 캐비테이션 등이 발생하는 것이다. 교축부에서는 유체가 통과하는 단면의 크기가 적어짐으로 인하여 유속이 증가하고 레이놀즈 수는 상당히 커지게 된다. 즉, 층류에서 난류로 급격하게 바뀌는 것이다.

에너지 보존의 법칙은 항상 에너지 총합이 변하지 않는다는 것인데 교축부에서 유속의 증가는 운동 에너지를 증가시키는 반면에 다른 에너지를 감소시킨다. 압력 에너지가 운동 에너지와 열에너지로 변하는 것이다. 유속의 증가가 마찰을 발생시켜 유압 작동유의 온도를 상승시키고 이것이 열에너지를 증가시키는데 이때 열의 일부는 시스템으로 전달된다. 유압 작동유의 유량은 교축부를 통과한 후에도 달라지지 않는다. 그러나 압력은 열에너지로 변환된 만큼 감소하여 압력 강하가 발생하는 것이다.

교축부에서의 에너지 감소는 동력 손실을 의미한다. 이는 압력 손실과 온도 상승으로 결정되며, 압력 손실은 유압유의 점도, 유속, 교축부의 길이와 단면 모양, 유체의 흐름 형태(층류 또는 난류)에 따라 달라진다.

교축부를 통과하는 유량은 푸와죄유(Poiseuille) 식으로부터 구할 수 있다.

$$Q = \alpha \cdot Ad \cdot \sqrt{\frac{2 \cdot \Delta p}{\rho}}$$

여기에서 Q : 교축부 통과 유량

α : 유량계수

Ad : 교축부 단면적

Δp : 압력강하

ρ : 유체의 밀도

푸와죄유 식을 상수를 빼고 좀 더 간단히 쓰면 다음과 같다.

$$Q \propto \sqrt{\Delta p}$$

따라서 교축부를 통과하는 유량은 압력 차이에 따라 달라진다. 교축부에서 압력이 진공 범위 내로 떨어지면 유압유로부터 공기가 분리되고 기포가 형성되는 캐비테이션 현상이 발생된다. 교축부를 지나면 단면적이 넓어지고 압력이 증가하게 되어 기포는 폭발한다. 이는 캐비테이션의 영향으로 단면적이 확장된 부분의 재질을 침식하게 되고 유압유의 자연발화를 가져오기도 한다.

04 유압 작동유

유압 작동유는 유압 기기에서 유압 에너지를 전달하는 유체이다. 유압 작동유는 기름 탱크에 저장되어 있고 펌프에 의하여 연결되어 있는 유압기기를 순환한다. 원칙적으로 모든 유체는 압력에너지를 전달할 수 있지만 유압 작동유로 사용되기 위해서는 제약이 따르게 된다. 만약 유압 작동유로서 물을 사용하게 되면 부식, 비등, 결빙, 낮은 점도로 인한 누설 등이 문제가 된다. 유압 작동유로는 일반적으로 석유에서 얻은 광유(mineral oil)가 가장 보편적으로 사용되며 광유는 유압시스템에서 요구하는 대부분의 필요조건을 충족시키고 있다. 유압 작동유는 기계적인 부하와 유압 작동유의 물리 화학적 변화에 대응할 수 있도록 첨가제를 혼합하여 사용한다. 유압 시스템의 고장 원인 중 많은 부분이 유압 작동유의 관리 소홀이므로 유압 작동유를 정기적으로 점검하고 관리하는 것은 유압 시스템 정비의 기본이라 할 수 있다. 그리고 화재의 위험성이 높은 유압 시스템에서는 높은 인화점을 갖고 있는 유압유가 사용되어야 한다. 예를 들어 광산 장비, 다이캐스팅 기계, 단조 프레스, 발전소 터빈의 제어 유닛, 제강 기계 등에는 극도로 가열된 금속 부품으로 인하여 유압 작동유가 인화될 수 있는 위험성이 있다. 따라서 이러한 곳에서는 기존의 유압 작동유 대신에 수분이 함유된 유압 작동유나 합성 유압 작동유가 사용된다.

4.1 유압 작동유의 기능

유압 장치에서 사용되는 유압 작동유(hydraulic fluid)는 동력을 전달하는 매체로서 유압 시스템을 구성하는 매우 중요한 요소이다. 유압 작동유는 펌프나 액추에이터에서 마찰되며 미끄럼 운동을 하는 부분에 대한 윤활작용, 실(seal) 작용 및 방청 작용을 하는 중요한 구성요소로서 압력 에너지의 형태로 에너지를 전달한다. 유압 작동유의 기능을 정리하면 다음과 같다.

- 유압 에너지의 전달
- 미끄럼 운동 부위에 대한 윤활
- 열의 분산 및 운반 즉 냉각 작용
- 이상 압력의 감소
- 부식의 방지
- 마모 입자의 제거
- 신호 전달

4.2 유압 작동유의 필요조건

유압 작동유는 유압 에너지를 전달하고 윤활 작용을 하는 역할 외에, 유압 작동유의 화학적인 특성으로 부식을 방지할 수 있어야 하며, 유압기기 내부에 마멸된 입자나 이물질이 있으면 그것을 기름 탱크로 운반하여 유압 필터에 의하여 제거할 수 있도록 하여야 한다. 또한 유압기기를 통과하며 발생하는 열을 탱크로 운반하여 일정한 온도가 유지될 수 있도록 하여야 하고, 유압 작동유가 가지고 있는 탄성에 의하여 서지 압력 등을 흡수할 수 있는 기능을 가지고 있어야 한다. 따라서 유압 시스템을 유효하고 경제적으로 운전하려면 적정한 유압유를 선택하여 사용해야 한다. 일반적으로 유압기기용으로 사용되는 유압 작동유는 정제된 질이 좋은 기름을 사용하는 것이 바람직하나, 같은 성질의 터빈유로 대용하여도 무방하다. 물, 원유, 수용성유, 동식물성유 등을 사용하여서는 안 되며, 구입이 쉽다는 이유로 유압 작동유의 성질을 모두 구비하고 있지 않은 기계유 등을 사용하면 효율이 저하되거나 기계의 수명을 단축시키는 결과가 발생하므로 피하는 것이 좋다.

유압시스템에서 우수한 성능의 유압 작동유를 얻기 위해서는 먼저 유압 작동유의 성질을 잘 알아두어야 한다. 그렇지 않으면 장치에 적합한 유압 작동유를 고를 수 없기 때문이다. 물리적 성질로는 비중, 비열, 점도, 압축성, 인화점, 잔류탄소, 색, 유동점 및 공기분리 압력 등이 있으며, 화학적 성질로는 점도의 온도 의존성, 산화 안정성, 항유화성, 녹 및 내식성 등이 있다. 이와 같은 성질들은 유압 시스템의 원활한 작동을 위하여 고려해야 할 사항들이다.

유압 작동유는 유압시스템에서 흐르는 사이에 압력, 온도, 속도 등의 변화에 의한 영향을 받아서 유압 작동유의 성질이 열화되므로, 유압 작동유의 선택에는 충분한 검토와 주의가 필요하다. 유압 작동유로서 필요한 조건을 간추려 보면 다음과 같다.

- 윤활 특성이 좋을 것
- 확실한 동력을 전달하기 위하여 비압축성이고 유동성이 좋을 것
- 온도 변화에 대하여 점도 변화가 적을 것(점도 지수가 클 것)
- 미끄럼 운동 부위의 마모를 방지하고 끼워 맞춤이나 틈새에서 누유가 발생되지 않을 정도의 점도가 유지될 것
- 파라핀(paraffin) 성분이 없을 것
- 오랫동안 사용하여도 물리적으로나 화학적으로 안정성이 클 것
- 녹이나 부식 발생 등이 방지될 것
- 열을 전달시킬 수 있을 것
- 유압 시스템의 구성요소(실, 패킹 및 금속)에 대하여 적합성이 양호할 것
- 외부로부터 침입한 불순물을 쉽게 침전, 분리시킬 수 있고, 특히 유압 작동유 중의 공기를 속히 분리시킬 수 있을 것
- 투명도가 높고 독특한 색을 가질 것
- 거품이 일지 않을 것
- 수분을 쉽게 분리시킬 수 있을 것
- 화재의 위험이 없을 것

유압 작동유는 유압기기의 부식을 유발하는 성질을 가지고 있지 않아야 하며 오랜 시간 유압 시스템을 작동하지 않은 상태로 있을 때 유압 작동유의 성질이 변하여 점도가 높아지면 곤란하다. 즉 파라핀 성분이 없어야 하는 것이다. 또한 유압 작동유는 누설 가능성이 있으므로 이때 유압 작동유가 화재의 원인이 되지 않아야 한다. 즉, 내화성(난연성)이 좋아야 하는 것이다. 또한 점도 지수(viscosity index)가 높아야 하는데 점도 지수가 높은 것은 온도 변화에 따른 점도의 변화가 적은 것을 의미한다. 그리고 물과 섞이지 않아야 할 것이다. 유압 작동유 중의 물은 점도를 떨어뜨릴 뿐만 아니라 녹을 발생시키는 원인이 되므로, 가능한 한 물과 섞이지 않아야 하고 물과 섞였을 때 가능한 빨리 분리될 수 있어야 한다.

4.3 유압 작동유의 종류

유압 작동유를 분류하면 일반 석유계 작동유와 화재에 강한 난연성 작동유가 있다. 난연성 작동유는 착화가 어려운 작동유를 의미하는 것으로, 물을 포함하는 함수형 작동유와 화학적 성분을 이용하여 착화되기 어렵게 만든 합성형 작동유가 있다.

4.3.1 석유계 작동유

일반 산업용으로 사용되는 유압유는 앞에서 기술한 유압 작동유의 필요조건을 대부분 만족시키고 구입도 용이하기 때문에 대부분 석유계 유압 작동유(petroleum-base hydraulic fluid)가 사용된다. 석유계 유압 작동유는 원유로부터 정제한 윤활유의 일종으로 원유의 종류, 정제 방법에 따라 다르다. 석유계 유압 작동유는 주로 파라핀계 원유를 증류, 분리하여 정제한 것으로 산화방지, 방청 등의 첨가제를 혼합한 것이다. 석유계 유압유는 고온에서 열화성이나 휘발성 문제가 따르기 때문에 사용 온도가 100 ℃ 이상이거나 발화의 위험이 있는 곳에서의 사용은 피하여야 한다. 석유계 작동유의 종류에는 녹 방지제와 산화 방지제가 첨가된 R&O(Rust and Oxidation)형 작동유, 수력 터빈이나 증기 터빈의 윤활유에 사용되는 첨가 터빈유, 고온용에서 사용하는 고온용 작동유, 저온에서 특성이 좋은 저온용 작동유, 마멸에 견디는 성능이 좋은 내마멸성 작동유, 점도 지수 성능을 좋게 한 고점도 지수 작동유가 속한다.

4.3.2 난연성 작동유

석유계 유압유에 비하여 내화성이 우수한 유압 작동유를 난연성 유압 작동유(fire-resistant fluid)라고 한다. 석유계 유압 작동유는 유압 작동유로서의 필요조건을 대체로 만족하고 있으나 화재의 위험이 크다. 특히 고압력의 장치나 화기가 있는 장소에서 유압 시스템의 운전 중 누설된 유압 작동유는 사고의 원인이 되므로 화재의 위험이 있는 곳에서는 난연성 유압 작동유를 사용하는 것이 바람직하다. 난연성 유압 작동유는 불연성과 가연성일지라도 인화된 후 불꽃이 번지지 않으면 되는 것으로 분류하는데, 이는 각 제조업체에 따라 특성이 다르다. 따라서 사용하는 기기와 장소에 적합한 유압 작동유를 신중히 고려하여 선택할 필요가 있다.

■ 합성형 유압 작동유(synthetic hydraulic fluid)

내화성 기제의 화학적 성질에 따라 다르다. 첨가제를 포함하지 않은 합성형 유압 작동유는 점도 지수가 낮으며 낮은 점도의 기제로 만들지 않으면 석유계 유압 작동유보다 낮은 온도에서 사용할 수 없다. 윤활성은 난연성 유압 작동유 중에서 가장 좋으며, 보통의 고무와 도료가 함께 사용되면 용해되므로 피하여야 한다.

■ 수성형 유압 작동유(water-base hydraulic fluid)

내화성은 물의 양에 따라 다르다. 물-글리콜 용액은 폴리글리콜, 에틸렌글리콜, 물 및 첨가제의 혼합액으로서, 약 40 %의 수분을 포함하고 있는 글리콜 수용액이 그 주성분이다. 점도지수 향상제(VI제), 윤활제 및 방청제 등을 첨가하여 유압 작동유로 사용한다. 사용 온도 범위는 -20～65 ℃이며, 함께 사용할 수 없는 재료는 아연, 카드뮴, 마그네슘 및 보통의 도료이다.

W/O형(water-in-oil emulsion)은 기름 속에 미립자의 상태로 만든 물을 40% 정도 균일하게 혼합시키고 첨가제를 배합한 유압 작동유이다. 점도는 보통 50∼220 cSt (37.8 ℃ 기준)이며, 물을 증가시킬수록 점도는 커진다. 사용 온도범위는 35∼50 ℃가 좋으며 마그네슘과 코르크와의 사용은 피해야 한다.

O/W형(oil-in-water emulsion)은 수용성의 기름을 물에 약간 떨어뜨린 유압 작동유로서, 윤활성이 나쁘고 점도가 낮은 것이 문제이다. 불연성 유압 작동유로 사용되나 일반적으로는 잘 쓰이지 않는다.

일반적으로 난연성 유압 작동유는 다음과 같은 특징을 갖고 있다.

- 일반적으로 점도가 낮아 누유가 많으며 윤활 특성도 떨어진다.
- 합성형 유압 작동유의 어떤 종류는 비중이 1보다 큰 것도 있다.
- 윤활 특성이 떨어지므로 베어링의 내구 수명이 감소된다.
- 화학적으로 실, 개스킷, 비철금속의 부식을 가져온다.
- 증기압이 약 0.02 MPa(절대 압력)이므로 어떤 교축 장소에서는 캐비테이션이 발생될 수 있다.
- 주기적으로 화학 변화를 체크하여야 한다.

4.4 첨가제의 종류와 작용

유압 작동유로서 물리화학적인 제반 성질을 향상시켜 양질의 유압 작동유로 유지하기 위하여 다음과 같은 첨가제를 사용한다.

▮ 점도 지수 향상제(VI제)

유압 작동유를 광범위하게 사용하기 위해서는 점도 지수가 큰 것이 좋다. 유압 작동유의 본질적인 성질을 변화시키지 않고, 본래의 방향족 성분을 제거함으로써 점도 지수를 향상시킬 수 있는데, 원유에 따라 경제적인 한도가 있게 된다. 따라서 어떤 종류의 고분자중합체로 된 점도 지수 향상제를 사용한다.

▮ 산화 방지제

산화 방지제는 유압 작동유 속에서 산의 생성을 억제함과 동시에 금속의 표면에 부식 억제 피막을 형성하여 산화물질이 금속에 직접 접촉하는 것을 방지한다. 또한 금속이 산화촉진 촉매로 작용하는 것도 방지해 준다. 유압 작동유의 산화는 공기 중의 산소와 유압 작동유의 반응으로 발생되며, 유압 작동유가 산화하면 점도가 증가하고 부식성의 산화 생성물을 만들게 된다. 산화가 더 진행되면 용해되지 않는 슬러지(sludge)를 석출하게 된다. 유압 작동유의 산화는 다음과 같은 세 가지 요인에 의하여 증가할 수 있다.

- 높은 유압 작동유의 온도
- 구리, 철, 납과 같은 금속 촉매의 역할
- 산소 공급의 증가

이러한 산화를 방지하기 위한 첨가제를 산화 방지제라고 하며, 이온 화합물, 인산 화합물, 아민 및 페놀 화합물 등이 있다.

▌마찰 방지제

마찰 방지제는 금속의 고체 마찰을 방지하고, 눌어붙음(seizure)을 방지하여 윤활성의 향상을 도모하는 것이다. 경계 마찰면에 극성분자를 배열시켜 강인한 흡착막을 만들고 금속끼리의 마찰을 방지하여 마찰계수를 저하시키는 것으로 에스테르류의 극성 화합물이 사용된다. 마찰면의 금속과 화학적으로 반응하여 화합물의 피막을 만들고, 금속의 직접 접촉을 막는 융착 방지제는 인, 염소 등의 유기 화합물이 사용된다.

마모 방지제는 온도 상승에 따라 흡착 유막이 융해 또는 분해되어 기능을 잃게 되는 것이 문제이며, 사용 조건이 까다롭고 마모 방지제로 충분하지 못한 경우는 극압제를 첨가한다.

▌소포제

소포제는 유압 작동유가 거품을 일으킬 때 거품을 빨리 유면으로 뜨게 하여 거품을 없애는 것으로서, 공기와 경계막의 평형을 불안정하게 하여 거품을 없앤다. 소포제로는 실리콘유 또는 실리콘의 유기 화합물 등이 효과가 있다.

▌방청제

방청제는 유압 작동유에 섞인 수분에 의하여 금속 표면에 녹이 생기는 것을 방지하기 위하여 사용된다. 방청제는 금속 표면에 단단하게 붙고, 조밀하게 펴져서 수분이 통과하여 금속 표면에 접촉하는 것을 방지한다. 방청제에는 금속면에 강한 흡착력을 가진 유기산에스테르, 지방산염 및 유기인 화합물 등이 사용된다.

▌유동점 강하제

유압 작동유에 포함된 파라핀이 저온이 되면 결정을 만들고 흐름을 방해한다. 유동점 강하제는 이 결정의 성장을 방지하고, 낮은 온도에서도 흐름을 용이하게 만들어 준다.

4.5 유압 작동유의 특성

유압 작동유를 선정할 때 작동유의 물리적 화학적 특성을 표시하여야 한다. 이는 일반적인 물리적 성질을 사용하기도 하고 유압 작동유만을 위한 특성을 이용하여 표현하기도 한다.

4.5.1 비중과 밀도

비중은 15 ℃에서 시료의 질량과 이와 같은 체적의 4 ℃ 물의 질량과의 비를 표현하는 것이고 밀도는 단위체적당 질량으로 정하는데 그 값은 서로 같다. 같은 조건에서 유압 작동유의 비중이 커지면 열용량이 커지게 되며, 비중은 화학적인 구성과 균일성을 알아내는데 도움이 된다. 일반적으로 같은 점도의 유압 작동유는 비중이 클수록 나프텐계에 가깝고, 비중이 작을수록 파라핀계에 가깝다. 석유계 유압 작동유의 비중은 대략 0.85 ~ 0.95, 합성 유압 작동유의 비중은 1.25 정도이다.

4.5.2 점도

점도란 흐름에 대한 저항으로 정의되는데, 그 유체의 내부마찰을 의미하며 유체 내의 인접한 두 층이 흐르기 위해 서로 극복해야 할 저항을 말한다. 따라서 점도란 어떤 유체가 얼마나 쉽게 흐를 수 있는가에 대한 척도가 된다. SI 단위계에서는 점도를 동점도 계수(kinematic viscosity)로 정의하고 단위는 mm^2/s를 사용한다.

ISO에서는 점도를 표시할 때 온도 표준을 사용하는데 그 온도는 40 ℃이다. 점도 등급을 표현하는 기호로 VG(Viscosity Grade)를 사용하며, 각 점도 등급에 따른 점도 범위가 정해져 있다. 일반적으로 유압 작동유로 사용하는 점도 등급은 ISO VG 15부터 ISO VG 100 사이의 유압 작동유이다. 표 4.1은 ISO의 점도 분류이다.

표 4.1 ISO 점도 등급(ISO 3448)

ISO 점도범위	해당 동점도 범위 cSt (=mm^2/s), 40 ℃		
	중간 점도	최소	최대
ISO VG 2	2.2	1.98	2.42
ISO VG 3	3.2	2.88	3.52
ISO VG 5	4.6	4.14	5.06
ISO VG 7	6.8	6.12	7.48
ISO VG 10	10	9.0	11.0
ISO VG 15	15	13.5	16.5
ISO VG 22	22	19.8	24.2
ISO VG 32	32	28.8	35.2
ISO VG 46	46	41.4	50.6
ISO VG 68	68	61.2	74.8
ISO VG 100	100	90	110
ISO VG 150	150	135	165
ISO VG 220	220	198	242
ISO VG 320	320	288	352
ISO VG 460	460	414	506
ISO VG 680	680	612	748
ISO VG 1000	1000	900	1100
ISO VG 1500	1500	1350	1650

유압 작동유는 펌프, 밸브, 액추에이터 등의 기기 사이를 적당히 밀봉할 수 있는 충분한 점도를 가져야 한다. 그러나 점도가 너무 크면 효율이 떨어지고 소음이 발생된다. 또한 마찰저항이 증가하여 펌프의 송출 압력이 커지고 밸브의 응답 속도가 늦어진다. 유압 작동유의 점도는 유압 시스템의 설계, 운전 압력, 운전 온도 및 시스템의 규모에 따라 결정되는데 실제로는 경험으로 구해진 펌프 제조업체의 추천 점도에 따르는 경우가 많다.

일반적으로 유압 작동유의 점도는 운전 온도에서 13 cSt (70SSU) 이상이어야 한다. 만일 이보다 낮아지면 작동하는 기기들 사이의 실과 윤활 효과를 충분히 얻을 수 없다. 또한 유압펌프를 시동할 때 탱크 속의 유압 작동유의 점도는 880 cSt (4000SSU) 이하이어야 한다. 점도가 이 이상이 되면 유압 작동유의 흐름이 어려워져 펌프 입구에서 캐비테이션이 발생한다.

점도에 따른 유압 시스템에의 영향을 좀 더 상술하면, 유압 작동유의 점도가 너무 낮은 경우에는 누유가 많아지고, 유막이 얇아져서 윤활 작용이 소홀해지며 결과적으로 마모가 상대적으로 커지게 된다. 그러므로 점도가 어느 정도 있는 유압 작동유가 선호되는데 그 까닭은 작은 마찰로 인한 압력손실 및 동력손실이 적기 때문이다. 점도가 증가하면 유압 작동유의 내부마찰이 증가하며, 열에 의한 압력손실 및 동력손실도 증가한다. 고점도의 작동유는 과도한 압력손실을 야기하는 마찰을 증가시키고 특히 교축부에서 열을 발생시킨다. 또한 유압장치의 시동과 유압 작동유에 포함된 공기를 분리시키는 것도 상대적으로 어렵기 때문에 캐비테이션을 유발시키게 된다. 이를 정리하면 표 4.2와 같다.

표 4.2 점도의 성질

낮은 점도	높은 점도
• 누유가 많다. • 윤활효과가 적다. • 흐름에 대한 저항이 적다. • 토출시키기가 쉽다. • 신호에 대한 응답이 빠르다. • 유압 작동유 중의 공기배출이 쉽다.	• 유체저항으로 인한 압력손실이 크다. • 토출시키기가 어렵다. • 윤활 특성이 우수하다. • 유압 작동유 중의 공기배출이 어렵다. • 누유가 적다. • 신호에 대한 응답이 느리다.

4.5.3 점도와 온도

유압 작동유의 점도는 기계적 효율, 마찰 손실, 발열량, 마모량, 유막의 두께, 유속 등 장치에 직접적인 영향을 미치므로 점도는 작동유의 특성 중 가장 중요하다. 점도는 온도의 변화에 따라 변하게 된다. 그림 4.1은 점도와 온도의 관계를 나타낸 것이다. 유압 시스템을 운전하면 온도의 상승은 필연적이고 이에 따라 점도가 변하면 운전 성능에 영향을 미치게 된다. 온도 상승에 의하여 점도가 낮아지면 유압 작동유의 유동에 따른 저항이 적어지는 것을 의미한다. 따라서 누설이 잘 되고, 펌프에서 흡입작용이 원활하며, 배관저항이 적어지고, 반응시간이 빠르고, 기포의 제거가 쉽게 된다. 그러나 윤활 성능은 떨어진다. 점도가 높아지면 유압 작동유의 유동에 따른 저항이 커지므로 누설이 잘 되지 않고, 배관저항이 커지며, 반응시간이 느려지고, 펌프의 흡입작용이 잘 되지 않으며 기포의 제거가 어렵게 된다. 그러나 윤활 성능은 좋아진다.

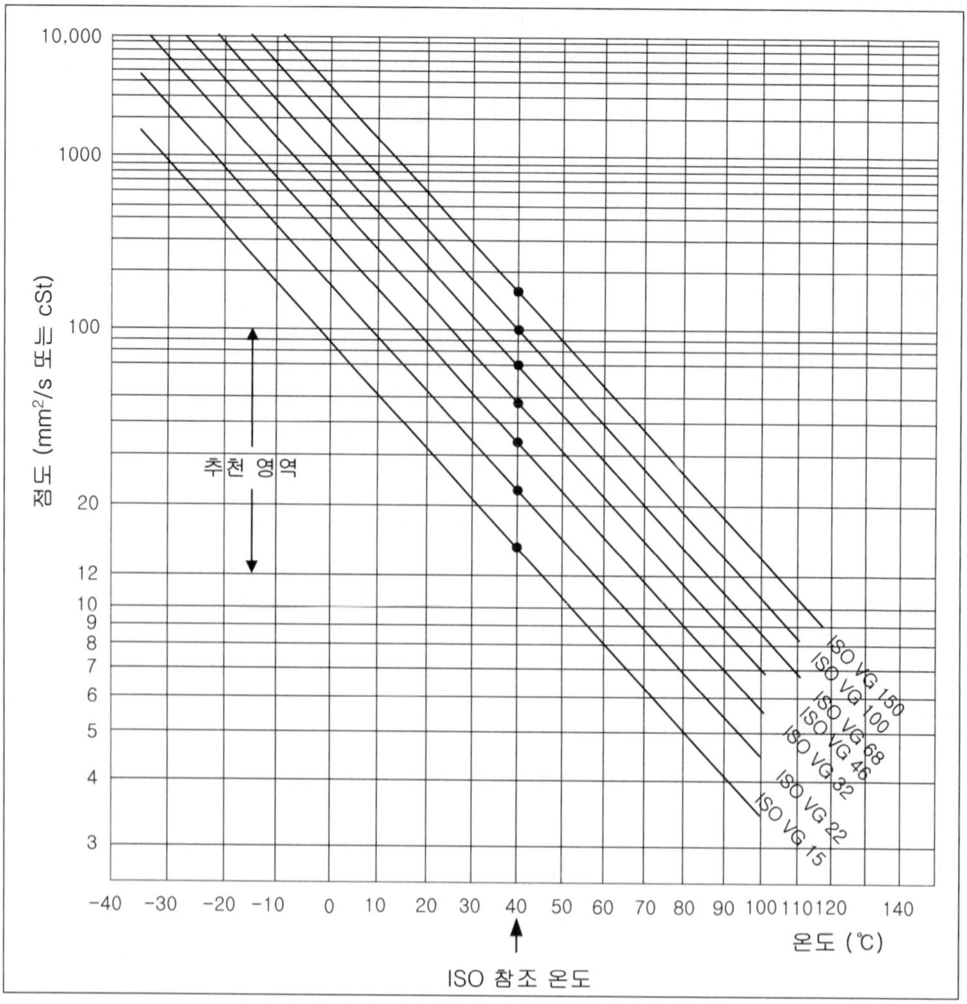

그림 4.1 점도와 온도의 관계

4.5.4 점도와 압력

현재의 유압 시스템은 유압장치의 발달로 인해 작동압력이 점차 높아져 같은 용량의 장치로 큰 힘을 얻고자 하는 경향이 있다. 점도는 압력이 올라가면 지수 함수적으로 증가한다. 따라서 압력이 점차 높아짐에 따라 압력과 점도 사이의 관계도 상당히 중요하게 되었다. 압력이 유압유에 미치는 영향은 10 MPa까지 근소하여, 중 · 저압을 사용하는 유압 시스템은 압력에 따른 점도의 변화는 무시하여도 무방하다. 그러나 20 MPa 이상의 압력이 되면 점도의 변화가 커지고 40 MPa에서는 점도가 2배 정도로 증가하므로 주의를 요한다. 그림 4.2는 압력과 온도, 점도에 대한 상관관계를 보여준다.

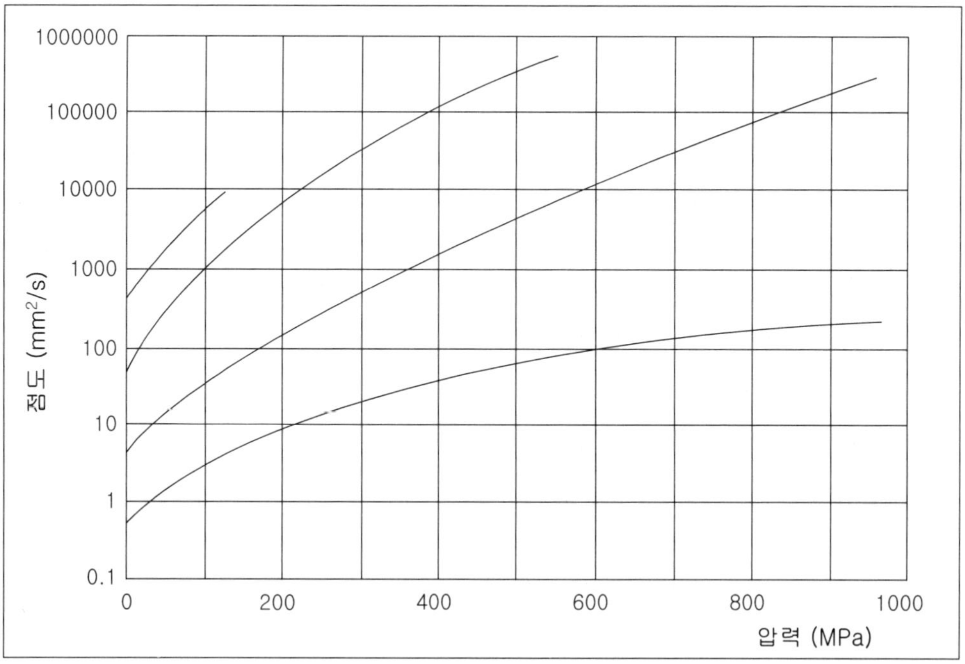

그림 4.2 압력과 점도

4.5.5 점도 지수

유압 작동유의 점도는 온도의 영향을 받으므로 점도-온도 특성을 어떤 값으로 표시할 수 있다면 매우 편리할 것이다. 이 값으로 여러 가지의 지수가 제안되고 있으나 가장 널리 사용되는 것으로 점도 지수(VI : viscosity index)가 있다. 점도 지수는 온도에 대한 점도의 변화율이 비교적 적은 펜실바니아계(Pennsylvania, 보통 파라핀계) 유압 작동유의 점도 지수를 100 으로 하고 변화율이 비교적 큰 걸프만계(gulf-coast, 보통 나프텐계) 유압 작동유의 점도 지수를 0 으로 하는 표준유로 하여, 시료유의 점도-온도 특성을 다음 식과 같이 계산한다.

$$VI = \frac{L-U}{L-H} \times 100$$

여기에서

L : 210 ℉ (97.8 ℃)에서 시료유와 같은 점도를 갖는 점도 지수가 0인 기준유의 100 ℉ (37.8 ℃)에서의 점도

H : 210 ℉ (97.8 ℃)에서 시료유와 같은 점도를 갖는 점도 지수가 100인 기준유의 100 ℉ (37.8 ℃)에서의 점도

U : 구하고자 하는 유압 작동유의 100 ℉ (37.8 ℃)에서의 점도

이 식은 Dean-Davis식이라고 하는데 점도 지수가 0~100 사이인 경우에 정확하게 사용할 수 있는 식이다. 일반적으로 유압 작동유의 점도 지수는 90~120 정도이며 점도 지수가 크면 클수록 온도 변화에 대한 점도 변화가 적어진다. 따라서 유압 작동유로서는 점도 지수가 큰 것을 선정하는 것이 유리하다. 점도 지수가 작은 유압 작동유를 사용하면 저온에서 점도가 증가하여 시동이 어려워지며 예비 운전시간이 길어져 경제적 운전이 될 수 없을 뿐만 아니라 흡입 측에서 캐비테이션을 일으키고, 배관 속의 마찰로 인한 압력손실이 크게 된다. 또한 정상운전이 되더라도 높은 온도에서는 점도가 떨어지므로 누유가 증가하고 압력유지가 곤란하며, 마모가 촉진되고 효율이 떨어지므로 주의가 필요하다.

4.5.6 인화점과 연소점

KS M 2010 원유 및 석유 제품의 인화점 시험 방법에 의하면, 인화점과 연소점은 기계 작동 시 열에 의한 폭발 및 화재 위험을 판단한다. 이 시험은 연료유를 사용하는 개소에서 연료유의 희석과 휘발에 의한 오일의 수명여부를 확인하기 위한 시험으로, 유압 작동유에도 동일하게 적용된다.

인화점(flash point)은 오일을 규정 조건으로 가열하여 발생한 증기에 불꽃을 접근시켰을 때, 순간적으로 불이 붙는 온도로 인화점 근처에서 온도 상승은 2 ℃씩 증가시키게 된다. 이후 다시 인화점 상태에서 2 ℃씩 증가시키면서 가열을 계속하면 증기 발생이 심해지고 점화하여 연소가 5초 이상 계속되는 것을 연소점(fire point) 혹은 발화점이라 한다. 석유계 유압 작동유의 인화점은 180~240 ℃의 범위에 있으며 연소점은 이보다 20~40 ℃ 정도 높다.

4.5.7 유동점

KS M 2016 원유 및 석유 제품의 유동점 및 석유 제품의 담점 시험 방법의 규정에 의하면, 유동점(pour point)은 극한지에서 오일의 사용 유무와 저장, 공급 조건을 결정하기 위하여 사용하는 것으로, 오일을 저어주지 않고 규정된 방법으로 냉각하였을 때 오일이 유동하는 최저의 온도를 2.5 ℃의 정수 배로 표시한다. 실제로 시험하는 것은 오일의 온도를 점차로 낮추어 가면 점도가 증가하여 흐름이 정지하는데, 이때 온도를 낮추어가면서 5초 동안 유동이 멈추는 온도를 응고점(solidifying point)이라 하고, 이 온도에서 2.5 ℃를 더한 것을 유동점이라 한다.

4.5.8 압축성

유압 시스템의 압력은 부하에 의하여 결정되나 고압(30 MPa 이상)을 사용하면 유압 장치가 소형, 경량화 된다. 또한 구동력을 크게 하려면 고압 이용이 불가피한데 고압을 사용할 때 압축성이 큰 문제가 된다. 유압 작동유 중에 공기가 혼입되면 압축률은 크게 변한다. 따라서 유압 시스템에서는 공기가 혼입되지 않도록 특히 주의하여야 한다. 일반적으로 유압 작동유의 체적 변화율은 온도가 상승할수록, 압력이 증가할수록 증가한다. 유압 작동유에 녹지 않은 기포가 포함되어 있으면 체적변화는 한층 커지게 된다. 그림 4.3은 압력과 온도, 체적 감소에 대한 상관관계를 보여준다.

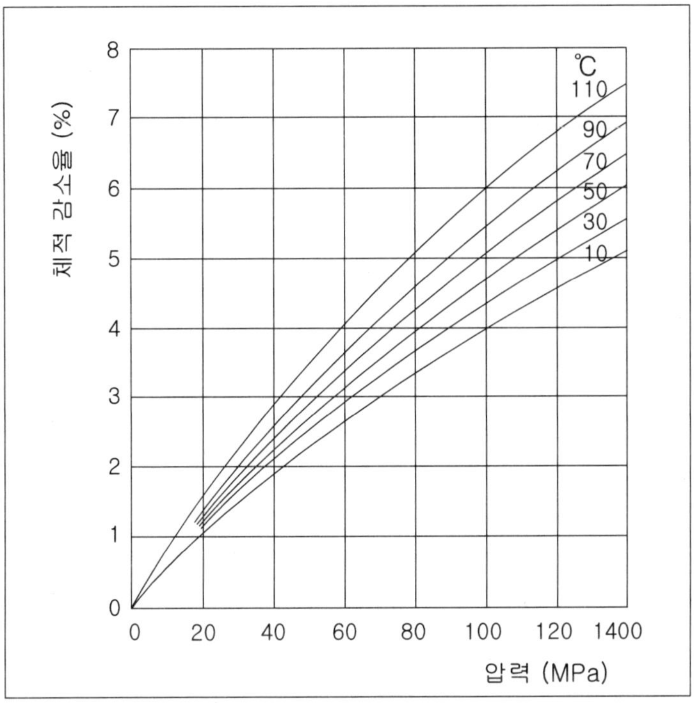

그림 4.3 유압 작동유의 압축률

4.5.9 잔류 탄소와 색

KS M 2017 잔류 탄소분 시험 방법에 의하면 잔류 탄소는 고온에서 사용되는 오일이 잔류 탄소분으로 인하여 기계 내부의 윤활면에 탄화물의 퇴적 현상을 유발하고 이것이 오일의 산화와 부식을 촉진하여 윤활 기능을 저해하므로 오일을 공기가 부족한 상태에서 불완전 연소시켜 열분해한 후에 생기는 코크스의 탄화 잔여물로 정의한다. 잔류 탄소분을 표현하는 것은 시료의 무게에 대한 잔류 탄소분의 무게를 백분율로 표시한다. 이 값 자체는 첨가물 등의 영향을 받으므로 중요하지 않으나 이 값의 변화는 유압 작동유의 열화를 예측하는 척도가 된다.

유압 작동유의 색은 유압 작동유의 성질에는 별로 관계하지 않으나 불순물의 혼합 여부를 조사하는 데에 도움을 준다.

4.5.10 산화 안정성

산화 안정성(oxidation stability)이란 유압 작동유의 산성을 나타내는 척도로서 1 g의 유압 작동유 속에 존재하는 산을 중화시키는 데에 필요한 가성 칼륨으로 산가를 표시하며, 유압 작동유의 수명을 예측하는 수단으로 사용된다. 양질의 유압 작동유는 낮은 산가를 갖는다. 일반적으로 유압 작동유의 온도가 40 ℃까지는 산화속도가 별로 문제되지 않으나 그로부터 온도가 10 ℃씩 올라갈 때마다 산화속도는 약 2배로 빨라진다. 유압 작동유의 추천 온도는 고정식 유압 장치의 경우 기름 탱크에서 35~55 ℃이고, 이동식 유압 장치의 경우 기름 탱크에서 45~65 ℃이다. 유압 작동유가 50℃ 이하에서는 산화속도가 비교적 완만하지만 70 ℃ 이상에서는 그 속도가 급속히 진행되어 유압 작동유의 열화가 격심해지므로 주의하여야 한다. 특히 구리, 아연, 청동 등은 산화할 때 촉매작용을 하게 되므로 찌꺼기, 물, 녹 등은 더럽혀진 유압 작동유와 함께 충분히 주의하여 계획적으로 제거하여야 한다.

4.5.11 혼입 공기

유압 회로 속에 여러 가지 원인에 의하여 기포로 된 미세한 공기가 섞여 있는 상태를 혼입공기(aeration)라 하고, 이것은 유압 시스템의 기능을 떨어뜨리는 원인이 된다. 물속에 용해되어 있는 공기는 대기 중에서 체적비율로 2 % 정도인데 비하여 유압 작동유 속에는 5~10 %의 공기가 용해되어 있다. 더구나 혼입 공기량은 헨리의 법칙에 따라 압력이 증가하면 공기의 용해량도 증가하게 되고 유압 작동유의 온도가 상승되어도 증가한다. 이러한 유압 작동유를 고속 교반시키거나, 압력을 떨어뜨리면 용해된 공기가 분리되어 기포로 출현하게 된다. 이 기포는 유압 작동유의 손실을 초래하며, 심지어는 펌프의 운전을 어렵게 한다. 유압 작동유 속에 공기가 들어가면 윤활작용을 감소시키고 산화를 촉진시킨다. 또한 압축성이 증대되어 유압 기기의 작동을 불규칙하게 만들고 기기를 손상시킨다.

혼입공기량을 감소시키기 위해서는 기름 탱크에서 일어나는 소용돌이 흐름을 줄여주고, 회로 중에서 압력이 떨어지는 부분에 주의를 하고, 압력 배관 중에서 패킹이나 개스킷 등에서의 누설을 충분히 고려하여야 한다. 그리고 유압 시스템에서 공기가 고일 만한 곳에 공기 드레인을 설치하여 공기를 완전히 빼낼 수 있도록 세심한 주의를 하여야 한다.

4.5.12 유압 작동유 중의 수분

유압 작동유 중에 수분이 포함되면 윤활작용, 밀봉작용 등의 효과가 감소되고 금속 촉매작용을 활성화시킨다. 잘 정제된 유압 작동유는 수분이 침입하면 곧 수분을 침전시켜 분리하나, 산화 안정성이 나쁜 유압 작동유는 수분을 분리하지 못하고 유화유(乳化油)가 된다. 유화방지를 위해서는 유압 시스템 속으로 수분이 들어갈 수 없도록 적극적으로 방지하여야 하며, 유압 작동유에 수분이 들어오더라도 기름 탱크 속에서 빨리 분리시켜 유화물을 만들 수 없도록 산화 안정성이 좋은 유압 작동유를 선택하여야 한다. 일반적으로 유압 작동유 중에 수분의 허용 한도는 0.2% 정도이다.

4.6 유압 작동유의 교환

유압 작동유를 시험 검사하여 이물질이나 슬러지 및 점도의 변화가 있으면, 사용기간에 관계없이 교환하여 주는 것이 바람직하다. 유압 작동유의 사용온도와 압력의 크기에 따라 유압 작동유의 교환 시기를 예상하여 교환한다. 또한 작업장의 환경이나 기상 조건, 사용목적, 사용자의 이용 상태에 따라 구체적인 교환 시기를 결정하여야 한다. 유압 작동유의 사용조건이나 품질에 따라 수명시간이 크게 달라지지만 대략 1년 정도를 수명 시간으로 본다. 표 4.3은 유압 작동유가 1주일에 40시간씩 작동되는 것으로 보고 유압 작동유의 품질과 사용조건에 따른 수명 시간과 사용 기간을 나타낸 것이다.

유압 작동유를 유압 시스템에 주유할 때에는 급유 마개, 깔때기, 여과기 등의 주입 기구를 청소한 뒤, 200메쉬(mesh) 이상의 여과망 등을 이용하여 여과한 뒤 주입한다. 주입하기 전에 규격화된 상품과 같은 유압 작동유인지 확인하고 유압 작동유를 충분히 섞이도록 한 후 주입하여야 하며, 주입한 후에도 이물질이 침입하지 않도록 주의하며 마개를 막는다.

표 4.3 유압유의 수명 시간과 사용 기간

작동유의 품질	작동조건	시 간	기 간
저급품	불량	500~2000	3~6개월
저급품	합리적	1000~2000	6개월~1년
중급품	불량	2000~4000	1~2년
중급품	양호	4000~8000	2~4년
고급품	불량	4000~8000	2~4년
고급품	합리적	8000~16000	4~8년
고급품	양호	16000~24000	8~12년
고급품	최량	24000 이상	12년 이상

새로운 유압 시스템을 처음 운전할 때 회로 속의 이물질을 제거하거나, 유압 시스템의 배관 계통과 시스템 구성에 사용되는 유압 기기의 이물질을 제거하는 작업이 필요한데 이러한 작업을 플러싱(flashing)이라고 하며, 기타 사용 중인 유압 작동유를 교체할 필요가 있을 때에도 이용된다. 플러싱 작업을 실시하는 시기는 유압 기계를 처음 설치하였을 때, 유압 작동유를 교환할 때, 오랫동안 사용하지 않던 설비의 운전을 다시 시작할 때, 부품의 분해 및 청소 후 재조립하였을 때 실시한다. 플러싱의 방법은 플러싱 오일을 사용하는 방법과 산세정법 또는 화학물질을 이용하는 방법이 있다. 산세정법은 황산을 사용하여 플러싱한 후 물, 가성소다, 물, 유압 작동유의 순서로 매체를 사용하여 세정을 하는 방법으로 신설 배관의 관내 모래, 녹, 금속, 먼지, 섬유질 제거를 목적으로 한다.

오일 플러싱은 정상적으로 시스템을 운전할 때 사용하는 유압 작동유와 같은 종류의 유압 작동유를 사용하여 플러싱을 하는데 NAS 10~12등급 정도의 저점도유를 사용하는 것을 기본으로 한다. 플러싱을 하기 위하여 플러싱을 위한 펌프와 기름 탱크 등을 설치하는 방법이 있고 혹은 기존의 펌프와 기름 탱크를 사용하는 방법도 있다. 기존의 펌프와 기름 탱크를 사용하는 경우 플러싱 작업을 하는 순서는 다음과 같다.

① 오염된 유압 작동유를 배출시키고 탱크 또는 청소할 수 있는 곳을 청소한다.
② 펌프가 안전하게 작동될 수 있을 정도로 플러싱유를 탱크에 채운다.
③ 펌프를 여러 번 on/off 시켜 시스템의 안전 작동 여부를 확인한다.
④ 무부하 상태로 펌프를 30분~3시간 가동하고 15~30분 쉰다. 이를 3~4회 반복한다.
⑤ 플러싱유를 탱크에서 완전히 제거한다. 오염이 심하면 기름을 버려야 한다.
⑥ 사용하고자 하는 유압 작동유를 펌프가 안전하게 작동할 수 있을 정도로 탱크에 채운다.
⑦ 3단계와 4단계의 과정을 반복한다.
⑧ 유압 작동유를 탱크에서 제거한다.
⑨ 사용하고자 하는 유압 작동유를 탱크의 상한선까지 채운다.
⑩ 4단계의 과정을 거친다.

플러싱 작업을 할 때 플러싱유의 온도는 일반적인 유압 시스템의 유압 작동유 온도보다 높은 60~80 ℃ 정도로 하며 1차 플러싱 작업 도중에 플러싱의 온도가 정상적으로 상승하면 해머링(hammering) 작업도 병행한다. 해머링 작업은 나무망치를 이용하여 두드리는 작업으로, 작업이 필요한 부분은 용접부, 만곡부 및 긴 수평부분이다. 이때 주철제품, 배관을 연결하는 피팅(fitting), 밸브 등은 해머링하지 않는다. 필터는 일반적으로 복귀관에 설치하며 1차 플러싱 작업에서는 약 150 ㎛, 2차 플러싱 작업에서는 70 ㎛ 정도를 사용한다.

05 유압 동력부

동력 공급 유닛은 필요한 유압 동력을 공급해 주는 부분으로서 구동 모터나 내연 기관의 기계적 동력을 유압 동력으로 변경시켜 준다.

동력 공급 유닛에서 가장 중요한 부품은 유압 펌프이다. 유압 펌프는 기름 탱크 내에 있는 유압 작동유를 배관을 통하여 유압 시스템으로 공급한다. 압력은 유압 작동유가 흘러가는 도중에 저항을 만나기 전까지는 생성되지 않는다. 다시 말해서 유압 시스템의 압력은 저항이 있어야만 생성된다.

유압 작동유 여과 유닛(filter unit)은 많은 경우 동력 공급부에 포함된다. 유압 작동유의 이물질은 기계적인 마모, 뜨겁거나 차가운 유압 작동유의 영향 또는 외부 환경 영향에 의하여 주로 생성된다. 이러한 이유로 유압 회로 내에 필터가 설치되어 유압 작동유에 포함되어 있는 이물질을 제거하게 된다. 유압 작동유에 포함되어 있는 수분이나 가스도 마모 요인이므로 이들을 제거하기 위한 특별한 측정이 수행되어야 한다.

가열기(heater)와 냉각기(cooler)도 역시 유압 작동유의 상태를 위하여 설치되는데 유압 시스템이 사용되는 곳에 따라 종속된다.

기름 탱크는 유압 작동유의 상태를 유지하는데 중요한 역할을 한다.

- 내장된 배플 플레이트에 의하여 여과 기능과 기체를 분리
- 기름 탱크의 표면적을 이용한 냉각 효과

5.1 유압 펌프

유압 시스템에서의 유압 펌프는 구동장치의 기계적 에너지를 유압 에너지(압력 에너지)로 전환시켜 준다. 펌프는 유압 작동유를 유입하여 유압 시스템으로 토출시켜 준다. 유압 펌프에 의해서 발생된 유체 에너지는 관로를 따라 액추에이터에 전달되고 액추에이터를 통하여 사람이 원하는 기계적인 에너지로 사용되며, 이때 유압 작동유는 압력이 떨어지게 되고 드레인된 유압 작동유는 기름 탱크로 되돌아오게 된다. 유압 시스템에서의 압력은 유압 작동유가 흘러갈 때의 저항으로 형성된다. 압력의 크기는 내외의 저항 및 유량으로 인한 저항이 합쳐진 것과 같게 된다. 저항에는 외부저항과 내부저항이 있다.

▌ 외부저항

최대부하, 기계적 마찰, 정하중, 가속력 등의 결과로서 발생된다.

▌ 내부저항

배관과 부품에서의 마찰, 점도에 의한 마찰, 교축부에서의 흐름 저항 등의 결과로서 발생된다.

그러므로 유압 시스템에서의 압력은 유압 펌프로부터 결정되는 것이 아니고 저항의 크기에 따라 결정된다. 따라서 저항이 커지면 압력도 커지게 되어 유압 부품이 손상을 입게 되는데 실제로는 이와 같은 경우를 예방하기 위하여 압력 릴리프 밸브를 유압 펌프 다음에 설치하거나, 최대 작동 압력이 설정된 압력 릴리프 밸브를 펌프 하우징 내에 설치한다.

제조공장에서 응용되는 유압 시스템은 대부분 교류 전동기에 직결되어 운전되므로 유압 펌프는 1200 rpm에서 1800 rpm 내에서 구동된다. 건설기계나 병기, 자동차 등에 응용되는 유압 시스템은 내연기관에 직결되거나 변속장치에 연결되어 운전된다. 이때 유압 펌프는 보통 3600 rpm까지 변속하여 구동한다. 비행기나 우주선과 같이 가볍고 소형이 요구되는 유압 시스템에서는 회전수를 크게 하여 운전한다. 이때 사용되는 유압 펌프는 직류전동기에 직결시켜 12000 rpm으로 운전된다.

유압 펌프의 출력은 유압 시스템에서 마찰과 열손실이 따르기 때문에 액추에이터에서 외부로 한 일은 유압 작동유가 펌프로부터 받은 에너지보다 훨씬 적다. 따라서 유압 펌프를 선정할 때에는 압력, 액추에이터의 운전속도, 운전력, 효율, 설비비, 운전비, 보수 등의 운전 특성을 고려하여 액추에이터와 조화되도록 선정하여야 하며 펌프의 소음, 진동, 고유 진동수, 흐름 특성 등도 고려하여야 한다.

5.1.1 이송체적과 토출량

이송체적(또는 체적변위, 작업체적) V는 펌프 크기의 척도이며 펌프의 일회전당 유압 작동유의 공급량이 이송체적이기 때문이다.

1분 당 펌프로부터 공급되는 유량을 토출량 Q라고 정의하며 토출량 Q와 이송체적 간에는 다음과 같은 식이 성립된다.

$$Q = n \cdot V$$

여기에서 Q : 토출량(ℓ/min)

n : 회전수(rpm)

V : 이송체적(ℓ, 일 회전 당)

5.1.2 효율과 동력

기계적 동력은 펌프에 의해서 유압동력으로 전환되는데 이 과정에서 동력손실이 발생되고 이는 효율로 표현될 수 있다. 펌프의 전효율 η_{tot}을 계산할 때에는 용적효율 η_v와 기계적 효율 η_{hm}을 고려하여야 한다.

▮ 용적효율 η_v (volumetric efficiency)

체적효율이라고도 하고 이론적인 펌프의 토출량에 대한 실제 토출량의 비를 의미하며 다음과 같이 계산된다.

$$\eta_v = \frac{Q}{Q_{th}} \times 100\%$$

여기에서 η_v : 용적효율

Q : 실제 토출량(ℓ/min)

Q_{th} : 이론 토출량(ℓ/min)

압력에 대한 토출량 곡선을 펌프 특성도라고 하며, 펌프 특성도에서는 압력이 증가할수록 토출량이 감소하는 경향을 보인다. 실제 토출량은 펌프에서의 누유량을 배제한 값으로서 누유량이 적을수록 좋으나 펌프의 윤활 때문에 최소의 누유는 필요하게 된다. 그림 5.1에서는 펌프 특성도의 예를 보여준다.

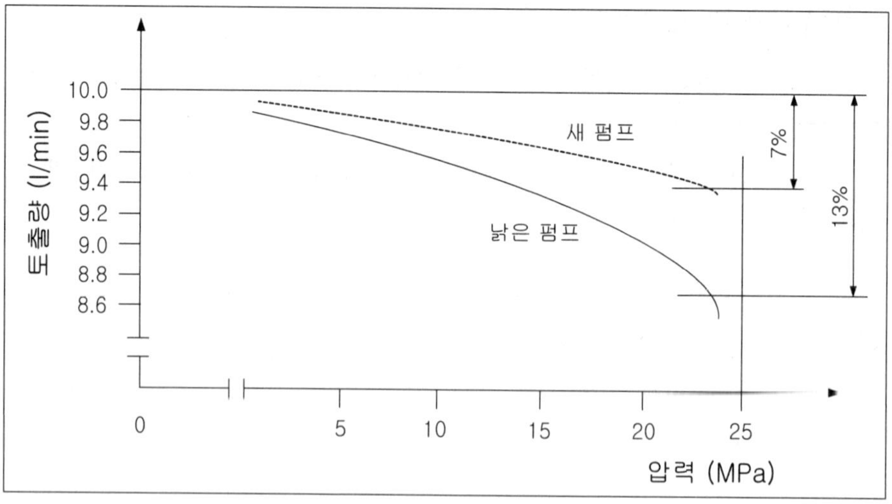

그림 5.1 펌프 특성도

펌프 특성도를 봤을 때, 압력이 0에서는 펌프가 전 토출량을 공급하고 압력이 상승함에 따라 펌프의 토출량은 누유량 만큼 감소되어 공급된다. 일반적으로 압력이 0일 때의 펌프 토출량을 이론 토출량으로 대체한다. 그리고 펌프 특성도에서는 펌프의 용적효율 η_v에 대한 정보도 제공하는데, 예를 들어 그림 5.1에서 유압 시스템의 압력을 23 MPa로 설정한 경우에 신펌프의 용적 효율은 93%이고, 낡은 펌프에서는 87%임을 보여준다. 이와 같이 펌프 특성도를 이용하여 펌프의 용적효율 η_v를 계산할 수 있다. 펌프를 바르게 사용하기 위해서는 펌프의 특성 곡선과 특성치를 잘 알고 있어야 하며, 이러한 정보를 바탕으로 유압부품과 적절한 펌프를 선정할 수 있게 된다.

■ 기계적 효율 η_m (mechanical efficiency)

펌프가 축을 통하여 구동장치로부터 받은 동력 중 일부는 기계 손실로 잃게 되고 나머지 에너지를 유압 작동유에 주게 된다. 따라서 구동장치로부터 받은 동력에 대한 펌프가 유압 작동유에 준 이론 동력의 비를 기계적 효율이라고 정의하고 다음과 같이 계산한다.

$$\eta_m = \frac{L_{th}}{L_s} \times 100\%$$

여기에서 η_m : 기계적 효율

L_{th} : 펌프가 유압 작동유에 준 이론 동력

L_s : 구동장치로부터 받은 동력(소요 동력)

▌전 효율 η_{tot} (total efficiency 또는 η)

유압 펌프는 구동장치로부터 축을 통하여 받은 에너지의 전부를 유압 작동유에 주는 것이 아니고 일부는 손실로 소멸되고 나머지의 에너지만 유압 작동유가 가져간다. 그러므로 펌프가 축을 통하여 받은 에너지를 얼마나 유용한 에너지로 전환시켰는가를 기준으로 효율을 정한다. 펌프의 전 효율은 펌프 동력의 축동력에 대한 비로 정의하고 용적 효율과 기계적 효율로 표현하면 다음과 같다.

$$\eta_{tot} = \eta_v \cdot \eta_m$$

여기에서 η_{tot} : 전 효율

η_v : 용적효율

η_m : 기계적 효율

유압 펌프에서의 효율이라고 하면 대부분의 경우 전 효율을 나타내며 구동장치에 대한 소요동력은 다음과 같은 식으로 구할 수 있다.

$$L_s = \frac{p \cdot Q}{\eta}$$

여기에서 L_s : 소요 동력(W)

p : 토출 압력(Pa)

Q : 토출량(m^3/s)

η : 전 효율

그러나 계산된 소요동력과 완벽하게 일치하는 출력의 전동기를 구할 수 없으므로 표 5.1을 이용하여 계산된 소요동력보다 한 단계 큰 전동기를 사용하면 된다.

표 5.1 모터의 출력표

kilo Watt (kW)	0.2	0.4	0.75	1.5	2.2	3.7	5.5	7.5	11
마력 (HP)	1/4	1/2	1	2	3	5	7.5	10	15

kilo Watt (kW)	15	18.5	22	30	37	45	55	75	
마력 (HP)	20	25	30	40	50	60	75	100	

5.2 유압 펌프의 종류

유압 펌프의 종류는 이송 체적을 근간으로 다음과 같이 두 가지 형태로 구별한다.

▌ 고정용량형(constant capacity) 펌프

물리적으로 펌프의 이송체적을 변경시킬 수 없으므로 가격이 저렴하고 설계도 복잡하지 않다. 토출량을 변경시키려면 구동장치의 회전수를 변경시켜야 하나 산업 현장에서는 일정한 회전수의 전동기를 사용하므로 고정용량형 펌프의 토출량은 항상 일정하다고 가정한다.

▌ 가변용량형(variable capacity) 펌프

가변용량형 펌프는 압력, 유량, 동력에 의해서 이송 체적의 조절이 가능하므로 여러 가지 장점을 제공한다. 이송 체적의 변경은 단순한 조정에 의해서 이루어질 수도 있고 컴퓨터 프로그래밍과의 인터페이스를 통하여 완전히 자동화시켜 이송 체적을 변경시킬 수도 있다. 가변용량형 펌프의 사용은 적용 영역에 따라서 다양한 선택이 가능하므로 충분한 검토가 필요하다.

유압 펌프의 종류는 매우 다양하지만 원리는 체적의 이송으로 귀결되는데 체적이송은 피스톤, 베인, 스크류, 스핀들 등에 의하여 이루어진다. 그림 5.2는 유압 펌프의 종류를 보여 준다.

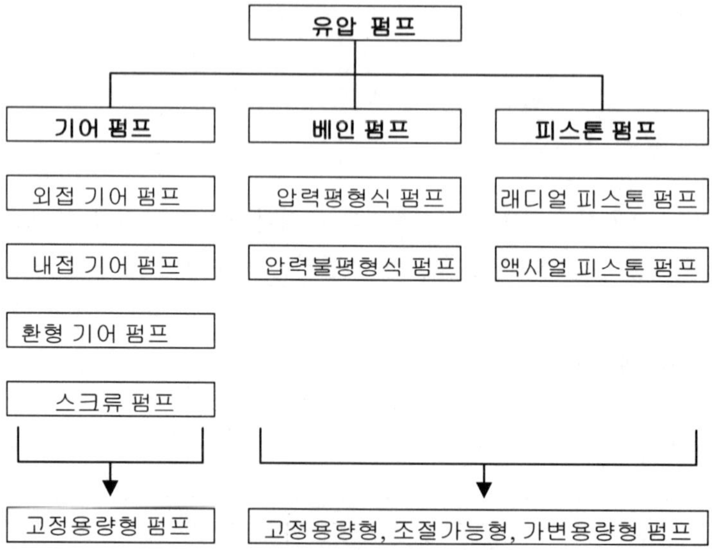

그림 5.2 유압 펌프의 종류

5.2.1 기어 펌프(gear pump)

기어 펌프는 이미 1593년에 프랑스의 Serviere에 의하여 원리가 고안되었으나 많이 이용되지 못하다가 근래에 이르러 유압용으로 급속히 발달하였다. 기어 펌프는 구조가 간단하고 신뢰도가 높으며 운전과 보수가 용이하고 가격이 비교적 저렴한 장점이 있다. 토출 압력은 3.5~17.5 MPa, 토출량은 300 ℓ/min 정도의 기어 펌프가 많이 사용되고 있다. 기어 펌프는 기어와 하우징 사이의 틈새에 의해서 결정된 이송체적을 조절할 수 없으므로 고정용량형 펌프가 된다. 그림 5.3은 외접형 기어 펌프의 단면을 보여준다.

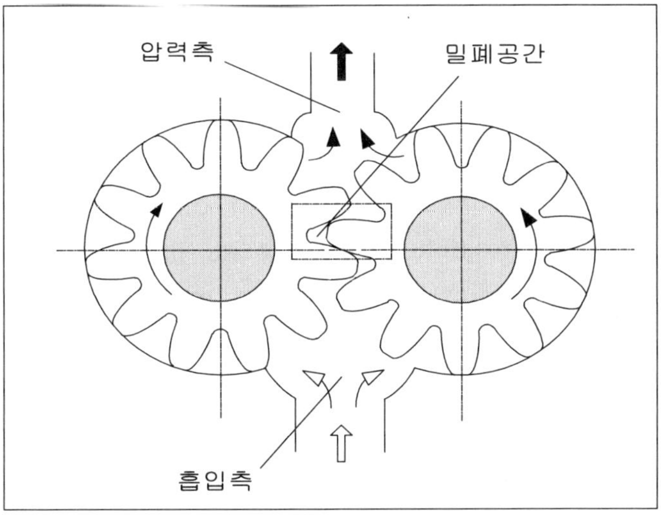

그림 5.3 외접형 기어 펌프

그림 5.3의 기어 펌프에서 흡입측은 기름 탱크와 접속되어 있다. 한 쪽 기어는 구동장치와 연결되어 있고 다른 한 쪽은 맞물린 기어에 의하여 회전하게 된다. 기어가 맞물리면서 회전하면 흡입측의 압력이 낮아지게 되고 유압 작동유가 이곳을 채우게 된다. 채워진 유압 작동유는 하우징 주위를 돌아 압력측 출구로 이송되어 압력관으로 토출된다.

펌프 내에서의 누유량은 하우징과 기어의 간극에서 발생되는데 기어의 오버랩, 회전속도, 작동유의 점도 등의 영향을 받는다. 이러한 누유량 때문에 이론 토출량이 달라진다. 최소 허용 유속 때문에 흡입관은 압력관보다 직경이 더 크다. 흡입관의 단면적이 작아지면 유속이 증가하게 되고 결국 압력 에너지는 운동 에너지와 열 에너지로 치환되며 흡입부에서 압력강하를 가져온다. 압력강하는 캐비테이션을 발생시킬 수 있으므로 흡입부의 압력이 0.07 MPa 이하가 되지 않도록 해야 하고 유속은 0.5~1.5 m/s을 유지할 수 있도록 흡입관 직경을 결정하여야 한다.

■ 기어 펌프의 밀폐 현상

압력측까지 운반된 유압 작동유의 일부는 그림 5.3에서 보듯이 기어의 두 치형 사이의 틈새에 가두어지게 된다. 가두어진 유압 작동유는 기어가 회전함에 따라 가두어진 상태로 그 용적이 좁아지기도 하고 넓어지기도 하여 유압 작동유의 압축, 팽창이 반복된다. 이 현상을 기어 펌프의 밀폐 현상 또는 폐입 현상이라 부른다. 밀폐 현상이 생기면 유압 작동유는 고압측에 있어서 온도 상승이 되고 계속되어 발생되는 캐비테이션 때문에 기화하여 거품이 많이 발생하고 축동력의 증가, 기어의 진동, 소음의 원인이 된다. 이러한 현상을 방지하기 위하여 가장 널리 이용되는 방법은 측판에 도출 홈을 파서 밀폐용적이 감소되고 있을 때 유압 작동유를 토출측으로 통하게 하고, 밀폐용적이 중앙 위치로부터 팽창되는 과정에서는 유압 작동유를 흡입측과 통하도록 하는 것이다.

5.2.2 스크류 펌프(screw pump)

스크류 펌프에는 스크류의 축 수에 따라 1축, 2축, 3축 스크류 펌프로 구분하며, 사출성형기나 프레스, 공작 기계, 유압 엘리베이터 등에도 사용하고 있다. 또한 토출량의 범위가 넓어 윤활유 펌프나 각종 액체의 이송 펌프로도 사용되고 있다.

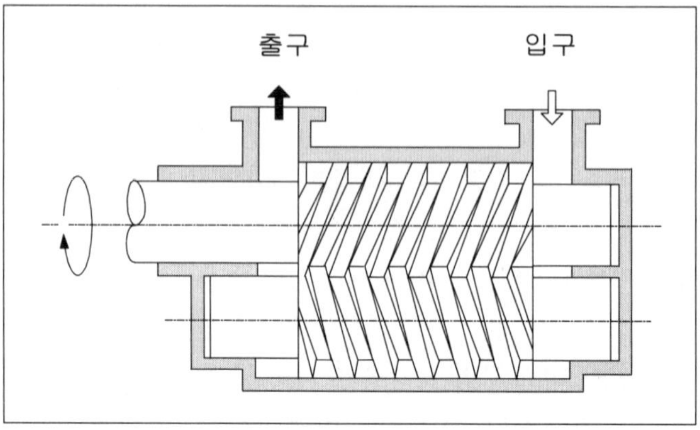

그림 5.4 스크류 펌프

스크류 펌프는 유체를 보내는 과정에서 폐입 현상이 없고, 펌프 내부에서의 압력상승도 완만하여 소음이 발생하지 않는다. 최근에 유압 펌프로도 많이 사용하고 있으며 최고 압력 25 MPa까지 실용화되고 있다. 펌프 성능을 향상시키기 위해서는 저점도 영역에서는 3,600 rpm 정도의 고속회전으로, 고점도 영역에서는 1,200 rpm 정도의 저속회전으로 사용하는 것이 바람직하다.

5.2.3 베인 펌프(vane pump)

이탈리아의 Ramelli가 로터리 펌프로 고안한 것을 Vickers가 1925년 압력 평형식 베인 펌프로 발전시켜 공업적으로 그 가치가 인정되었다. 베인 펌프는 공작 기계, 프레스, 사출성형기 등을 비롯하여 산업 기계로는 차량용으로 널리 사용되고 있다. 현재 일반 산업용으로 사용하는 베인 펌프는 토출 압력이 1단에서 70 MPa를 표준으로 하나 최고 고성능 펌프에서는 1단에서 10.5~14 MPa의 압력을 생성하는 펌프도 있으며 토출량은 보통 4~450 ℓ/min 정도가 많이 사용된다.

베인 펌프의 장점으로는 기어 펌프나 피스톤 펌프에 비하여 토출 압력의 맥동이 거의 없기 때문에 원활한 운동을 할 수 있고 소음도 적으며, 베인의 선단이 마모되어도 베인과 캠 링은 항상 접촉하게 되므로 압력이 떨어질 염려가 없다. 단점으로는 베인, 로터 및 캠 링이 서로 접촉하여 미끄러지므로 가공의 정밀도가 요구되며, 유압 작동유의 점도, 청정도 등에 세심한 주의를 필요로 한다.

베인 펌프를 구성하는 기본 요소는 흡입구, 토출부, 구동 로터, 미끄럼 베인, 캠 링 및 케이싱이다. 베인은 로터에 파놓은 홈 속에서 미끄러지면서 캠 링의 형상에 따라 베인과 캠 링 및 로터에 둘러싸인 공간을 변화시킨다. 이 공간이 증가하는 동안 유압유가 흡입되어 흡입실로 들어간다. 베인이 최대로 돌출한 다음은 점차 공간이 감소되면서 공간에 있던 유압유는 압축되어 고압 토출실로 이송된 후 토출구로 배출된다.

압력 불평형식(pressure unbalanced) 베인 펌프는 그림 5.5와 같으며 이 펌프는 한 쪽에서 토출하는 압력에 비례하는 정압력의 불평형분의 하중이 베어링에 작용하게 된다. 따라서 베어링은 이 힘을 충분히 견딜 수 있는 충분한 강도가 요구된다. 압력 불평형식 베인 펌프는 가변용량형 펌프로 사용될 수 있다.

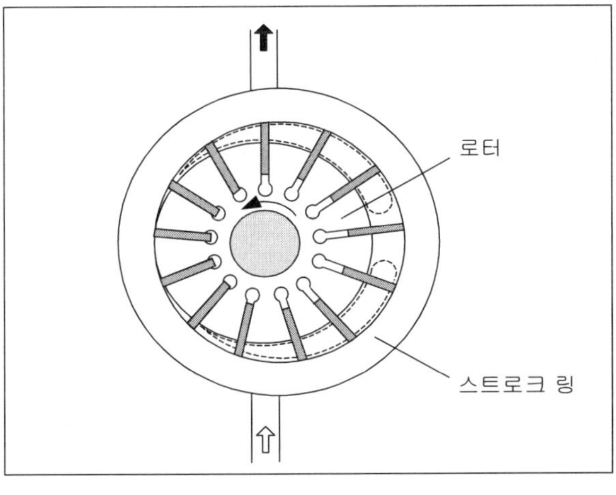

그림 5.5 압력 불평형식 베인 펌프

압력 평형식(pressure balanced) 베인 펌프는 그림 5.6과 같이 흡입구와 토출부가 각각 로터에 대하여 서로 대칭되는 위치에 배치되어 있다. 캠 링은 타원형으로 되어 있으며 로터에 대하여 대칭되는 점의 압력은 크기가 같고 방향이 반대로 분포되어 완전한 유압 평형이 이루어진다. 따라서 하중은 압력 불평형식 베인 펌프에 비하여 현저하게 경감되고 구동하중만 고려하여 설계하면 된다. 압력 평형식 베인 펌프는 고정용량형 펌프이다.

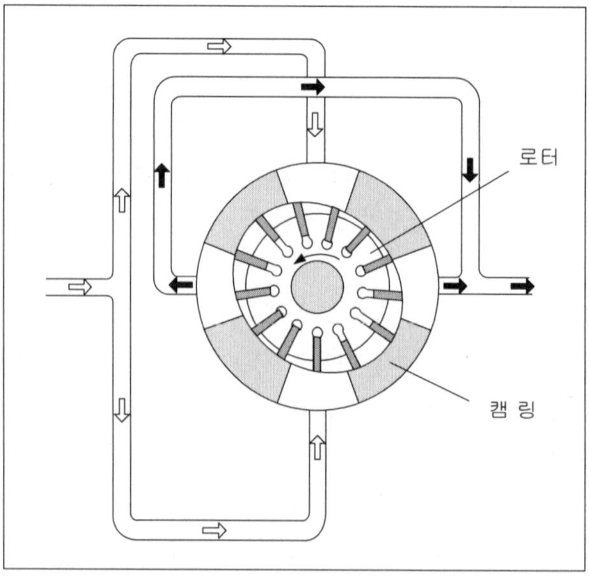

그림 5.6 압력 평형식 베인 펌프

5.2.4 피스톤 펌프(piston pump)

피스톤 펌프는 왕복 부분의 질량이 극히 작으므로 고속 운전이 가능하다. 따라서 비교적 소형으로서 고압 · 고성능의 펌프를 얻을 수 있고, 동력에 대하여 비교적 설치 면적이 적으므로 유리하다. 다수의 피스톤으로 고속 운전하여 토출압의 맥동이 극히 작고 진동도 작아서 원활한 운전을 할 수가 있다. 피스톤의 지름은 비교적 작고 행정도 짧아서 공작 정도를 얻기 쉬우므로 높은 체적효율을 얻을 수 있으며, 토출 압력은 10~30 MPa, 토출량 10~50 ℓ/min 정도의 펌프가 사용된다.

액시얼 피스톤(axial piston) 펌프는 회전축에 의해 피스톤을 회전시키면서 블록 내부를 왕복 운동하도록 한다. 토출량을 변화시키는 가변형 피스톤 펌프는 회전축과 실린더 블록 축과의 각도를 바꾸는 사축식과 회전축, 실린더 블록축을 동일 축에 배치하고 회전축에 직각인 경사판의 각도를 임의로 바꿀 수 있도록 하여 피스톤 행정을 변화시키는 사판식이 있다.

그림 5.7은 액시얼 피스톤 펌프를 보여 준다.

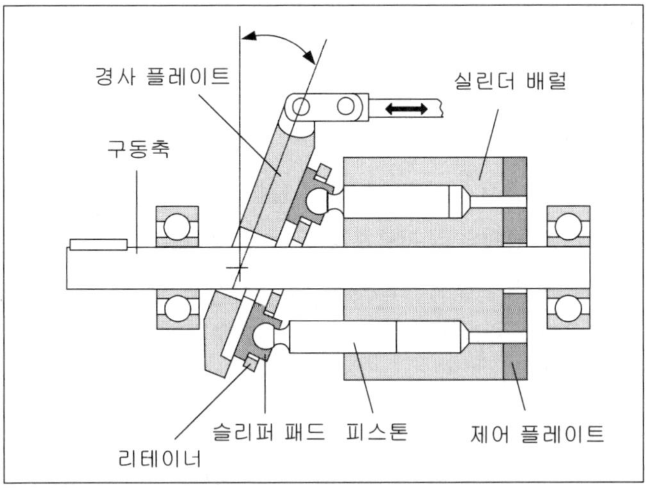

그림 5.7 액시얼 피스톤 펌프

고정 실린더식 래디얼 피스톤(radial piston) 펌프는 실린더마다 흡입 밸브와 토출 밸브를 갖고 로터에 고정된 캠에 의하여 왕복 운동을 하는 방식으로 고압 하에서 무리가 없이 작동할 수 있다. 회전 실린더식 래디얼 피스톤 펌프는 피스톤을 내장한 실린더 블록이 흡입 토출 밸브의 작용을 하는 고정된 핀틀을 중심으로 하여 회전하면서, 래디얼 방향으로 배열된 피스톤이 왕복 운동을 하는 형식의 펌프이다. 그림 5.8은 래디얼 피스톤 펌프를 보여 준다.

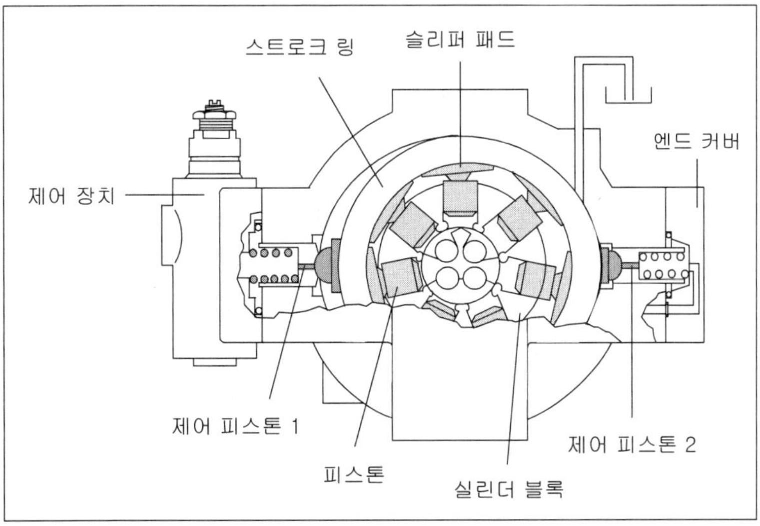

그림 5.8 래디얼 피스톤 펌프

5.3 기름 탱크

기름 탱크의 기능을 나열하면 다음과 같다.

- **유압유의 저장** : 유압회로의 작동유를 저장한다.

- **열의 발산** : 유압 시스템에서 동력 손실은 열로 변환되어 유압 작동유를 덥히게 되고, 이 유압 작동유는 기름 탱크로 복귀하게 된다. 기름 탱크는 탱크 벽을 통하여 열을 발산하므로 충분한 크기의 용량이 필요하고 탱크 설치 장소도 잘 선정하여야 하며, 필요에 따라 냉각 시스템을 설치하여야 한다.

- **공기의 제거** : 기포는 유압 시스템에서 소음과 손상을 가져오고 특히 펌프에서 캐비테이션 현상을 일으키며 유압 작동유의 압축성을 증가시킨다. 기름 탱크의 넓은 표면은 공기 분리 효과를 증대시켜 준다. 유압 작동유가 탱크에 오래 머물수록 공기 분리 효과는 더욱 커진다.

- **오염물질의 침전** : 시간이 지남에 따라 만들어지는 생성물과 극히 미세한 오염 입자는 필터로 제거되지 않는다. 따라서 이러한 이물질은 기름 탱크에서 침전시켜 한 곳으로 모이게 해야 한다. 이를 위하여 기름 탱크의 바닥은 경사면으로 만든다.

- **응축수의 제거** : 외기와 기름 탱크 내부의 온도차이로 수분이 응축되어 유압 작동유에 섞이게 된다. 물은 유화되거나 바닥에 고이게 되는데 이를 주기적으로 제거해주어야 한다. 응축수의 제거를 위하여 기름 탱크에는 드레인 탭이 마련되어 있다.

- **펌프, 모터, 밸브의 설치장소 제공** : 펌프, 모터, 밸브의 설치장소를 제공하기 위하여 튼튼하게 만들어져야 하며 소음감소 역할도 한다.

기름 탱크의 크기는 열의 발산, 공기 분리를 위해서 크면 클수록 좋지만 설치장소, 유압 작동유의 비용, 이동성 등에 따라서 크기의 제약을 받는다. 기본적으로 유압 시스템 내의 유압 작동유가 전부 기름 탱크 안에 모이더라도 넘쳐흐르지 않을 정도의 충분한 크기여야 한다. 탱크의 이상적인 크기는 유압 작동유가 시스템 내에 모두 차있는 상태에서, 고정식 유압의 경우 그 장치가 필요로 하는 매분 펌프 토출량의 3~5배 정도로 하고 이동식 유압의 경우는 1배 정도로 한다. 그리고 유압유 체적의 10~15%를 크게 하여 공기 쿠션 장치를 제공하도록 한다.

기름 탱크의 모양은 열의 대류와 발산을 위해서는 바닥 면적이 좁고 키가 큰 형태가 바람직하지만 공기분리 효과 및 펌프, 구동장치의 설치장소 측면에서는 바닥 면적이 큰 형태가 유리하다. 따라서 어느 형태가 좋다고 결정할 수는 없지만 이동형 유압 시스템의 경우에는 유압 작동유가 이리저리 쏠리므로 키가 큰 형태를 취하고 고정식 유압 시스템의 경우에는 면적이 큰 형태의 모양을 취하게 된다. 기름 탱크는 다음과 같이 여러 가지의 장치로 구성된다.

- **흡입관 및 복귀관** : 유압 작동유의 효과적인 순환을 위해서는 흡입관과 복귀관은 가능한 한 멀리 떨어져 있어야 한다. 두 관의 출입구는 모두 유면 밑에 위치해야 하고 관 끝은 기름 탱크의 바닥으로부터 관경의 2~3배 이상 떨어져야 이물질의 혼입이나 이물질이 바닥에서 일어남을 방지할 수 있다. 관 끝은 저항을 작게 하기 위하여 45°정도로 절취하고 반대편으로 향하게 한다. 관내의 유속은 1~2 m/s로 잡는다.

- **분리판(baffle plate)과 공기분리기(air separator)** : 유압 시스템에서 돌아오는 유압 작동유와 펌프 흡입구로 흘러가는 유압 작동유를 분리시켜 유압 작동유가 펌프의 벽을 따라 흐르도록 하여 유압 작동유에 혼입되어 있는 물이나 기포가 분리될 수 있게 한다. 분리판은 유압 작동유의 냉각효과를 증진시키며 유압 작동유가 머무르는 시간을 지연시켜 이물질의 제거를 돕는다. 공기분리 장치는 0.5 mm 직경의 메쉬 스크린(mesh screen)이다.

- **드레인(bottom drain)** : 탱크 내에 머물러 있는 물이나 침전물을 제거하기 위하여 탱크 바닥에는 적당한 경사를 주고, 가장 낮은 곳에 드레인을 설치한다. 드레인 할 때에는 용기를 넣어 받아낼 수 있을 정도의 공간이 필요하므로 탱크 바닥과 지면 사이에 150 mm 정도의 여유를 두는 것이 좋다. 때때로 드레인 스크류에는 자석 막대가 달려 있어 금속 부스러기를 제거한다.

- **유면계(oil level gauge)** : 유압 시스템 운전 중에도 유면의 최고, 최저 위치를 직접 확인할 수 있게 하여 작동 시 적합한 유면을 유지하도록 한다. 유압 작동유의 양은 외부에서 확인할 수 있어야 하며 유압 작동유의 오염을 방지하기 위하여 계량봉(dip stick)은 사용하지 않는다.

- **공기 필터(breather air filter)** : 유압 시스템의 실린더가 동작할 때마다 기름 탱크의 유면이 상하로 움직이므로 유면 위에 항상 대기압이 작용할 수 있도록 통기 구멍이 필요하고 통기 구멍에는 공기 필터를 부착하여야 하는데 여과 입도는 5~60 μm 정도이다.

• **주유구**(filler spout) : 유압 작동유를 주유할 때 유압 작동유의 오염을 방지하기 위하여 스트레이너(filling strainer)를 거치도록 한다.

• **청소용 측판**(clean-out cover) : 탱크 속을 청소할 때 손이 들어갈 수 있도록 가급적 큰 측판을 손쉽게 떼었다 붙였다 할 수 있게 제작하여 청소를 하거나 스트레이너를 쉽게 교체할 수 있게 한다.

• **탱크 커버**(tank cover) : 탱크 커버의 설계는 그 위에 무엇이 설치될 것인가에 따라 달라진다. 예를 들어 펌프가 탱크 안에 설치되는 경우에 커버는 제거될 수 있어야 한다. 구동장치가 설치될 경우에는 커버에 소음 생성을 제한하기 위하여 진동 방지 요소를 설치해야 한다. 유지 보수 측면에서 복귀관은 탱크 커버에 설치되는 것이 좋다.

먼지나 높은 습도의 환경이나 이동식 유압장치에서는 오염방지 목적으로 밀폐된 기름 탱크가 사용될 수 있는데, 이때에는 환기가 불필요하다. 이러한 경우에 질소가스로 충진된 신축성 있는 블래더가 탱크 내에 설치해서 과압(overpressure)을 걸어 캐비테이션을 방지한다. 그러나 공기와 물과의 접촉으로 인한 오염의 문제와 유압 작동유의 조기 산패 위험이 따른다.

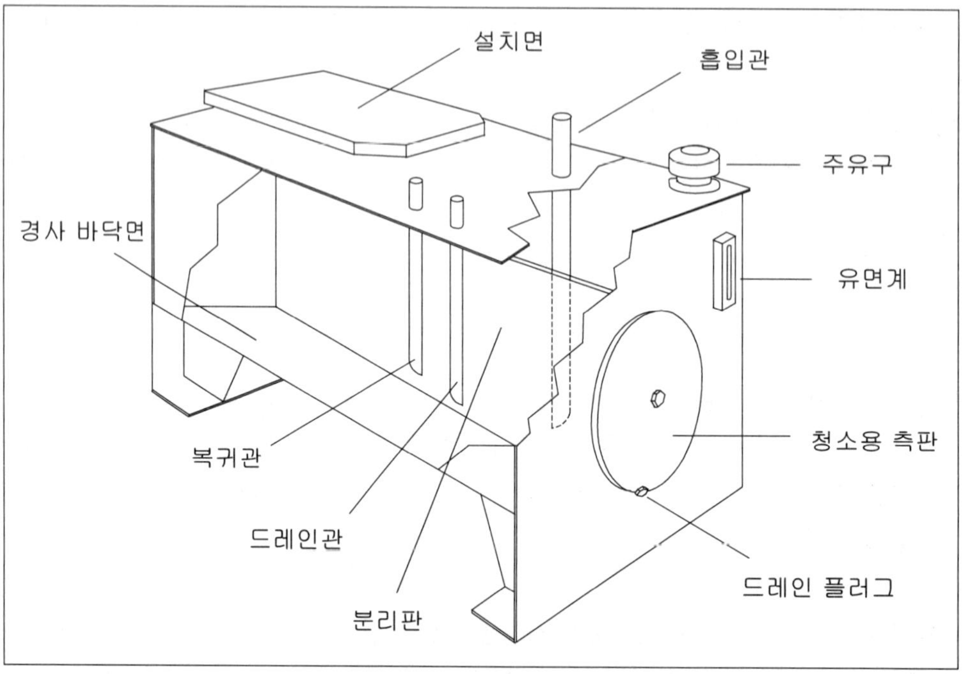

그림 5.9 기름 탱크의 구조

5.4 필터

유압 작동유를 깨끗하게 하여 불순물로 인한 장애를 받지 않도록 유지하는 것은 아무리 강조해도 지나치지 않는다. 유압 시스템에서의 스트레이너(strainer)와 필터(filter)는 불순물을 제거할 때 사용되기도 하지만 유압 부품의 내구수명과 신뢰도에 직접적인 영향을 미친다. 스트레이너와 필터는 같은 기능을 갖고 있어 그 의미가 같은 뜻으로 사용되기도 한다. 공업에서는 이 두 가지의 요소를 기본적 구조의 차이에 의해서 구분하고 있다. 스트레이너는 직선 경로를 따라 흐르는 고형물에 저항을 주어 유체로부터 고형물을 제거하는 장치로 정의하고, 필터는 비비꼬인 곡선 경로를 따라 흐르는 고형물에 저항을 주어 유체로부터 고형물을 제거하는 장치로 정의하고 있다.

조립된 유압 시스템 내부에는 유압기기의 제작 과정 중에 단조, 용접, 열처리 등에서 발생한 산화물 스케일 또는 주물이나 샌드 블라스트의 모래가루, 밸브 피팅(fitting)에 사용된 래핑 분말 등이 남아 있을 수 있으며, 회로의 조립 과정에서 생겨난 금속 부스러기들이 플러싱에 의해서도 완전히 제거되지 않고 남아 있을 수 있다. 이러한 찌꺼기들이 회로가 작동하고 있는 동안에 떨어져 나와 유압 작동유를 오염시키는 원인이 되고, 공기 중의 먼지가 유압 작동유에 침입하여 오염되기도 하며, 유압 작동유가 펌프를 통과하는 동안 마찰로 인하여 금속가루가 유압 작동유를 오염시키기도 한다. 그리고 이 오염물질들은 베어링, 펌프, 유압 모터, 피스톤 로드, 부싱 등에 영향을 주고 밸브에서 간극(clearance)을 크게 하여 내부 누유를 증가시키고 마모를 촉진하며 펌프 토출량의 감소, 온도 상승 등의 원인이 된다. 또한 오염물질들이 파이로트 작동형 릴리프 밸브나 압력보상형 유량제어밸브 등의 파이로트 오리피스에 모이게 되면 파이로트 통로가 막히게 되어 유압 작동유가 더 이상 메인 포펫으로 흐를 수 없게 된다. 이 경우 밸브를 쉽게 분해하여 재조립하여 사용하면 부품 자체는 물리적으로 큰 손상을 입지 않으나 생산의 다운타임(downtime)을 생각하면 엄청난 손실이 된다. 50μ 이상의 오염물질은 돌발고장(catastrophic failure)을 일으켜 시스템의 정지를 발생시키고 10μ 이하의 오염물질은 유압요소의 점진적인 마모와 손상을 야기하는 성능저하 고장(degradation failure)을 일으킨다. 특히 최근에는 유압 펌프가 고압으로 설계되므로 오염물질에 보다 민감하다.

필터의 역할은 과도한 오염물질로부터 유압 부품을 보호하기 위하여 일정 수준 이하로 오염물질을 제거하는 것이다. 필터를 사용할 때에는 오염측정기를 이용하여 필터의 효율을 측정해 보는 것이 바람직하다. 유압 시스템 설치 시에도 반드시 필터를 사용한 세관을 이용하여 이물질을 제거하도록 하고 유압 부품의 민감도를 기반으로 필터의 선정 및 설치가 이루어지도록 한다.

필터는 설치되는 장소에 따라 흡입 필터, 복귀 필터, 압력 필터로 분류한다.

5.4.1 흡입 필터(suction filter)

흡입 필터는 펌프의 흡입관에 설치한다. 유압 작동유는 기름 탱크로부터 흡입 필터를 거쳐 펌프로 들어가게 되므로 여과된 유압 작동유만이 시스템에 공급된다. 흡입 필터로는 여과 등급이 25~238 μm 인 스트레이너를 달기도 한다. 스트레이너는 일반적으로 가는 눈의 철사망으로 되어 있으며 필터에 비하여 미세한 여과 작용을 하지 않는다. 따라서 유동 저항은 비교적 적다. 스트레이너 사용 중 이물질이 구멍을 막게 되면 압력이 한계 이하로 떨어지게 되고 그렇게 되면 펌프에서 캐비테이션 현상이 발생될 수 있다. 따라서 한 개의 스트레이너로 충분하지 않은 경우에는 여러 개의 스트레이너를 설치할 수 있다. 스트레이너는 정기적으로 청소가 가능하도록 손의 힘만으로 조여서 장착할 필요가 있고, 이음부는 항상 유면 아래에 잠겨 있도록 하고 기름 탱크 밑바닥으로부터는 3인치 이상 떨어뜨려 설치하여 밑바닥의 오염물질의 흡입을 방지하도록 한다. 설치 위치상 서비스하기가 곤란할 경우에는 바이패스 체크밸브가 내장된 필터를 설치하여 캐비테이션을 방지하고 가능하면 펌프 입구 쪽에 진공 압력계를 설치하여 주기적으로 감시하도록 한다.

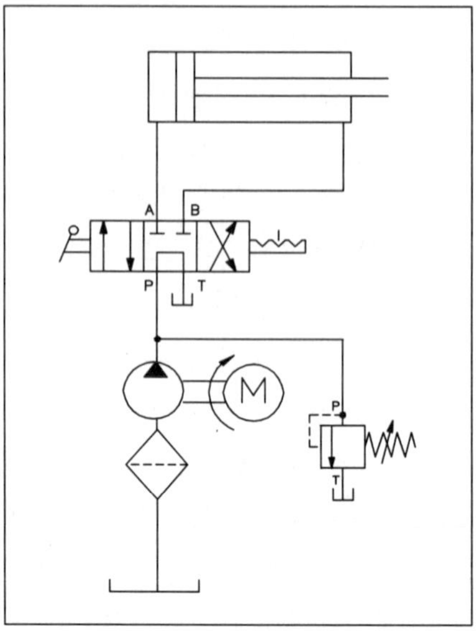

그림 5.10 흡입 필터의 설치

5.4.2 복귀 필터(return filter)

복귀 필터는 복귀관에 설치된다. 복귀 필터의 하우징과 필터 삽입부는 유량이 큰 밸브가 갑자기 전환되거나 응답이 빠른 바이패스 밸브를 통하여 유압 작동유가 직접 탱크로 귀환할 때 발생될 수 있는 피크 압력을 견딜 수 있도록 설계되어야 한다. 복귀하는 유량은 필터를 거쳐 기름 탱크로 귀환되어야 하는데 복귀 유량이 공동배관으로 집중되지 않으면 복귀 필터는 복귀하는 일부 유량에만 사용될 수 있다. 그러나 대부분의 경우 모든 기름이 복귀 필터를 거치도록 한다. 복귀 필터는 압력관에서의 필터보다 값이 싸다. 복귀 필터의 작업 압력은 설계에 따라 다르나 최고 3 MPa까지 사용될 수 있고 통과 유량은 복귀 필터가 탱크에 설치된 경우 1,300 ℓ/min, 배관에 설치되는 큰 직립 필터의 경우 3,900 ℓ/min까지다. 복귀 필터의 여과등급은 5~40 μm 정도가 사용된다.

복귀 필터를 두 개 사용하면 필터의 보수 시 발생되는 비가동시간을 피할 수 있다. 이중(dual) 필터는 병렬로 설치되는데 만약 유압 시스템이 두 번째 필터로 전환되면 오염된 필터는 유압 시스템의 정지 없이 제거될 수 있다.

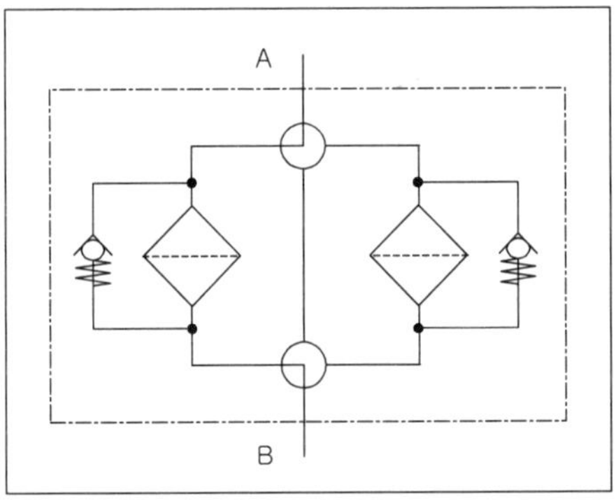

그림 5.11 더블 필터

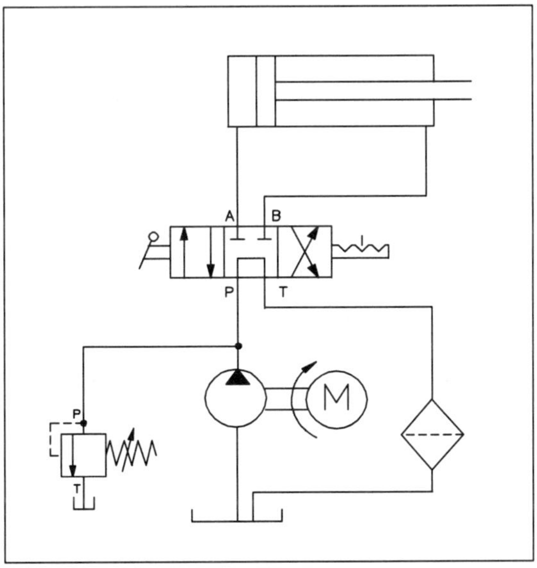

그림 5.12 복귀 필터의 설치

5.4.3 압력 필터(pressure filter)

압력 필터는 유압 시스템의 압력관이나 이물질에 민감한 유압 부품 앞에 설치한다. 예를 들어 펌프의 압력포트나 유량제어밸브의 앞과 같은 장소이다. 압력 필터는 최고 작업 압력을 받기 때문에 강성설계를 하여야 한다. 압력 필터는 바이패스 밸브를 갖지 않고 오염 정도를 나타내는 지시기를 갖는다. 작업압력은 42 MPa까지며 통과유량은 330 ℓ/min까지다. 압력 필터의 여과등급은 3~40 μm 정도가 사용된다. 압력 필터는 간접 작동형 밸브나 서보 밸브를 사용할 때 필히 부착하여야 하며, 압력이 높은 곳에서 사용되므로 내압(pressure proof) 하우징이 사용되어 가격이 비싸다.

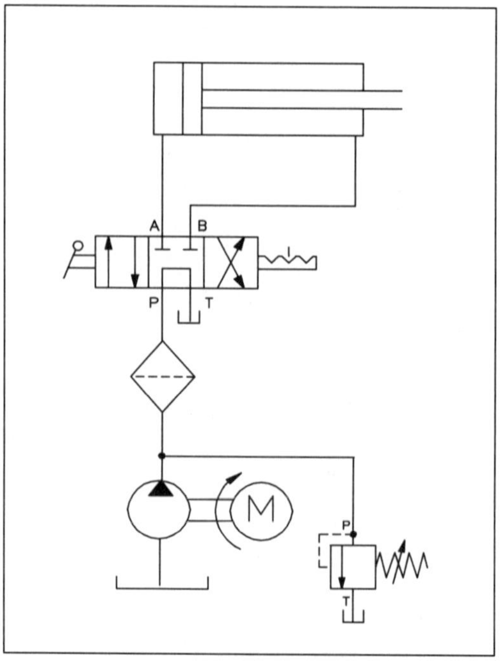

그림 5.13 압력 필터의 설치

5.4.4 부분 여과(partial filtration)

상대적으로 작은 필터가 사용될 경우에는 부분 여과를 적용시키기도 하는데 이는 유압 작동유가 순환되다 보면 통계적으로 필터를 거칠 것이라는 가정에 기초한다. 부분 여과는 부스터 라인이나 유압 트랜스미션(hydro-static transmission)에 적합하다. 큰 유압 시스템에서는 여러 개의 펌프를 사용하여 시스템을 운전하는데 그 중 한 개의 펌프로는 계속 부분 여과 작업을 시키도록 하는 경우도 많이 있다.

5.4.5 오염 지시기

필터의 계속 사용여부는 오염 지시기(clogging indicator)를 점검함으로써 결정할 수 있는데, 필터의 오염도는 압력강하를 측정함으로써 이루어진다. 오염이 심하면 필터 앞쪽의 압력이 상승하고 그 압력이 작은 단동 실린더를 동작시켜 피스톤을 밀게 된다. 또 다른 방법으로는 피스톤의 동작을 보여주는 것 이외에 압력 스위치의 전기 접점을 이용하여 전기적, 시각적 지시계로 바꾸어 주는 것이다. 그림 5.14는 오염 지시기의 원리를 보여준다.

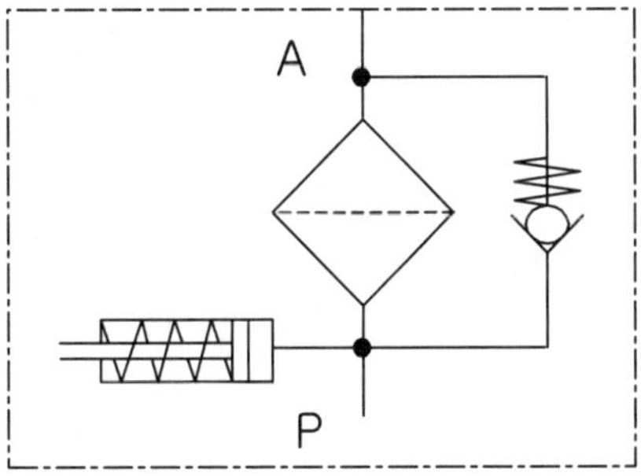

그림 5.14 오염 지시기의 원리

5.4.6 필터의 유지보수

필터는 사용 중에 압력강하의 정도를 정기적으로 점검할 필요가 있다. 점검 시기는 시스템 내의 이물질의 양이나 엘리먼트의 크기와 종류에 따라 다르므로 제품 명세서의 지시에 따라 청소, 교환 작업 등을 행하도록 한다. 압력강하는 걸러지는 이물질의 양에 따라 처음에는 서서히 증가하지만 어느 한계점에 도달하면 급격히 증가하게 되어 필터가 여과 작용을 거의 하지 못하게 된다. 흡입측 필터는 0.27 bar, 압력측 필터는 2.8 bar 정도를 압력강하의 한도로 본다. 필터에는 오염 지시기를 설치하도록 하고 교환부품은 항상 저장해 두도록 한다. 만족할 만한 내구수명을 위하여 적절한 필터 여과 크기를 선정하도록 하고 가능하면 필터 교환 시 유압 시스템의 정지를 피하기 위하여 이중(dual) 필터를 설치하는 것이 바람직하다. 필터 엘리먼트가 종이로 된 것은 다시 사용하는 것이 불가능하지만 금속 엘리먼트는 세척한 후 재사용이 가능하다. 필터의 세척은 다음과 같은 여러 가지 방법이 있는데 이 중 한 가지 방법 또는 몇 가지 방법을 병행하여 사용한다.

- 압축공기로 필터 엘리먼트 주위에 모인 이물질을 제거하는 방법
- 부드러운 솔로 떨어내는 방법
- 유체를 필터에 역류시켜 엘리먼트 바깥쪽 이물을 씻어내는 방법

- 초음파를 이용하여 세척하는 방법
- 화학적 용제를 사용하여 이물질을 분리시키는 방법(세척액으로는 벤젠이나 시너 등을 사용)

5.5 냉각 장치

유압 시스템에서의 마찰은 유압 작동유가 배관이나 유압부품을 통하여 흐를 때 에너지 손실의 원인이 되고 유압 작동유의 온도를 상승시키게 된다. 열은 저장 탱크, 배관, 유압부품 등을 통하여 외부로 발산된다. 유압 시스템에서의 작업 온도는 50~60 ℃ 이상을 초과하지 않도록 한다. 온도가 너무 높으면 유압 작동유의 점도가 너무 떨어지게 되고 산화 현상을 가속시키며 실링의 내구수명을 단축시킨다. 이는 결과적으로 작업의 정밀도를 떨어뜨리고 누설을 증가시키며 유압 작동유의 성질을 변화시키므로 유압 작동유의 온도는 항상 일정하게 유지되어야 한다. 유압 시스템 자체의 냉각기능이 떨어지면 냉각장치(cooler)를 가동시켜 일정 범위 내로 유압 작동유의 온도를 유지시켜 주어야 하는데, 냉각장치는 온도 조절 장치에 의하여 작동된다. 냉각장치에는 수냉식과 공냉식이 있는데 공냉식은 온도 차이가 25 ℃까지, 수냉식은 온도 차이가 35 ℃까지일 때 사용하고, 많은 양의 열을 분산시킬 때에는 팬-쿨러(fan-cooler)를 사용한다. 수냉식 냉각기는 그림 5.15에서와 같이 통 속에 여러 개의 관을 묶어서 넣고 관 속에는 냉각수가 흐르고 관 주위에는 유압 작동유가 흘러 지나가면서 냉각된다. 냉각관의 주위에는 배플(baffle)을 설치하여 유압 작동유의 유로를 복잡하게 함으로써 냉각효과를 높여준다. 냉각기는 유압회로 중에서 압력이 낮은 쪽에 설치하는 것이 좋으며 발열원에서 가까운 쪽에 설치하는 것이 좋다. 유온을 조절하고자 할 경우에는 냉각수 유입관의 유온에 따라 냉각수의 양이 조절되게 하는 온도조절용 서머스텃(thermostat) 장치를 설치하기도 한다. 공냉식 냉각기는 그림 5.16과 같은 구조를 갖고 유압 작동유가 흐르는 관 주위에 핀을 붙이고 그 사이를 공기가 통과하도록 팬을 돌려서 냉각하는 방식으로, 물을 이용하기가 곤란한 경우에 사용된다. 대부분의 팬은 전기 모터로 구동되나 간편 설계를 위하여 펌프 축에 커플링을 이용하여 팬을 설치하기도 한다. 이동식 유압장치에서는 상대적으로 기름 탱크가 작으므로 시스템에서 유입되는 열을 분산시키기 위해서 냉각장치가 설치된다.

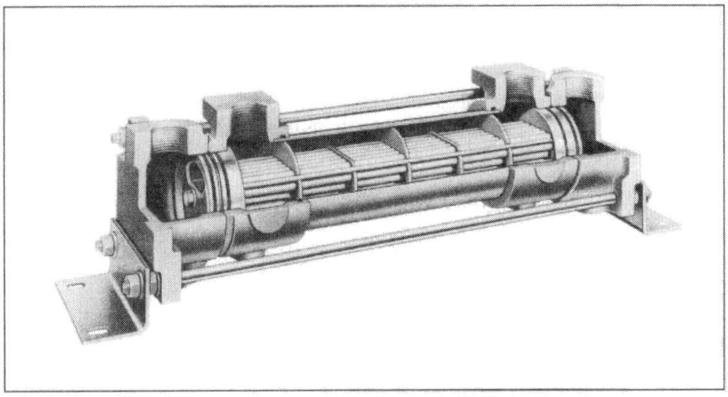

그림 5.15 수냉식 냉각기

그림 5.16 공냉식 냉각기

수냉식 냉각기와 공냉식 냉각기를 비교 정리하면 표 5.2와 같다.

표 5.2 냉각장치의 비교

	공냉식 냉각기	수냉식 냉각기
설명	• 팬에 의하여 식혀진 유압 작동유는 배관을 통하여 복귀관으로 돌아간다.	• 냉각수에 의해서 유압 작동유가 식혀진다.
장점	• 운전비용이 적다. • 설치가 쉽다.	• 대용량의 냉각작용이 가능하다. • 소음이 작다.
단점	• 소음이 크다.	• 운전비용이 비싸다. • 냉각수의 오염 및 부식 발생 위험이 있다.

5.6 가열 장치

추운 환경에서 유압 시스템이 시동될 경우나 유압 작동유의 점도를 최적으로 도달시키고 싶을 때, 즉 최적의 작업 온도를 빨리 얻고자 할 때 히터(heater)가 사용된다. 일반적으로 유압 작동유의 점도가 500~1000 mm^2/s(허용 한도)보다 클 때 히터가 사용될 수 있으며, 히터가 없고 구동장치로 내연기관을 사용할 경우에는 펌프를 천천히 시동시킨다. 예열과정은 펌프 유량을 압력 릴리프 밸브를 통과시키면 가속된다. 일반적으로 전기적 침하형(electrical immersion type) 히터가 사용되며 부분적으로 과열이 되지 않도록 주의한다. 이를 위하여 히터는 기름 탱크 바닥 쪽에 설치하여 대류작용을 이용하는 것이 바람직하다. 히터 제어는 서머스텃을 이용하며 최대 열용량이 2 W/cm^2을 넘지 않도록 한다. 그림 5.17은 히터의 모양을 보여준다.

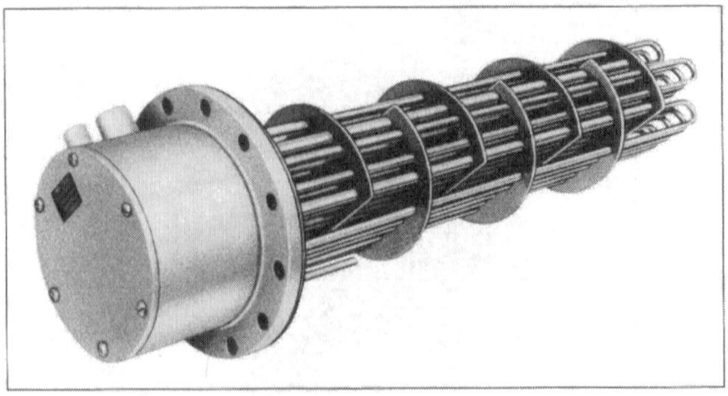

그림 5.17 히터

5.7 유압 동력부 구성요소의 기호

유압 동력부를 구성하는 요소들의 기호를 정리하면 그림 5.18과 같다.

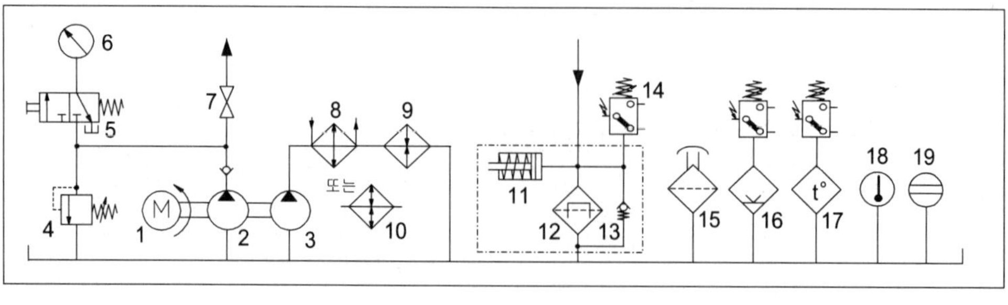

그림 5.18 유압 동력부 구성요소

06 유압 액추에이터

유압 액추에이터는 유압 작동유가 가지고 있는 에너지를 기계적인 에너지로 바꾸어 일을 따라서 유압 에너지를 이용하여 일을 할 때 액추에이터가 낼 수 있는 힘이 크다는 장점을 갖고 있는 것이다. 액추에이터는 적절한 일을 하기 위하여 직선 왕복운동이나 회전운동을 할 수 있어야 한다. 직선 왕복운동은 유압 실린더를 이용하여 수행할 수 있고, 회전운동은 유압 모터를 이용하여 이룰 수 있게 된다.

6.1 단동 실린더

6.1.1 단동 실린더의 구조

단동 실린더(single acting cylinder)에서는 피스톤 측 면적으로만 유압이 작용하므로 부하에 대하여 한 방향으로만 일을 할 수 있게 된다. 단동 실린더의 구조는 그림 6.1과 같다.

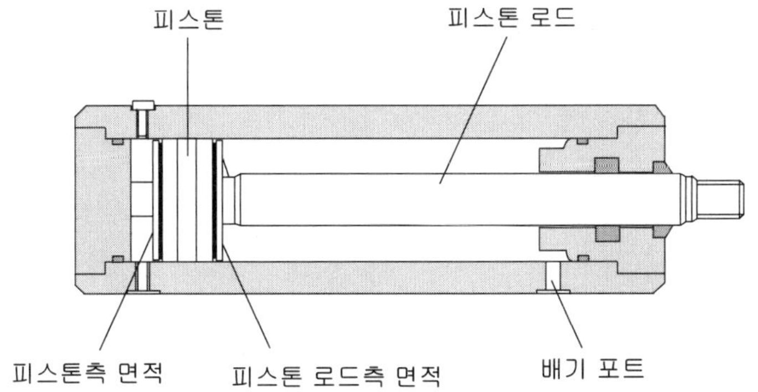

그림 6.1 단동 실린더의 구조

단동 실린더의 동작원리는 유압 작동유가 피스톤 측으로 흘러 들어가면 부하로 인하여 압력이 상승하게 되고 이 압력으로 인한 힘이 부하를 이기고 피스톤을 전진 운동시키게 하는 것이다. 후진운동 시에는 피스톤 측이 방향제어밸브를 통하여 탱크와 연결된다. 후진행정은 스프링이나 외력 또는 작은 지름의 보조 실린더에 의하여 이루어진다. 물론 이러한 힘들은 실린더, 배관, 밸브 등의 마찰력 합보다 커야만 한다. 보통 피스톤 로드의 단면적은 실린더의 1/2 이상이다. 그림 6.2와 그림 6.3은 단동 실린더를 제어하는 회로도이다.

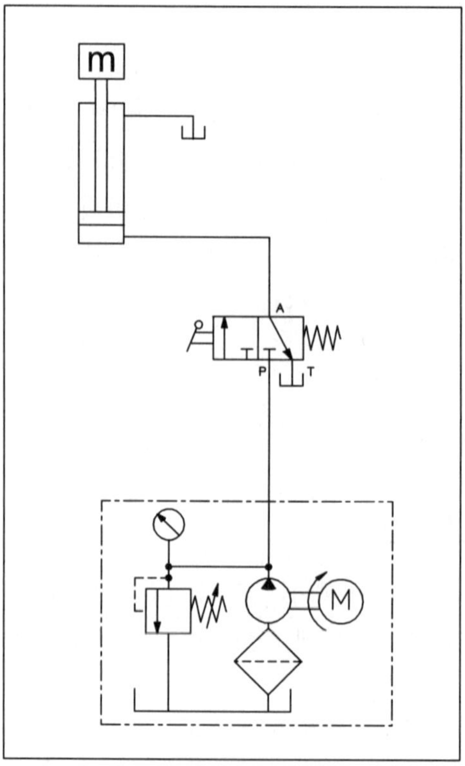

그림 6.2 단동 실린더의 제어(3/2-way 밸브 사용)

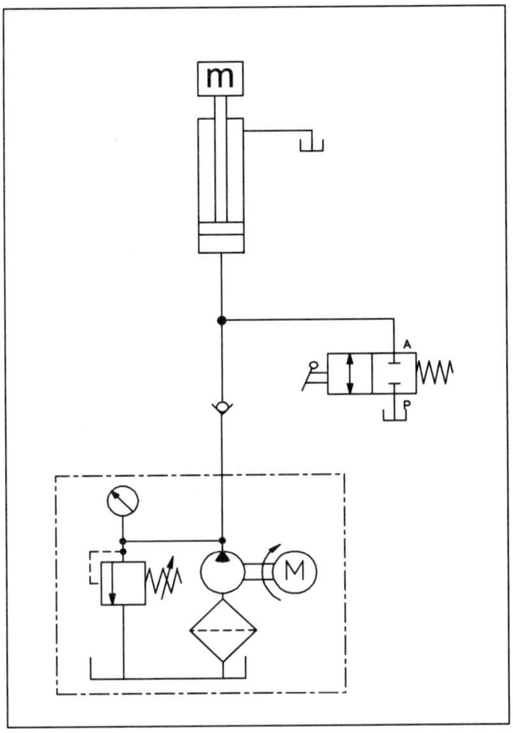

그림 6.3 단동 실린더의 제어(2/2-way 밸브 사용)

6.1.2 단동 실린더의 응용

단동 실린더는 유압 동력이 한 쪽 방향으로만 필요한 경우인 리프팅(lifting) 작업, 공작물의 클램핑 작업 등에 사용된다. 그림 6.4는 단동 실린더 중 특수형 실린더를 보여준다.

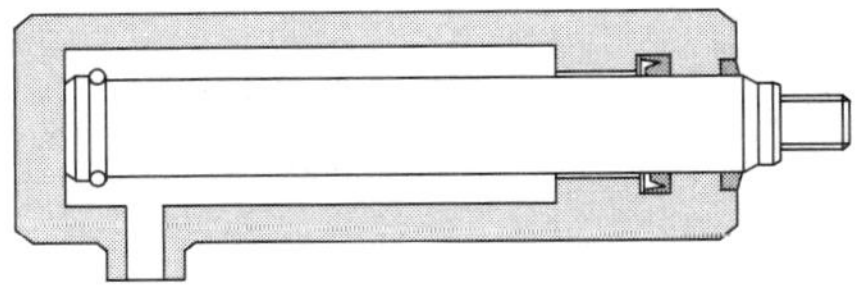	플런저 실린더	피스톤과 로드가 한 유니트를 형성
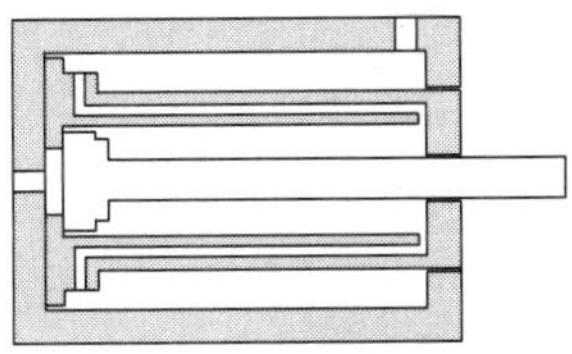	텔레스코픽 실린더	긴 행정

그림 6.4 특수형 단동 실린더

플런저(plunger) 실린더는 램형(ram type) 실린더라고도 하며 피스톤과 로드가 한 유닛을 형성한다. 텔레스코픽(telescopic) 실린더는 1조의 유압 실린더 내부에 다시 별개의 실린더를 내장하여 유압유가 순차적으로 실린더가 이동하는 것으로서, 매우 긴 행정을 요하는 엘리베이터나 미사일 발사대, 부하가 초기에 큰 힘을 필요로 하고 행정이 진행됨에 따라 점점 감소하는 덤프트럭 같은 경우에 사용된다.

피스톤의 후진운동이 외력에 의해서 이루어질 때에는 단동 실린더는 수직방향으로 설치되고, 수평으로 설치될 경우에는 스프링에 의하여 복귀된다. 큰 유압프레스에서는 후진운동이 보조 실린더인 풀-백(pull-back) 실린더에 의해서 이루어진다.

6.2 복동 실린더

복동 실린더는 유압의 힘으로 전진운동과 후진운동을 하게 된다. 따라서 실린더 전진과 후진 측 모두에 배관이 연결되어야 하며 단동 실린더와는 달리 전진과 후진운동을 모두 작업에 이용할 수 있게 된다.

6.2.1 복동 실린더의 구조

복동 실린더(double acting cylinder)의 경우에는 피스톤 양측에 압력이 걸릴 수 있다. 그러므로 양쪽 방향으로 일을 할 수 있게 된다. 그림 6.5는 복동 실린더의 구조를 보여준다.

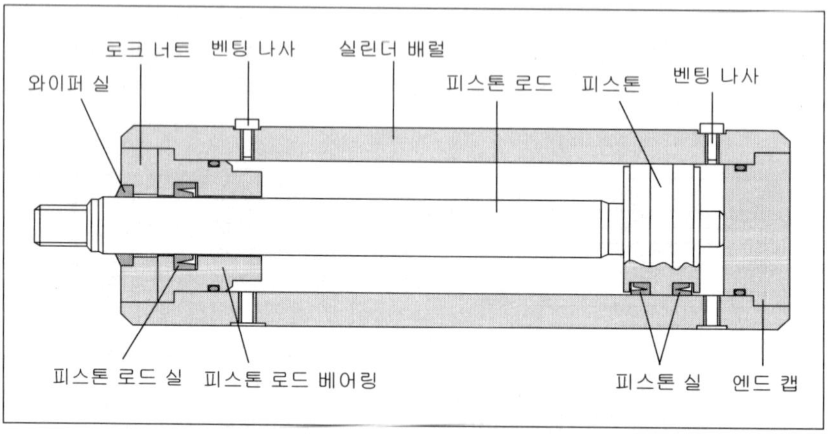

그림 6.5 복동 실린더의 구조

유압 작동유가 피스톤 측 면적으로 흘러 들어가서 피스톤에 압력을 가하게 되고 압력과 면적의 곱인 추력이 형성된다. 이 힘이 외력 및 마찰력을 극복하게 되면 피스톤 로드가 전진운동을 하게 된다. 유압 에너지가 기계적 에너지로 변경되고 그 결과가 최종 부하에 작용한다. 후진작업의 경우도 마찬가지로 작동된다. 피스톤이 전진운동을 할 경우에는 피스톤 로드 측의 유압 작동유가 탱크로 귀환되고, 후진운동 할 경우에는 피스톤 측의 유압 작동유가 탱크로 귀환된다. 그림 6.6은 복동 실린더의 전진운동과 후진운동을 보여 주고 그림 6.7은 복동 실린더의 제어회로를 보여준다.

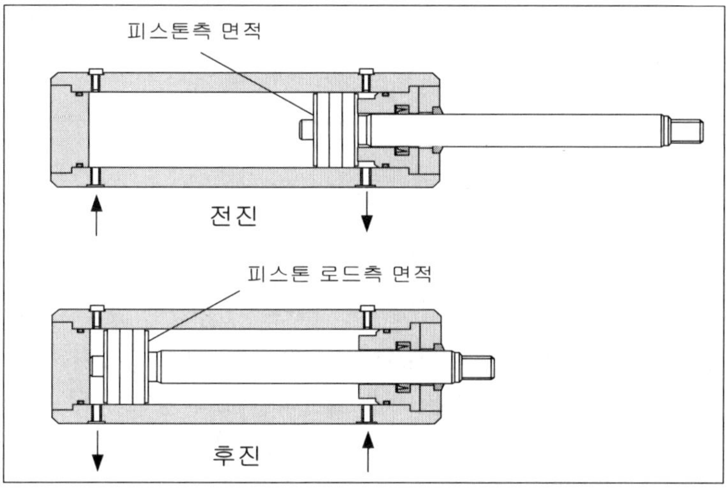

그림 6.6 복동 실린더의 전진운동과 후진운동

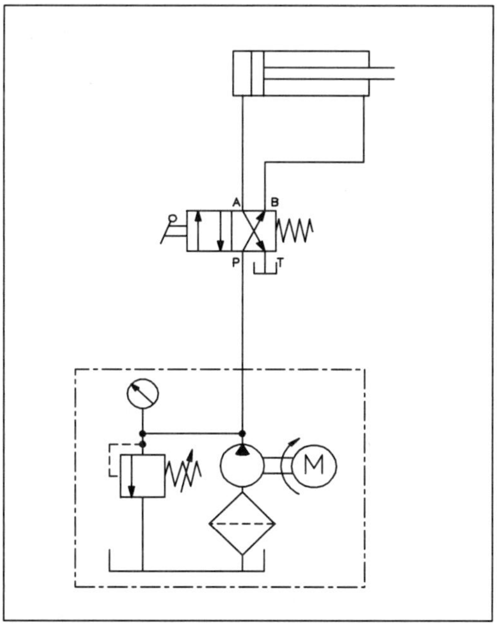

그림 6.7 복동 실린더의 제어

유압 실린더는 실린더 배럴(cylinder barrel), 피스톤과 피스톤 로드, 엔드 캡(end cap), 유압 작동유 포트(port) 및 실(seals)로 구성되어 있다.

▮ 실린더 배럴

실린더 배럴을 보통 실린더라고 하며 재질로는 강관이 일반적으로 사용되나, 주물이나 합금강, 청동, 황동 등도 사용된다. 강관을 사용할 경우에는 내면의 마모나 부식을 방지하기 위하여 두께 0.05 mm 정도의 경질 크롬 도금을 한다. 실린더 내면은 피스톤과의 미끄럼 면이 되므로 누유를 막기 위하여 상당한 정밀도의 다듬질(finishing)을 하여야 한다. 보통 호닝(honing) 또는 연삭 다듬질을 한다.

▮ 실린더 커버

실린더 커버 형식에는 여러 가지가 있는데 그림 6.8의 볼트 연결은 실린더 벽에 나선을 내어 커버를 볼트로 고정시킨 것이다. 이 방법은 실린더의 외관은 좋으나 실린더 벽 두께가 두꺼워져, 긴 유압 실린더의 경우에는 재료비가 높아지는 단점이 있다.

타이 로드(tie rod)를 사용하는 방법은 가장 일반적인 제작 방법이다. 고압실린더에 타이 로드법을 사용하면 신장이 크므로 차폐방법을 이것에 맞추어 특별히 고려하지 않으면 안 된다. 그 밖에도 용접 이용 방법과 와이어 루프(wire-loop) 결합 방법 등이 있다.

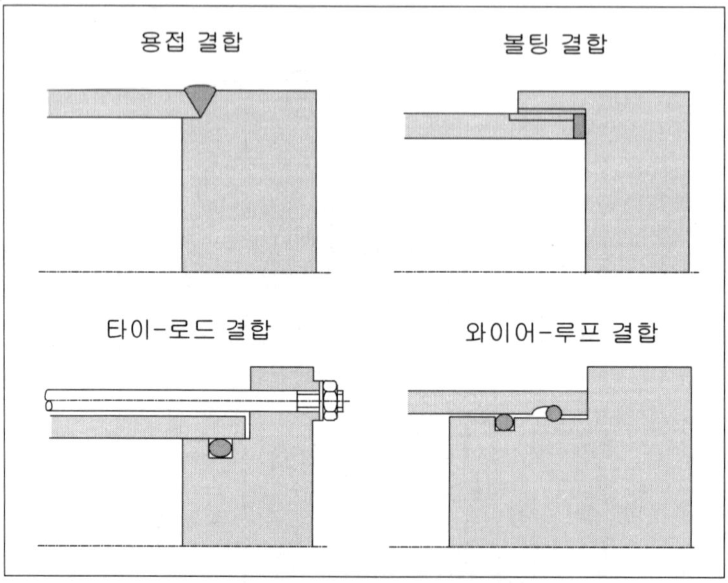

그림 6.8 실린더 커버의 결합 방법

■ 피스톤

실린더의 내면과 접촉하는 피스톤 부위는 원활하게 운동할 수 있는 재료를 사용하여 실린더 내면에 흠이 생기지 않도록 하여야 하며, 압력, 굽힘, 진동 등의 하중에 견디도록 설계되어야 한다. 더욱이 피스톤 외주부의 미끄럼 부분은 횡압(최대 추력의 1/200)과 피스톤 자중에 견딜 수 있는 면적을 가져야 한다. 또 피스톤과 로드의 연결부는 누유가 되지 않도록 밀봉에 유의하여야 한다.

피스톤 패킹에는 V 패킹, U 패킹, 컵 실(cup seal), 오링(O-ring), 피스톤 링 등이 사용된다. 패킹의 형상과 재질의 선택에는 유압 작동유의 종류, 온도, 속도, 압력 등을 고려하여 검토할 필요가 있다.

피스톤의 평균 속도는 특별한 지정이 없으면 30~200 mm/s 정도로 제한하는 것이 좋다. 일반적으로 압력이 높아짐에 따라 패킹의 밀착압력이 커져 저항이 증대되어 열의 발생, 패킹의 마모가 심해지므로 주의를 요한다.

■ 피스톤 로드

피스톤 로드 재료는 인장력 650 N/cm^2 이상의 재료를 사용하여 압축, 굽힘, 진동 등의 하중에 견뎌야 하고 마모, 부식에 대하여도 충분히 견디어야 한다. 특히 피스톤 로드 외면은 요동에 따르는 흠이나 녹을 막기 위하여 경질 크롬 도금 또는 이것에 상당하는 표면처리가 요망된다.

6.2.2 복동 실린더의 종류와 사용처

복동 실린더에는 일반적인 복동 실린더 이외에 표 6.1과 같은 여러 종류의 복동 실린더가 있다.

표 6.1 복동 실린더의 종류

실린더 종류	기 능	단면 형상
차동 실린더	• 면적비 2 : 1 • 피스톤의 후진운동 속도가 전진운동 속도의 2배가 된다.	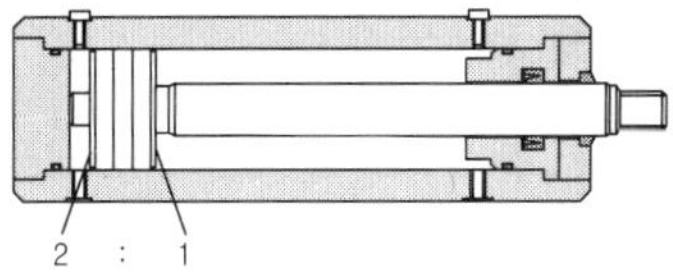
양 로드 실린더	• 양측 면적이 같다. • 전진속도와 후진속도가 같다.	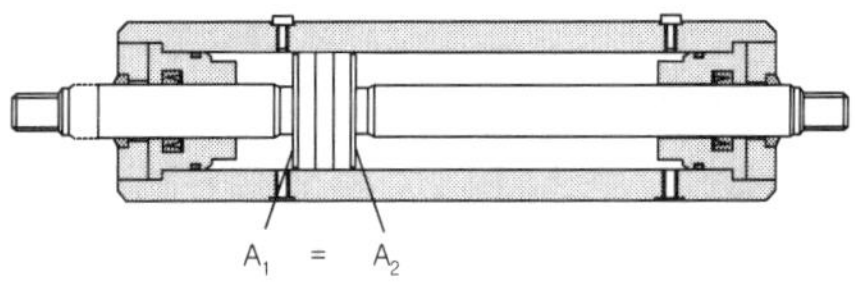

실린더 종류	기 능	단면 형상
쿠션 붙이 실린더	• 큰 부하가 매달려 있는 경우에는 전진과 후진 완료 위치에서 충격이 가해지는 것을 방지한다.	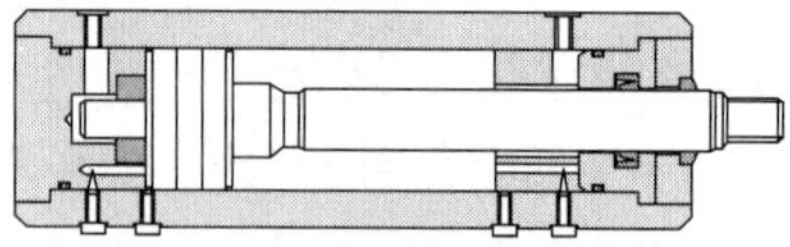
텔레스코프형 실린더	• 긴 행정을 가능하게 한다.	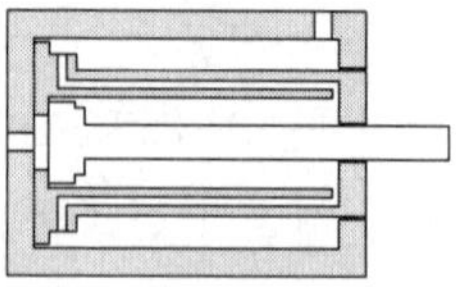
압력 증폭기	• 압력을 증대시킬 수 있다.	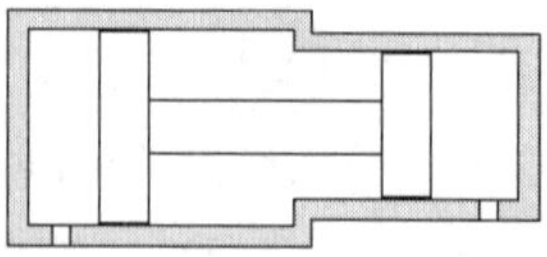
탠덤형 실린더	• 작은 실린더가 사용되어야만 할 경우 상대적으로 큰 힘을 낼 수 있다.	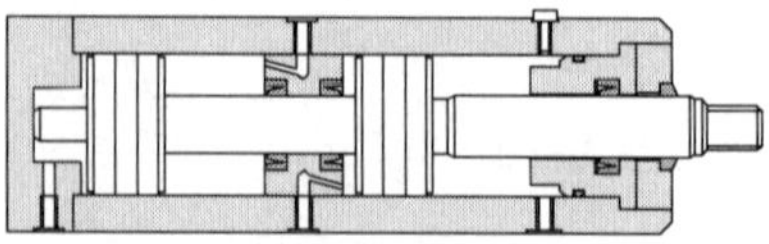

그리고 복동 실린더의 대표적인 사용처와 사용 부위는 표 6.2와 같다.

표 6.2 복동 실린더의 사용처

공작기계	핸들링 장치 및 호이스트	이동장치	항공장치	조선
•공구 및 작업대 상물의 이송운동 •클램핑 장치 •절삭운동 관련기계 •충격 테스트 기계 •브로우칭 기계 •프레스 •프린팅 기계 •인젝션 몰딩 기계	•틸팅(tilting) •리프팅 •선회운동 •포크 리프터 •트럭 등	•굴삭기 •파우어 로더 •트랙터 •포크 리프터 •트럭	•랜딩기어 •비행기 날개운동	•방향타 조정 •프로펠러 조정

6.3 실린더의 쿠션

쿠션(cushion)이 내장된 실린더는 큰 부하가 매달려 있거나 피스톤의 속도가 빠를 때 전진과 후진 완료 위치에서의 큰 충격을 방지하기 위한 것이다. 쿠션은 실린더의 속도가 6 m/min (10 cm/s) 이하일 때는 필요치 않으나 실린더 속도가 6～20 m/min(10～33.3 cm/s)의 경우에는 브레이크 밸브나 교축요소를 통하여 쿠션을 줄 수 있다. 속도가 20 m/min(33.3 cm/s) 이상인 경우에는 특별한 쿠션이나 브레이크 장치가 필요하게 된다. 피스톤이 전진과 후진 완료 위치에 다가서면 정상적으로 복귀하던 유량이 일부만 복귀하고, 일부는 압력 릴리프 밸브를 통하여 탱크로 귀환한다. 이러한 방법으로 피스톤 속도가 감소되어 고속으로 인한 충격 위험을 방지한다. 쿠션은 전진 위치, 후진 위치, 또는 전진과 후진 위치에 각각 설치할 수 있다. 한 가지 분명한 것은 쿠션이 작용하려면 반드시 압력 릴리프 밸브가 사용되어 유량이 나누어져야 한다는 것이다. 실린더에는 전진과 후진위치에 모두 쿠션 기능을 갖춘 실린더도 있는데 이 실린더는 전진과 후진 시에 모두 갑작스러운 충격을 방지할 수 있다. 그림 6.9는 쿠션부를 보여준다.

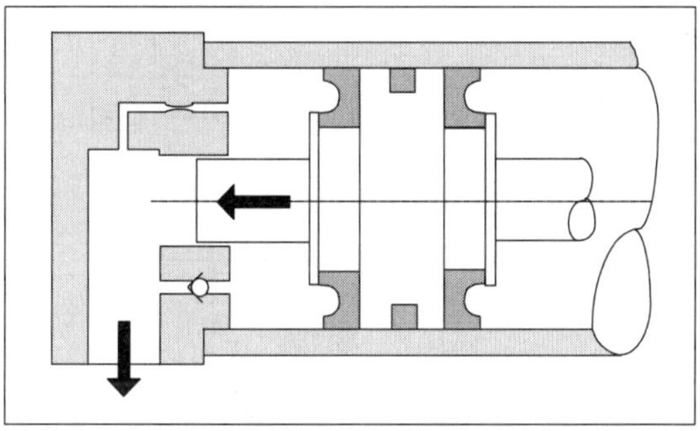

그림 6.9 실린더의 쿠션

6.4 힘과 속도

일반 복동 실린더에서는 피스톤 측 면적과 피스톤 로드 측 면적이 다르기 때문에 낼 수 있는 힘도 다르고 전진운동과 후진운동의 속도도 달라진다. 속도의 경우에는 후진운동의 속도가 더 빠른데, 이는 후진운동 시에 단위 시간당 피스톤 로드의 부피만큼을 덜 채워주어도 되기 때문이다. 이를 요약하면 그림 6.10과 같다.

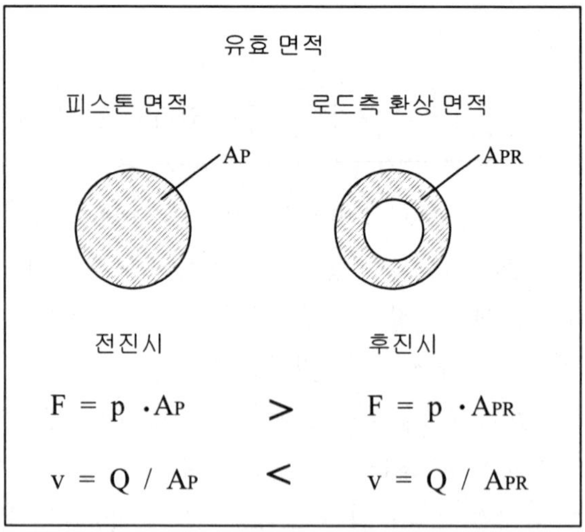

그림 6.10 복동 실린더의 힘과 속도

6.4.1 실린더의 추력

실린더는 부하 F에 맞도록 선택하여야 한다. 사용되는 압력 p가 결정되어 있으면 다음 식에 의하여 실린더 직경을 구할 수 있다.

$$F = \eta \cdot p \cdot A \quad \text{또는} \quad d = \sqrt{\frac{4 \cdot F}{\eta \cdot \pi \cdot p}}$$

여기에서

F : 추력(N)
η : 기계적 효율
p : 압력(Pa)
A : 가압 면적(m^2)
d : 피스톤 직경(m)

여기에서도 마찬가지로 기계적 효율 η이 고려되어야 하는데 이 효율은 실린더 배럴, 피스톤 로드, 실링 시스템의 거칠기에 따라 좌우된다. 효율은 압력이 증가할수록 좋아지는데 대체로 0.85~0.95 사이의 값을 갖는다. 체적 효율은 피스톤 실에서의 누유를 고려한 것인데 실링이 완전한 경우에는 1이 될 것이고 그렇지 않다고 판단될 경우에는 체적 효율을 고려해주어야 한다. 그러나 대부분의 경우 실린더에서의 체적 효율은 고려하지 않고 있다. 표 6.3은 압력과 실린더의 기계적 효율을 보여준다.

표 6.3 압력과 실린더의 기계적 효율

압력 p (MPa)	2	12	16
기계적 효율 η	0.85	0.90	0.92

6.4.2 하중 압력 계수

경우에 따라서 하중 압력 계수를 정의하기도 하는데, 다음과 같은 식으로 정의되고 계산 결과는 기계적 효율과 같다.

$$\lambda = \frac{F}{p \cdot A}$$

여기에서 λ : 하중 압력 계수
F : 하중(N)
p : 작동압력(Pa)
A : 피스톤의 유효 단면적(m^2)

6.4.3 실린더의 표준 직경

실린더의 내경, 실린더 로드경, 공칭압력은 ISO 3320/3322에 표준화되어 있는데 이를 소개하면 다음과 같다.

표 6.4 실린더 내경(mm)

	12	16	20		25		32		40	50	63	80
100	125	160	200	220	250	280	320	360	400			

표 6.5 실린더 로드경(mm)

8	10		12	14	16	18	20	22	25	28	32	36	40	45	50	63	70	80	90
	100	110	112	140	160	180	200	220	250	280	320	360							

표 6.6 공칭압력(bar ≒ kgf/cm^2)

25	40	63	100	160	200	250	315	400	500	630

표 6.6의 공칭압력에서 밑줄 친 값들은 추천 값이다.

피스톤 행정에 관한 추천 영역은 ISO 4393에 명시되어 있고, 피스톤 로드 부위의 나사에 대해서는 ISO 4395에 명시되어 있다. 예를 들어 행정거리의 경우 160 bar에서 100, 125, 160, 200, 250, 320, 400, 500 mm 등이 표준행정인데 실제 문제의 해결 시에는 제품 카탈로그를 참조하여 결정하여야 한다.

6.4.4 면적비

유압 실린더에서 면적비란 피스톤 측 면적 A_P(area of piston)를 환형의 피스톤 로드 측 면적 A_{PR}(area of piston rod)로 나눈 것으로서 다음과 같이 정의한다.

$$\psi = \frac{A_P}{A_{PR}}$$

여기에서 A_P : 피스톤 측 면적

A_{PR} : 피스톤 로드 측 면적

표 6.7 면적비에 대한 표

면적비 ϕ	피스톤 직경(mm)	25	32	40	50	60	63	80	100	125
	피스톤 측 면적(cm^2)	4.91	8.04	12.6	19.6	28.3	31.2	50.3	78.5	123
1.25	피스톤 로드경(mm)	12	14	18	22	25	28	36	45	56
	피스톤 로드측 면적(cm^2)	3.78	6.50	10.0	15.8	23.4	25.0	40.1	62.2	98.1
	실제 면적비	1.30	1.24	1.25	1.24	1.21	1.25	1.25	1.26	1.25
1.45	피스톤 로드경(mm)	14	18	22	28	32	36	45	56	70
	피스톤 로드측 면적(cm^2)	3.37	5.50	8.77	13.5	20.2	21	34.4	54	84.2
	실제 면적비	1.46	1.46	1.44	1.45	1.39	1.49	1.46	1.45	1.46
1.6	피스톤 로드경(mm)	16	20	25	32	36	40	50	63	80
	피스톤 로드측 면적(cm^2)	2.90	4.90	7.66	11.6	18.2	18.6	30.6	47.4	72.4
	실제 면적비	1.69	1.64	1.64	1.69	1.55	1.68	1.64	1.66	1.69
2	피스톤 로드경(mm)	18	22	28	36	40	45	56	70	90
	피스톤 로드측 면적(cm^2)	2.36	4.24	6.41	9.46	15.7	15.3	25.6	40.0	59.1
	실제 면적비	2.08	1.90	1.96	2.08	1.8	2.04	1.96	1.96	2.08
2.5	피스톤 로드경(mm)	20	25	32	40	45	50	63	80	100
	피스톤 로드측 면적(cm^2)	1.77	3.13	4.52	7.07	12.3	11.5	19.1	28.4	44.2
	실제 면적비	2.78	2.57	2.78	2.78	2.3	2.70	2.64	2.78	2.78
5	피스톤 로드경(mm)	-	-	-	45	55	56	70	90	110
	피스톤 로드측 면적(cm^2)	-	-	-	3.73	4.54	6.54	11.8	14.9	27.7
	실제 면적비	-	-	-	5.26	6.2	4.77	4.27	5.26	4.43

6.4.5 속도

유압 실린더의 전진속도는 다음의 식에 의해서 구할 수 있다.

$$v = \frac{Q}{A_P}$$

여기에서 v : 피스톤의 전진속도(cm/s)

Q : 유량(cm^3/s)
A_P : 피스톤 측 면적(cm^2)

유압 실린더의 후진속도는 다음의 식에 의해서 구할 수 있다.

$$v = \frac{Q}{A_{PR}}$$

여기에서 v : 피스톤의 후진속도(cm/s)
Q : 유량(cm^3/s)
A_{PR} : 피스톤 로드 측 면적(cm^2)

실린더가 낼 수 있는 힘은 전진운동 할 때 더 크지만 속도는 후진운동 할 때가 더 빠르다.

6.5 마운팅

실린더의 마운팅(mounting)을 지지방법에 의하여 분류라면 풋형(foot type), 플렌지형(flange type), 트러니언형(trunnion type), 클레비스형(clevis type) 및 볼형(ball type) 등이 있다. 그림 6.11은 이들을 그림으로 표시한 것이다.

풋형은 고정형 중의 하나로서 축방향과 평행하게 장치하는 축방향형과 축방향에 수직으로 장치하는 축직각형이 있다. 이들을 장착할 때에는 볼트를 사용하며 실린더 중심에 대하여 장치면을 평행하게 설치한다.

플랜지형도 고정형 중의 하나로서 플렌지가 있는 방향에 따라 로드 측과 헤드 측으로 구분된다. 이들을 장착할 경우에는 항상 실린더 축과 수직으로 설치한다.

트러니언형은 요동형 중의 하나로서 실린더 축과 수직인 피봇(pivot)으로 지지되고 실린더 자체가 피봇 핀을 중심으로 요동한다. 덤프 트럭의 리프트 실린더 대부분이 이 형식으로 되어 있다.

클레비스형도 요동형 중의 하나로서 클레비스란 U자형 연결기를 뜻한다. 요동각은 가능한 한 최소로 하여야 하며 로드의 끝은 트러니언형과 같이 핀을 중심으로 요동한다. 이 방식은 건설장비에 많이 사용된다.

볼형은 실린더 본체를 자유로이 움직일 수 있도록 실린더 커버 뒤에 볼을 장치한 것이다.

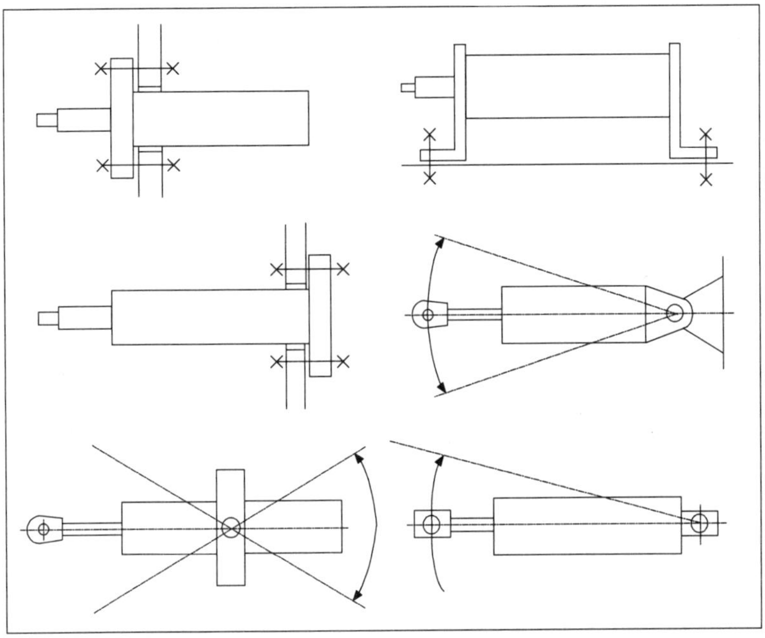

그림 6.11 마운팅 방법

6.6 증압기

증압기(intensifier)는 낮은 압력의 유체동력을 높은 압력의 유체동력으로 변환하는 장치로서 일명 부스터(booster)라고도 부르며 비교적 짧은 거리에서 큰 힘이 필요할 때 사용된다. 유압 프레스, 리베팅 머신, 스폿 용접기 등이 대표적인 응용 예이다.

저압 측에는 공기압을 고압 측에는 유압을 이용하는 형식과 저압 측과 고압 측 모두 유압을 이용하는 두 가지 형식이 있고, 기능상으로는 한 방향으로 작동할 때에만 증압 기능을 발휘하는 단동 증압기(single action intensifier)와 좌우 왕복행정 모두 증압 기능을 발휘하는 복동 증압기(double action intensifier)가 있다.

6.6.1 단동 증압기

저압 피스톤의 한 쪽에만 고압 램이 배치된 형식으로 그림 6.12와 같이 한쪽 방향으로만 고압의 유압유를 송출하는 증압기이다.

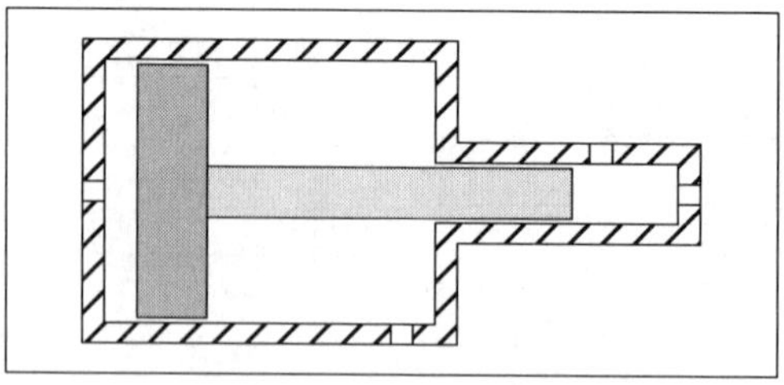

그림 6.12 단동 증압기

증압비 K는 다음과 같이 정의된다.

$$K = \frac{p_2}{p_1} = \left(\frac{d_1}{d_2}\right)^2$$

여기에서 K : 증압비

p_1 : 1차측 압력(저압)

p_2 : 2차측 압력(고압)

d_1 : 1차측 실린더의 지름

d_2 : 2차측 실린더의 지름

6.6.2 복동 증압기

복동 증압기는 저압 피스톤의 양쪽에 고압 램을 배열한 것으로 비교적 긴 거리의 행정이 필요하거나 장시간 동안 고압을 유지할 필요가 있을 때 사용하는 증압기로서 그림 6.13과 같은 원리로 작동된다.

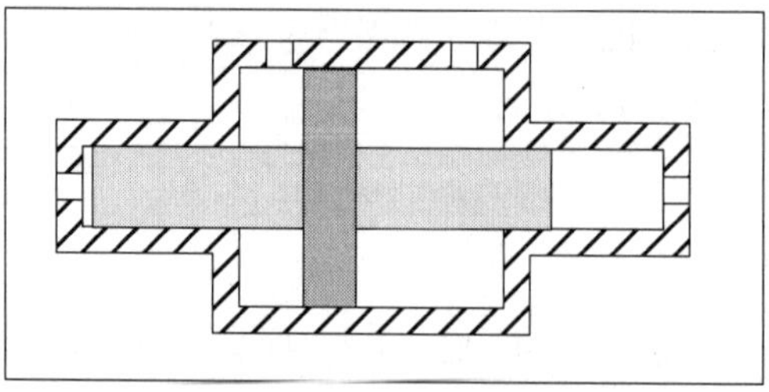

그림 6.13 복동 증압기

6.7 유압 모터

유압 모터는 액추에이터에 속하는 유압부품으로서 유압 에너지를 기계적 에너지로 변경시키며 회전운동을 발생시킨다. 만약 제한된 각도 내에서 회전운동을 하게 되면 그 때에는 회전운동 중에서도 요동운동 요소로 분류하기도 한다.

유압 모터는 유압 작동유의 유체 에너지를 받아 연속 회전운동을 얻는 기기로서 원리적으로는 유압펌프와 반대 작용을 한다. 즉 유압펌프의 흡입 쪽에 유압 작동유를 공급하면 유압모터로 된다. 그러나 효율이 떨어지기 때문에 유압펌프를 그대로 유압모터로 사용하지는 않고 유압모터로서 양호한 성능을 얻을 수 있도록 구조상 여러 가지가 배려되어 있다.

유압모터의 출력 토크는 공급하는 유압 작동유의 압력을 제어함으로써 조절할 수 있고, 회전속도는 공급유량을 제어함으로써 조절할 수 있다. 가변용량형 유압모터인 경우 출력토크와 회전속도의 제어는 1회전 당 배제용적을 조절함으로써 가능하게 된다.

유압모터와 펌프는 케이스 드레인의 유무에 의하여 구별할 수도 있다. 펌프는 압력원이기 때문에 드레인 포트가 필요 없으나, 모터는 외부 압력원으로부터 가압되기 때문에 축의 밀봉장치를 보호하기 위하여 케이스 드레인을 필요로 한다. 이 드레인 포트는 직접 저압 기름 탱크로 연결되도록 만들어진 것도 있고 두 개의 체크밸브를 교차시켜 드레인이 저압측에 배유되도록 내부적으로 연결된 것도 있다.

유압모터는 무단계로 회전수를 조절할 수가 있으며 또한 역회전도 가능하다. 회전체의 관성이 작아서 응답성이 빠르기 때문에 자동제어의 조작부, 서보 기구의 요소로도 적합하다. 같은 출력일 경우 원동기에 비하여 크기가 훨씬 작은 것도 큰 이점이다.

유압모터의 단점으로는 동력의 전달 효율이 기계식에 비하여 낮으며, 소음이 크고 기동할 때나 저속일 경우 원활한 운전을 얻기가 곤란하다는 점이다. 유압모터도 펌프와 같이 고정용량형과 가변용량형이 있다. 가변용량형은 회전속도의 변화가 모터 안에서 이루어진다. 유압모터의 형식으로는 펌프와 같이 기어형, 베인형 및 피스톤형이 있다.

6.7.1 기어 모터

기어 모터는 기어 펌프와 구조가 거의 같으며 구조가 간단하고 가격이 싸기 때문에 건설기계, 산업차량, 공작기계 등의 회전 구동부에 사용된다. 그림 6.14는 기어 모터의 모습을 보여준다. 기어 모터에서 맞물림에 관여하지 않는 이골은 유압유의 압력이 두 개의 이가 서로 벌어지게 할 뿐 회전토크는 발생시키지 않는다. 그러나 기어 물림점을 경계로 하여 이골 양쪽의 압력분포가 다르므로 기어를 회전시키는 토크가 발생한다.

기어 모터는 토크에 대한 관성의 비가 크므로 응답성이 좋은 반면에 구조적으로 불평형이 많고 100 rpm 이하의 저속에서는 토크 출력 및 회전속도의 맥동률이 커져서 사용할 수 없는 단점이 있다. 모터의 전 효율은 70~80 %로 좋은 편이 아니며 회전속도는 1000~3000 rpm이다. 최근에는 배제용적 1~1.5 cm^3/rev에 대하여 3000 rpm 이상도 개발되고 있다. 내접형 기어 모터에서는 모터가 감속기어의 역할을 겸하고 있으므로 저속회전이 가능하고 소형으로 큰 토크를 낼 수 있다.

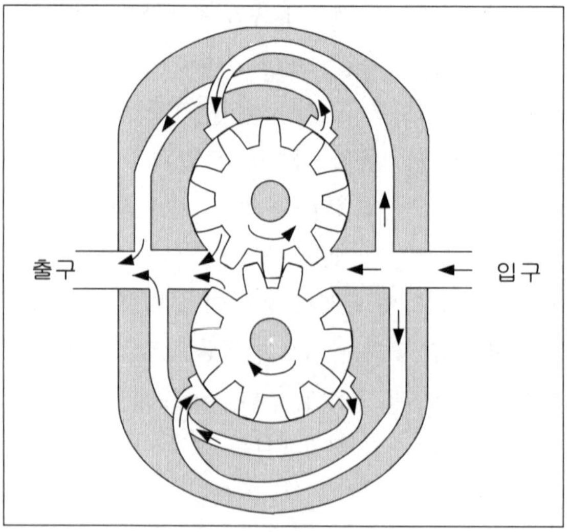

그림 6.14 외접형 기어 모터

6.7.2 베인 모터

베인 모터는 베인 펌프와 거의 같은 구조로 일정 토크 특성을 가지며 역전이 가능한 무단 변속 모터이다. 그림 6.15는 베인 모터의 모습을 보여준다. 베인 모터는 베인 펌프와 다르게 베인을 스프링이나 로킹 빔(rocking beam) 등이 캠 링에 밀어붙이는 장치로 사용된다. 로터가 정지하여도 베인은 스프링이나 로킹 빔에 의하여 캠 링에 접하게 된다. 로킹 빔은 사용 중에 변형되지 않으므로 피로에 의한 파손이 없는 것이 스프링보다 좋은 점이다.

로터의 측면은 압력판이 있어 유압이 걸리게 되어 있다. 따라서 압력판은 유압에 의하여 로터의 양쪽 면을 적당히 눌러 자동적으로 밀봉이 되도록 한다. 또 로터의 측면과 베인의 선단은 항상 유막이 형성되어 윤활작용이 잘 되도록 되어 있다.

베인 모터의 전 효율은 70~80 % 정도이며 150 rpm 이하의 저속에는 맞지 않고, 크기와 출력은 기어 모터와 피스톤 모터의 중간 정도이다. 이 모터는 공작기계나 선박용 윈치(winch) 등에 사용되고 있다.

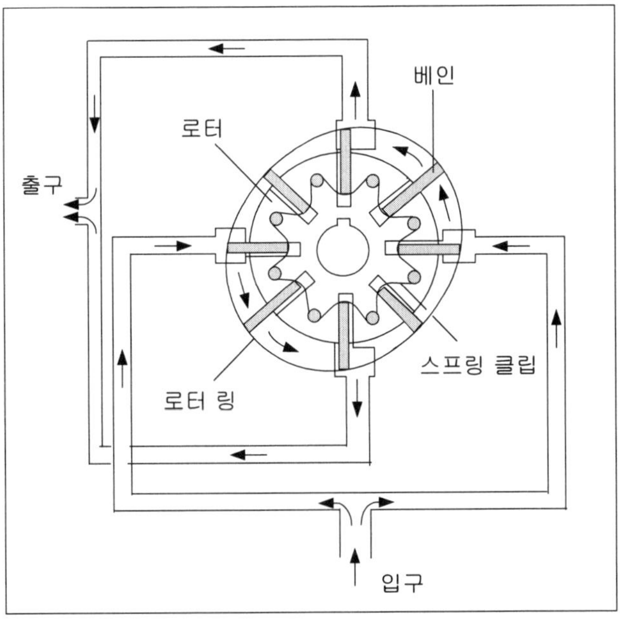

그림 6.15 베인 모터

6.7.3 피스톤 모터(piston motor)

피스톤 모터는 모터 중에서 펌프와 가장 가까운 구조를 하고 있어서 약간의 변화만으로 펌프와 모터를 서로 바꾸어 사용할 수 있다. 피스톤 모터는 액셜형과 래디얼형으로 펌프와 같은 방법으로 분류되며 액셜형은 경사판식과 경사축식이 있다. 피스톤 모터는 다른 모터보다 높은 효율을 가지며 고속, 고압에서 유효하게 운전된다.

▌액셜 피스톤 모터(axial piston motor)

액셜 피스톤 모터에는 경사판의 각이 고정되어 있는 고정용량형 경사판식 피스톤 모터(fixed displacement swash plate piston motor)와 경사판의 축을 조절 요크로 조절하는 가변용량형 경사판식 피스톤 모터(variable displacement swash plate piston motor)가 있다. 경사축식도 실린더 블록의 축과 출력축의 중심선과 이루는 각을 조절할 수 있는지에 따라 고정용량형과 가변용량형으로 분류된다.

고정용량형 경사판식 피스톤 모터는 보통 9개의 피스톤을 사용해서 경사판의 각을 축의 직각방향에 대하여 15°로 제작한다. 이 모터를 역회전시키려면 공급되는 유압 작동유의 흐름 방향을 반대로 하면 된다. 이 모터가 작동될 때 유압은 피스톤을 밀어 경사판에 평행한 분력을 유발시킨다. 이 힘이 출력축을 회전시키는데 필요한 토크의 근원이 된다. 유압 작동유가 밸브 판에 있는 초승달 모양의 유입구를 통하여 실린더로 유입되면 유압 작동유는 피스톤을 밀어 피스톤을 가압시킨다. 이 때 유압 작동유에 의하여 피스톤의 축방향으로 가해지는 힘은 경사판에 수직인 힘과 평행한 힘으로 분해할 수 있다. 경사판에 수직인 힘은 경사판에 생기는 반력과 평형이 되어 일에는 무관하나 평행한 힘은 실린더 블록에 토크를 발생시켜 출력축이 회전하게 된다. 그림 6.16은 고정용량형 경사판식 피스톤 모터이다.

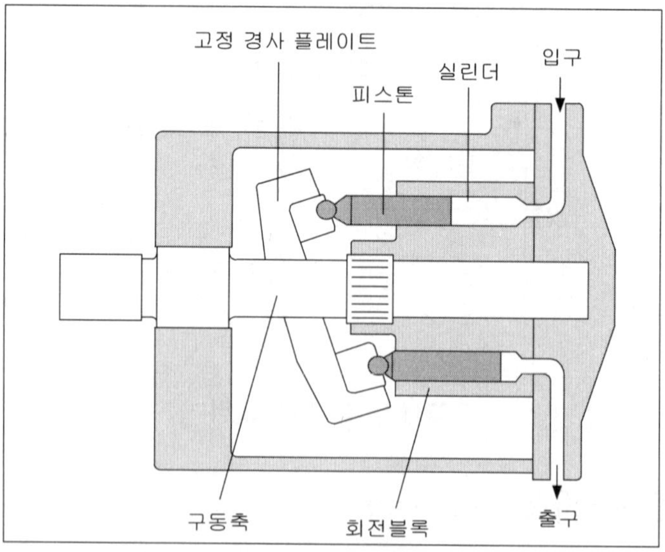

그림 6.16 고정용량형 경사판식 피스톤 모터

■ 래디얼 피스톤 모터(radial piston motor)

래디얼 피스톤 모터는 모터 중에서 전체 길이가 가장 짧은 모터이며 같은 형식의 펌프와 거의 같은 구조이다. 그림 6.17은 래디얼 피스톤 모터의 구조를 보여준다. 이 모터의 작동원리는 피스톤이 출력축의 중심에 있는 핀틀(pintle) 둘레에 방사상으로 핀틀과 수직으로 배열되어 있다. 피스톤의 수는 3~9개이며, 실린더 블록에서 왕복운동을 하게 되어 있다. 실린더 블록은 핀틀과 미끄러지면서 핀틀 주위를 회전한다. 핀틀에 뚫려 있는 구멍을 통하여 유압 작동유가 유입되거나 유출된다. 실린더 블록이 1회전하는 동안에 1/2회전은 유압 작동유가 유입되고 1/2회전은 유압 작동유가 유출된다.

유압 작동유는 피스톤의 머리 부분에 작용하여 피스톤을 반지름 방향으로 밀면 캠 링은 실린더 블록에 대하여 편심된 위치에 있으므로 피스톤의 왕복운동에 따라 실린더 블록이 회전하게 되고 이것과 직결된 출력축이 토크를 받게 된다. 캠의 편심량을 조정할 수 있게 한 것을 가변용량형이라고 한다. 래디얼 피스톤 모터는 21 MPa까지의 고압 영역에서 사용하고 통상 회전수 범위는 10~ 2000 rpm이며 액셜형에 비하여 체적효율이 약간 떨어지나 먼지 등의 이물질에 의한 손상에는 강하다. 전 효율은 80~90% 정도이다.

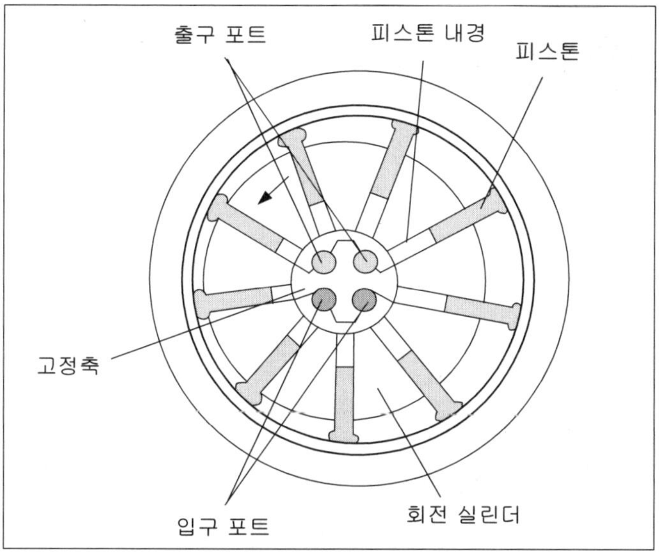

그림 6.17 래디얼 피스톤 모터

6.8 유량과 토크

유압모터는 유압펌프와 같은 특징의 값들을 갖는다. 유압모터의 용량을 표시할 때에는 이송체적 대신에 배제용적(displacement capacity)으로 표시한다. 제조사에서 명시한 용적은 모터가 경제적으로 기능을 발휘할 때의 1회전 당 배제유량으로 정한다. 다음의 식이 유압모터의 토크 용량을 구하는데 사용된다.

$$p = \frac{T}{V}$$

여기에서 p : 압력(Pa)

T : 토크(N · m)

V : 배제용적(m^3)

모터의 유량은 회전속도와 배제용적으로부터 계산된다.

$$Q = n \cdot V$$

여기에서 Q : 유량(ℓ/min)

n : 회전속도(rpm)

V : 배제용적(ℓ)

07 방향제어밸브

방향제어밸브는 유압시스템에서 유압 작동유의 흐름을 전환, 개방, 폐쇄시켜서 유압 작동유의 흐름 방향을 제어하고 유압 모터, 유압 실린더의 시동, 정지 및 운동 방향의 변환 등을 정확하게 제어하는 목적으로 사용되는 밸브이다. 이중에서도 전기 조작에 의한 전환밸브는 자동적인 연속 운동과 규칙적인 동작, 복잡한 운동 등의 원격제어를 정확히 수행할 수 있다. 그림 7.1은 방향제어밸브의 기능을 보여준다.

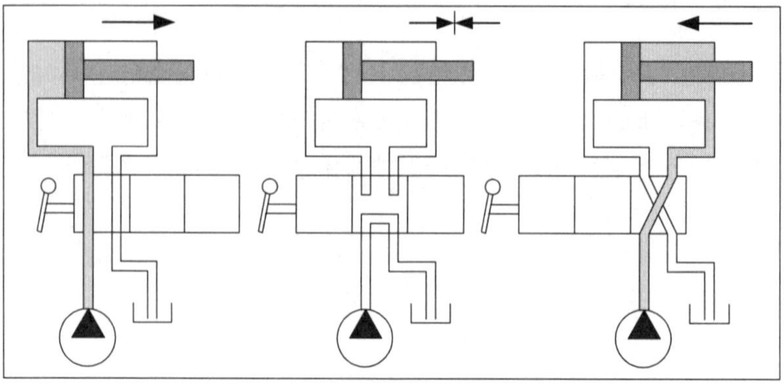

그림 7.1 방향제어밸브의 기능

7.1 방향제어밸브의 기호

방향제어밸브를 기호로 표현하기 위해서 다음과 같은 규칙이 적용된다.

- 각각의 제어위치는 사각형으로 나타낸다.
- 흐름의 방향은 화살표로 표시한다.
- 차단위치는 사각형 안에서 직각으로 표시한다.

• 직선은 유로를 나타내며 화살표는 유체의 흐르는 방향을 나타낸다.
• 누유라인은 L로 표시하고 점선으로 나타낸다.
• 제어위치는 왼쪽으로부터 오른쪽으로 a, b, …로 표시하며 세 개의 제어위치를 갖는 밸브에서는 중립위치를 0으로 표시한다.

위에서 설명한 내용을 정리하여 그림으로 표현하면 그림 7.2와 그림 7.3과 같다.

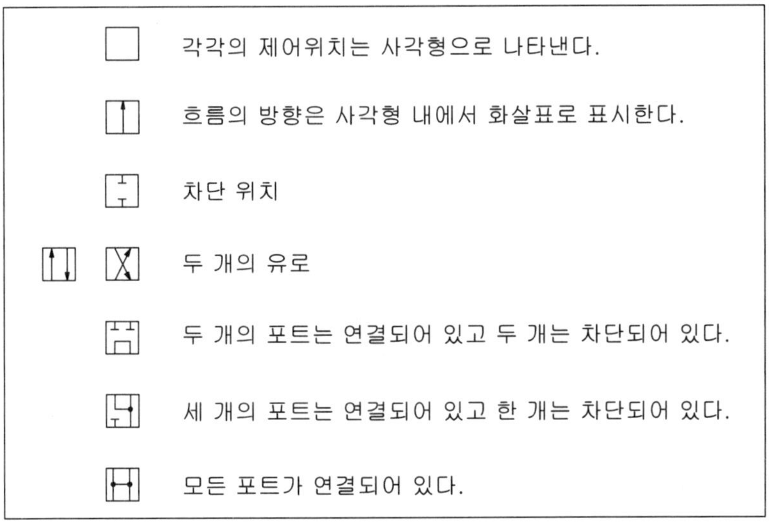

그림 7.2 제어위치의 표현

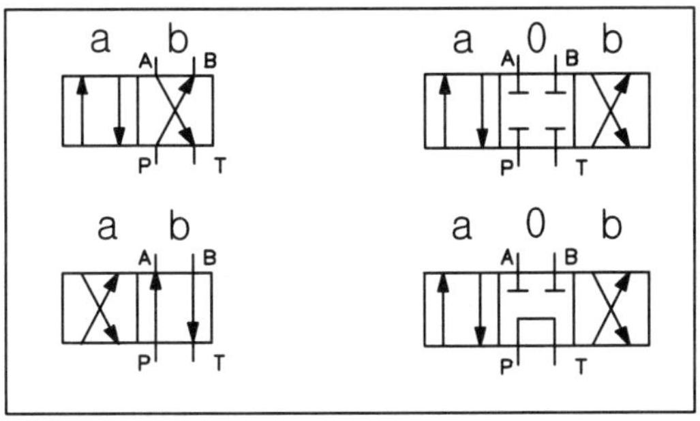

그림 7.3 제어위치의 예

방향제어밸브는 밸브가 갖고 있는 연결구의 수와 제어위치의 수로 표현된다. 방향제어밸브는 적어도 두 개의 제어위치와 두 개의 연결구가 있어야 한다. 이와 같은 밸브를 2/2-way 밸브라고 하는데 그림 7.4에는 방향제어밸브의 표현법과 연결구 표시법을 보여주고 있다.

방향제어밸브의 제어위치를 변경하는 데에는 여러 가지 작동방법이 사용되고 있다. 방향제어밸브의 기호에는 그 밸브를 동작시키는 작동방법이 표시되어야만 밸브의 기호가 완성된다. 자주 사용되는 작동방법에는 누름 버튼(push button), 페달(pedal), 롤러 레버(roller lever), 스프링, 솔레노이드 코일 등이 있다. 그림 7.5에는 여러 가지의 밸브 작동방법이 표시되어 있다.

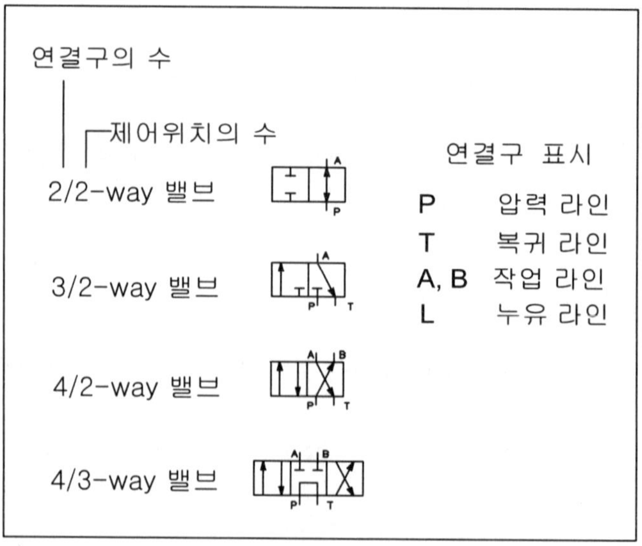

그림 7.4 방향제어밸브의 표현

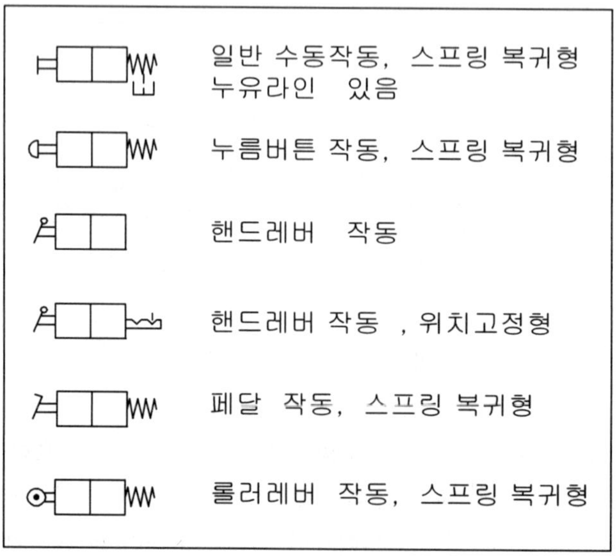

그림 7.5 밸브의 작동방법

■ 방향제어밸브의 정상위치(normal position)

스프링 복귀형 2/2-way 밸브나 3/2-way 밸브는 정상상태 열림(normally open)이나 정상상태 닫힘(normally closed) 위치를 갖는다. 정상상태라 함은 밸브에 어떠한 외력이 가해지고 있지 않은 상태를 의미한다. 정상상태 열림 위치에서는 연결구 P에서 작업라인 A로 유로가 열려 있는 상태이고, 정상상태 닫힘 위치에서는 연결구 P에서 작업라인 A로 유로가 닫혀 있는 상태이다. 스프링 복귀형의 방향제어밸브가 회로에 사용되는 경우에는 밸브의 정상위치가 표시되어야 한다. 그림 7.6에 방향제어밸브의 정상위치가 표현되어 있다.

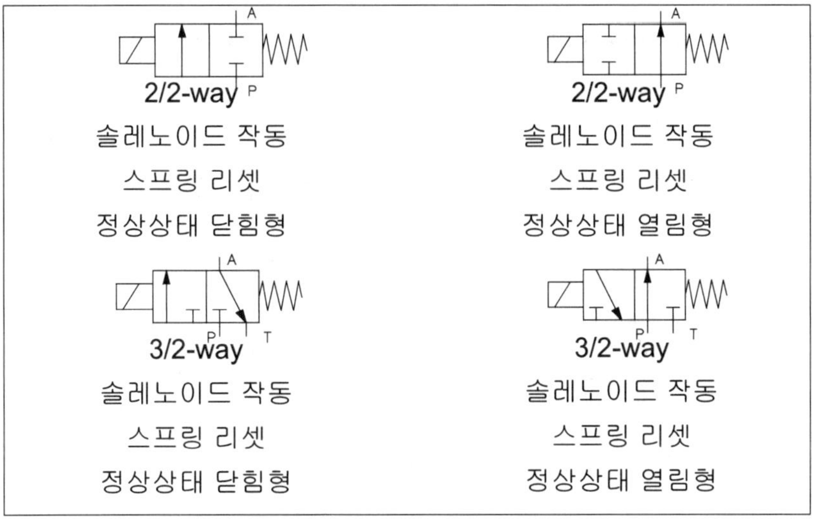

그림 7.6 방향제어밸브의 정상위치

7.2 밸브의 특성

밸브의 공칭 사이즈는 다음의 특성 값에 의해서 결정된다.

- **공칭 사이즈** NG : 공칭 직경을 나타내며 4; 6; 10; 16; 20; 22; 25; 30; 32; 40; 50; 52; 63; 82; 100; 102 등이 있다.

- **공칭 압력** NP : 유압장비와 시스템이 정의된 작업상태 하에서 작업되도록 설정된 압력으로 bar 또는 Pascal로 나타낸다. VDMA 24312에서 정의한 압력 단계는 25; 40; 63; 100; 160; 200; 250; 315; 400; 500; 630 bar 등이 있다.

• **공칭 유량 Qn** : 밸브 양단간의 압력 차가 1 bar일 때 1분당 통과하는 유량으로서 단위로는 ℓ/min를 사용하고 40 ℃에서 점도가 35 mm^2/s일 때를 기준으로 한다.

• **최대 유량 Qmax** : 큰 압력손실을 발생시키면서 밸브를 통과하여 흐를 수 있는 최대 유량을 나타낸다.

• **점도 범위** : 밸브에서 사용되는 유압유의 사용 점도 범위 영역을 표시한다. 예를 들어 20~230 mm^2/s (cSt)와 같이 표시된다.

• **유압유 온도 범위** : 밸브에서 사용되는 유압유의 사용 온도 범위 영역을 표시한다. 예를 들어 10~80 ℃ 등과 같이 표시된다.

그리고 그림 7.7과 같은 유량과 압력강하 도표를 제공하기도 한다.

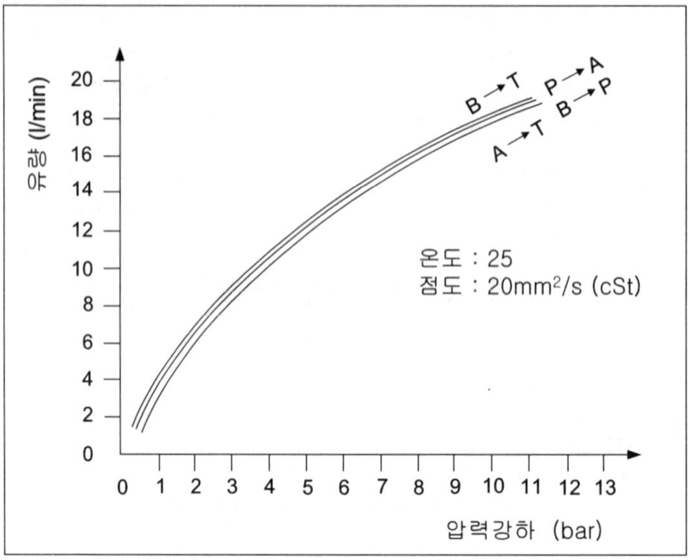

그림 7.7 4/2-way 밸브 NG6에 대한 Δp-Q 특성 곡선

7.3 설계 방식에 의한 밸브의 분류

밸브는 설계 방식에 따라 포펫(poppet) 형태의 밸브와 슬라이드(slide) 형태의 밸브로 구분되며 그림 7.8과 같은 구조적 특성을 보인다.

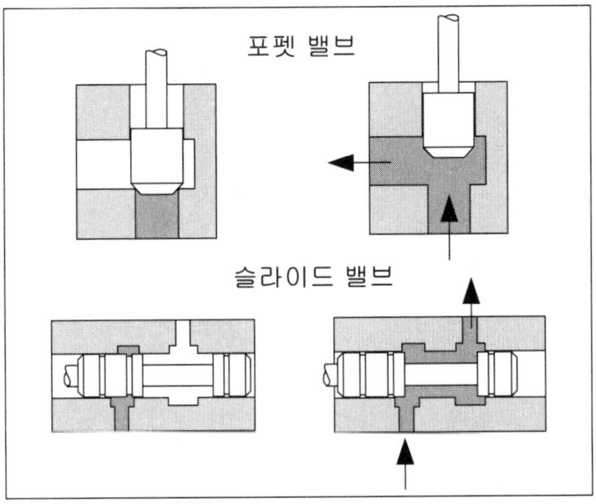

그림 7.8 포펫 밸브와 슬라이드 밸브

7.3.1 포펫 밸브

포펫 밸브는 밸브 하우징(housing) 안에 볼(ball), 콘(cone), 때로는 디스크(disk)를 사용하여 시트(seat)부를 가압하는 구조로 이루어져 있다. 따라서 포펫 형태의 밸브는 밀봉이 극히 우수한 장점이 있다. 그러나 작동력이 크고 통과 유량이 적으며 복잡한 밸브의 구조에는 부적합한 단점이 있다. 그림 7.9에서는 포펫 밸브의 형태를 보여준다.

밸브 형태	단면도	장단점 및 사용처
볼 내장 밸브	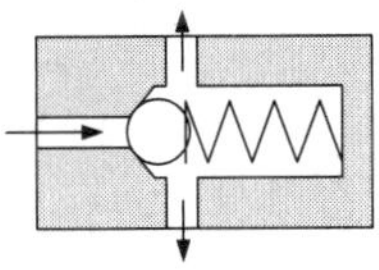	• 단순 제작이 용이 • 유압유가 흐를 때 볼이 진동하는 경우가 있어 소음 발생 우려 • 논-리턴 밸브에 사용
콘 내장 밸브	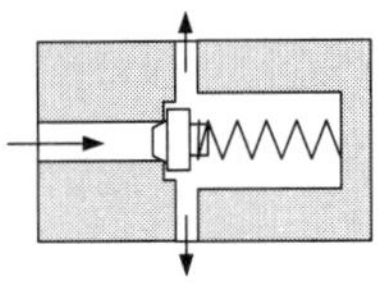	• 제작 시 상당한 정밀도가 요구됨 • 양호한 밀폐 특성 • 방향제어밸브에 사용
디스크 내장 밸브	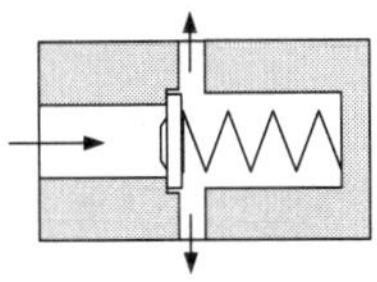	•이동거리가 짧다. •셧-오프 밸브

그림 7.9 포펫 밸브의 형태

포펫 밸브에서는 최대 3개의 유로가 제어요소에 의해서 다른 장치로 연결될 수 있으며 항상 네거티브 오버랩(negative overlap)을 갖는다. 따라서 3개 이상의 유로가 있는 밸브는 여러 개의 제어요소에 의해 조립된다는 것을 뜻한다. 예를 들어 포펫 형태의 4/2-way 밸브는 내부적으로 3/2-way 밸브 두 개로 구성된다.

포펫 형태의 밸브인 경우 작동력은 압력과 면적에 의해서 결정되는데, 사용 압력이 높은 경우에는 밸브의 작동력이 상당히 커질 수도 있다. 이러한 점을 피하기 위하여 압력을 보상해 주어야 한다. 그림 7.10에서는 작동력을 감소시키기 위한 방법을 보여주고 있는데 왼쪽 그림에서는 유압 작동유의 압력이 포펫 밸브의 작동 피스톤 전면적에 작용하므로 밸브의 작동력이 크게 된다. 반면에 오른쪽 그림에서는 통로를 통하여 유압 작동유가 작동 피스톤의 양쪽에 작용하게 된다. 실제로 밸브를 동작시키는데 필요한 힘은 작동 피스톤 로드에 해당하는 면적과 압력의 곱으로 나타나므로 상대적으로 적은 힘으로 밸브를 작동시킬 수 있다.

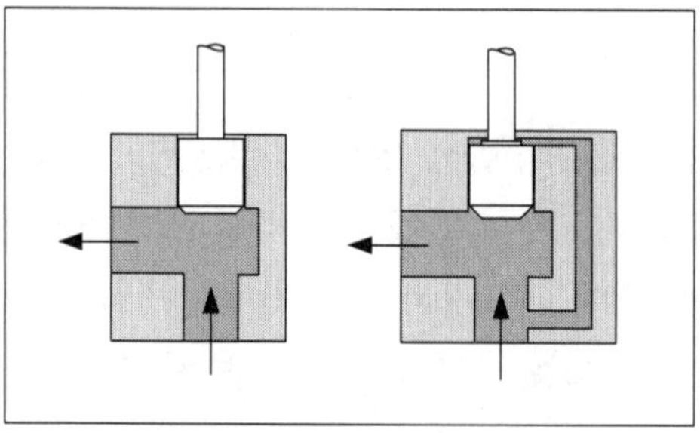

그림 7.10 포펫 밸브의 작동력

여하튼 대부분의 경우에 포펫 밸브를 설계하는데 있어서 압력 보상을 구체화하여 설계하는 것이 쉽지 않으므로 밸브를 전환시키는 데에 큰 힘이 필요하게 되고 이 때문에 레버를 이용하거나 간접 작동 방식으로 밸브를 동작시키는 방법들이 사용된다.

밸브의 가장자리는 유압 작동유에 의해서 오염입자들이 제거되는데 이러한 현상을 자기 정화 효과라고 한다. 그러므로 포펫 형태의 밸브는 상대적으로 이물질에 대하여 덜 민감하다. 그러나 밸브 시트에 이물질이 축적되면 밸브가 부분적으로만 닫히므로 캐비테이션을 야기할 수 있다.

7.3.2 슬라이드 밸브

슬라이드 밸브는 평 슬라이드 밸브와 로터리 슬라이드 밸브로 구분되며 평 슬라이드 밸브는 하우징에 스풀(spool)이 결합된 형태로 구성되며 로터리 슬라이드 밸브는 주로 수동 작동형으로 로터리 스풀을 회전시켜 작동시킨다. 그림 7.11은 로터리 슬라이드 밸브의 구조를 보여주고 그림 7.12는 평 슬라이드 밸브의 구조를 보여준다.

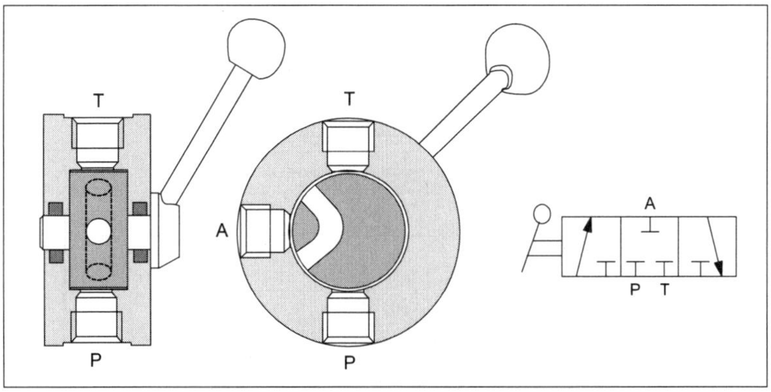

그림 7.11 로터리 슬라이드 밸브

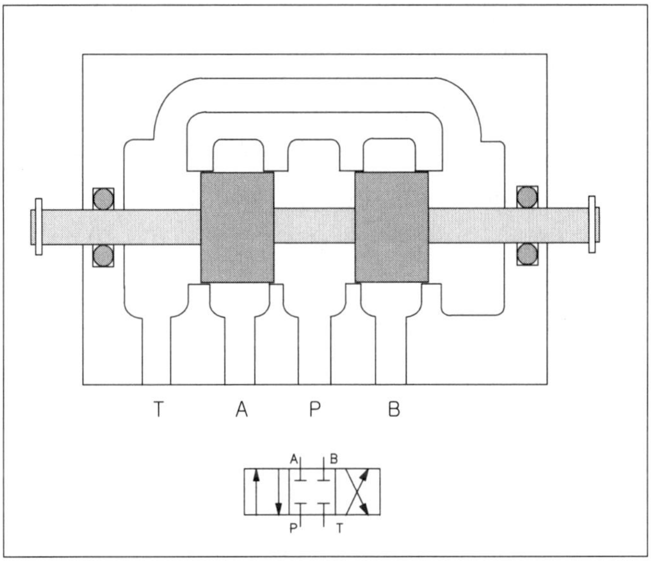

그림 7.12 평 슬라이드 밸브

평 슬라이드 밸브는 하우징 안에 한 개 또는 그 이상의 피스톤으로 만들어진 스풀로 구성된다. 슬라이드 밸브 내에서 스풀이 이동함으로써 연결구가 닫히거나 열림으로 외부 유로와 연결된다.

슬라이드 밸브는 포지티브 오버랩(positive overlap)과 네거티브 오버랩(negative overlap)이 모두 가능하다.

슬라이드 밸브가 동작되기 위해서는 작동력이 마찰력과 스프링 힘의 합보다 커야만 한다. 압력에 의해서 형성되는 힘 F_1과 힘 F_2는 서로 반대쪽으로 작용하므로 평형을 이루게 된다. 따라서 작은 힘으로 밸브를 동작시킬 수 있게 된다. 그림 7.13에서는 평 슬라이드 밸브에서의 작동력을 보여 준다.

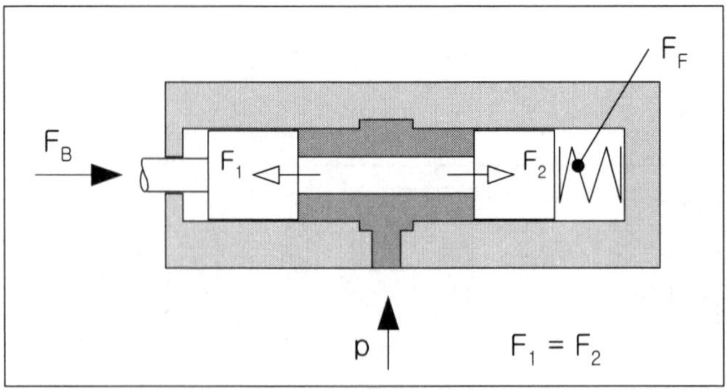

그림 7.13 평 슬라이드 밸브의 작동력

슬라이드 밸브에서는 하우징과 스풀 사이에 간극이 있어서 밸브 내부에서 계속적인 누유가 발생된다. 스풀이 하우징 벽에 압력을 가하지 못하므로 스풀의 피스톤 가장자리를 모따기한다. 스풀이 이동될 때에만 유압 작동유 마찰이 일어난다. 유압 작동유가 오염되어 있으면 이물질이 스풀과 하우징 사이에 들어와 마모를 일으켜 내부 누유를 증대시키거나 심하면 고착시킨다.

그림 7.14에는 여러 가지 랜드의 스풀을 보여주는데 이 중에서 2-랜드(land) 스풀과 4-랜드 스풀이 주로 산업용으로 사용된다. 2-랜드 스풀은 유량이 적은 방향제어밸브에서 주로 사용되고, 4-랜드 스풀은 많은 유량이 흐르는 방향제어밸브에 대부분 사용된다.

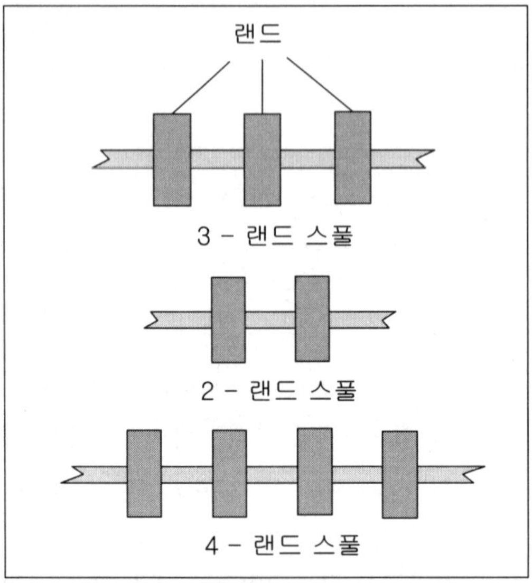

그림 7.14 여러 가지 랜드의 스풀

포펫 밸브와 슬라이드 밸브의 특징을 정리하면 표 7.1과 같다.

표 7.1 포펫 밸브와 슬라이드 밸브의 특징

포펫 밸브	슬라이드 밸브
• 밀봉이 우수하다. • 이물질에 둔감하다. • 제어위치가 여러 개인 경우 구조가 복잡하다. • 압력보상이 이루어져야 한다. • 작동력이 크다. • 작동거리가 짧다.	• 누유가 발생한다. • 이물질에 민감하다. • 제어위치가 여러 개인 경우 구조가 간단하다. • 압력이 보상된다. • 작동력이 작다. • 작동거리가 길다.

7.4 동작에 의한 밸브의 분류

방향제어밸브는 동작되는 방법에 따라 연속 작동형과 단속 작동형으로 분류할 수 있다.

▮ 연속 작동형 방향제어밸브

이 밸브는 두 개의 최종 제어위치와 더불어 교축효과를 변경시킬 수 있는 연속적인 중간위치를 가질 수 있다. 비례 밸브(proportional valve)와 서보 밸브(servo valve)가 이러한 경우에 속하게 된다.

▮ 단속 작동형 방향제어밸브

이 밸브는 항상 고정된 제어위치를 갖고 있다. 실제로는 이 밸브가 단순히 방향제어밸브로 알려져 있으며, 이 책에서 사용되는 유압 방향제어밸브가 여기에 속하게 된다.

7.5 연결구와 제어위치에 따른 분류

연결구의 표시에는 두 가지 방법이 있다. 연결구는 문자 P, T, A, B, L로 표시할 수 있으며 또는 단순히 알파벳 순서로도 표시할 수 있다. 밸브는 여러 개의 제어위치를 갖는데 다음의 규칙은 연결구들이 내부적으로 어떻게 연결되는가를 이해하는데 도움을 줄 것이다.

- 각 연결구의 표시 문자 사이의 수평선은 그 연결구들이 서로 연결되어 있음을 의미한다. (예 P-A)
- 콤마에 의해서 분리된 문자는 연결구들이 서로 단절되어 있음을 나타낸다. (예 P-A, T)

예를 들어 (P-A-B-T)로 표시되면 모든 연결구들이 내부적으로 연결되어 있음을 뜻한다. 그림 7.15는 이러한 상태를 보여준다.

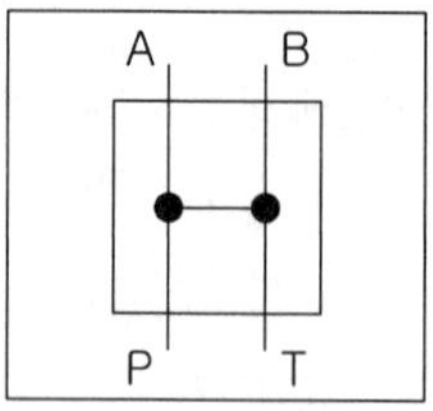

그림 7.15 (P–A–B–T)

(P-A-B, T)로 표시되면 P, A, B는 연결되어 있고 T는 막혀 있음을 뜻한다. 그림 7.16은 이러한 상태를 보여준다.

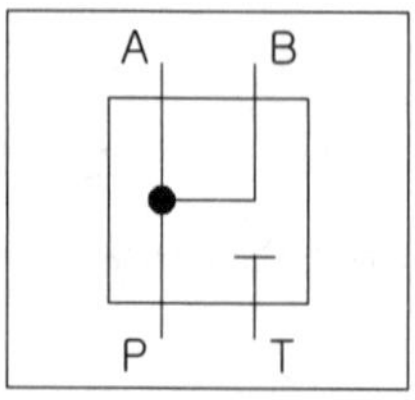

그림 7.16 (P–A–B, T)

방향제어밸브는 연결구와 제어위치의 개수에 따라 다음과 같이 분류된다.

- 2/2-way 밸브
- 3/2-way 밸브
- 4/2-way 밸브
- 5/2-way 밸브
- 4/3-way 밸브

그림 7.17은 여러 가지 방향제어밸브를 나타낸 것인데 복잡함을 피하기 위하여 작동방법은 생략하였다. 이외에도 여러 가지 다른 설계 방식이 사용될 수 있다.

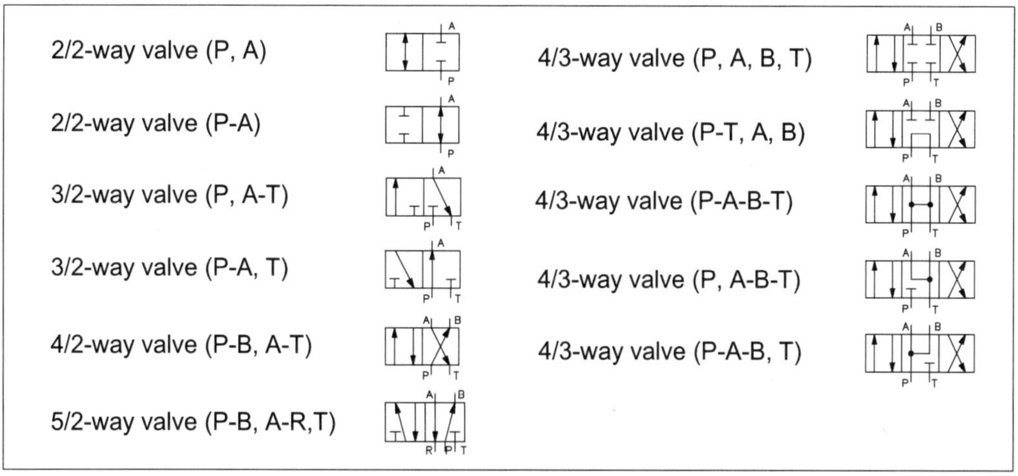

그림 7.17 연결구와 제어위치의 개수에 따른 방향제어밸브의 종류

7.5.1 2/2-way 밸브

2/2-way 밸브는 작업라인 A, 압력라인 P를 갖고 있다. 이 밸브는 유로의 개방 및 차단을 제어하며 정상위치에서는 P에서 A로 가는 유로가 차단되어 있고, 작동위치에서는 P에서 A로 유로가 개방된다. 이러한 형태의 밸브를 정상위치 닫힘형(normally closed type) 밸브라고 하고 그림 7.18에는 슬라이드형의 2/2-way 밸브의 구조를 보여준다.

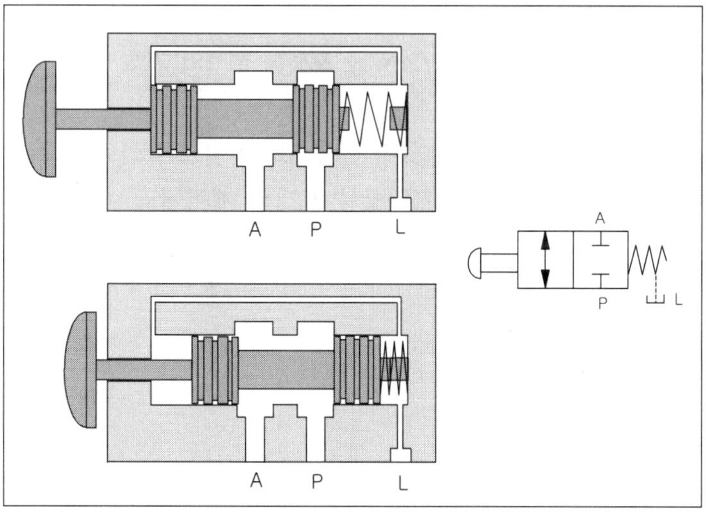

그림 7.18 2/2-way 밸브, 슬라이드 형

그림 7.19에는 포펫 형태의 2/2-way 밸브의 구조를 보여준다.

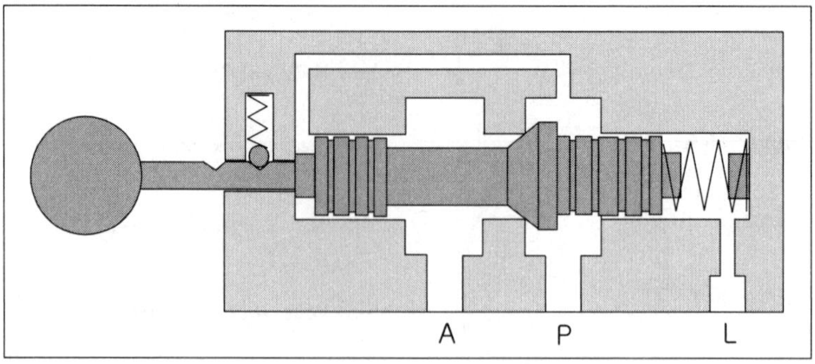

그림 7.19 2/2-way 밸브, 포펫형

포펫 밸브에 대한 기호는 표준화되어 있지 않지만 대체로 밸브 시트(seat)를 포함하여 그려준다. 그림 7.19 밸브 역시 정상위치 닫힘형(normally closed type) 밸브이고 이 밸브의 기호는 그림 7.20과 같다.

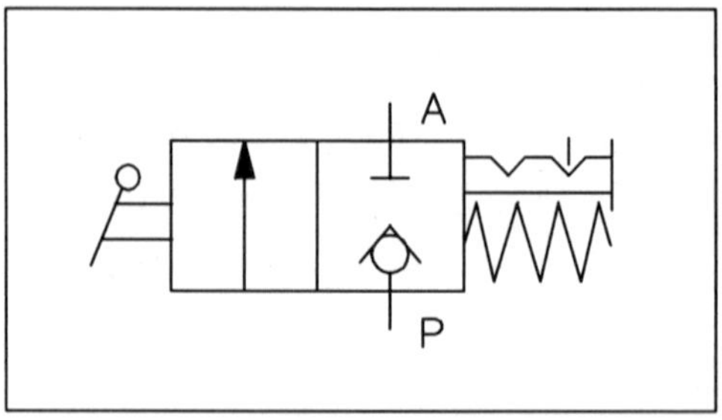

그림 7.20 2/2-way 포펫형 밸브의 기호

2/2-way 밸브는 단동 실린더의 제어, 급속 이송회로와 펌프의 언로딩(unloading) 회로에서의 바이 패스(by-pass)용으로 사용되며 일방향 모터의 제어에도 이용된다.

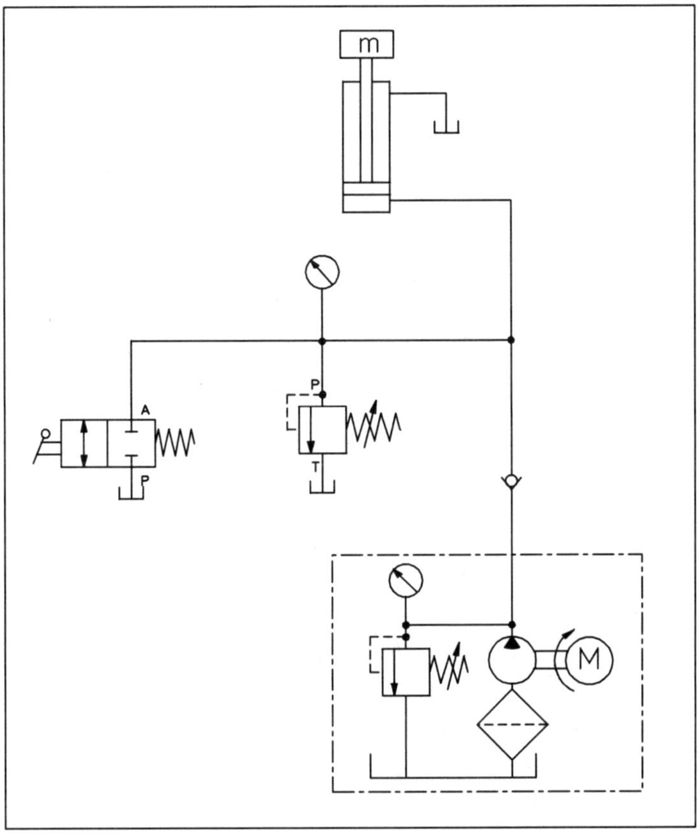

그림 7.21 단동 실린더의 제어

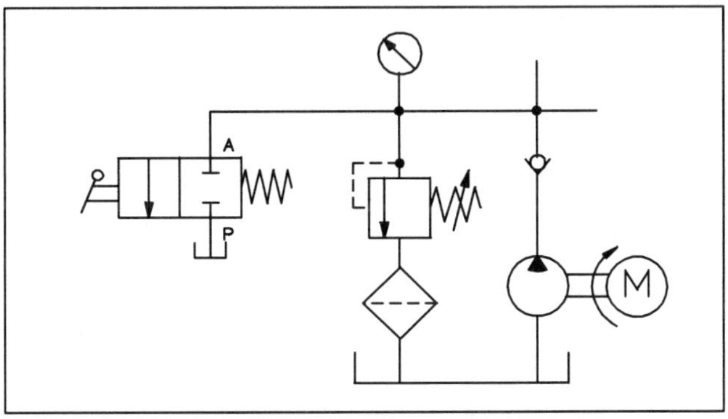

그림 7.22 펌프의 언로딩

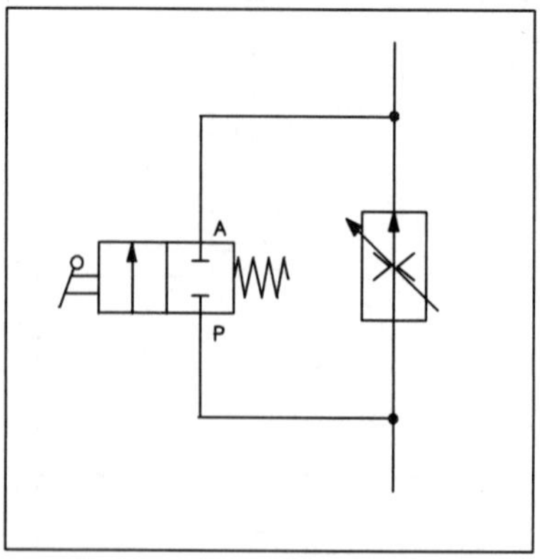

그림 7.23　급속 이송회로

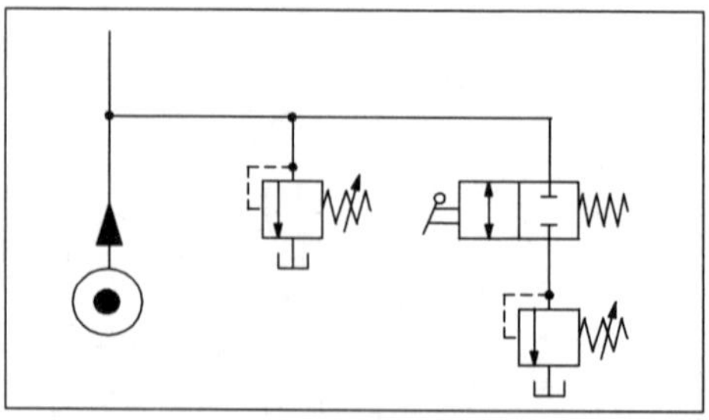

그림 7.24　여러 단계의 시스템 압력 설정

7.5.2　3/2-way 밸브

3/2-way 밸브는 작업라인 A, 압력라인 P, 복귀라인 T를 갖고 있다. 이 밸브는 유로의 개방 및 차단을 제어하며 정상위치에서 P는 유로가 차단되어 있고 A에서 T는 개방되어 있다. 작동위치에서 T는 차단되고 P에서 A로 유로가 개방된다. 이러한 형태의 밸브를 정상위치 닫힘형(normally closed type) 밸브라고 하고 그림 7.25에는 슬라이드 형의 3/2-way 밸브의 구조를 보여준다.

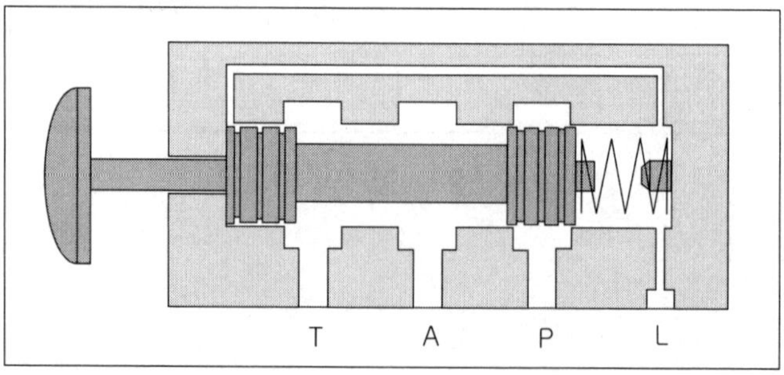

그림 7.25　3/2-way 밸브, 슬라이드 형

3/2-way 밸브도 역시 정상상태 열림형(normally open type)이 가능한데 이때에는 정상위치에서 P로부터 A로 유로가 개방된다.

3/2-way 밸브는 단동 실린더의 제어, 선택회로 등에 사용된다.

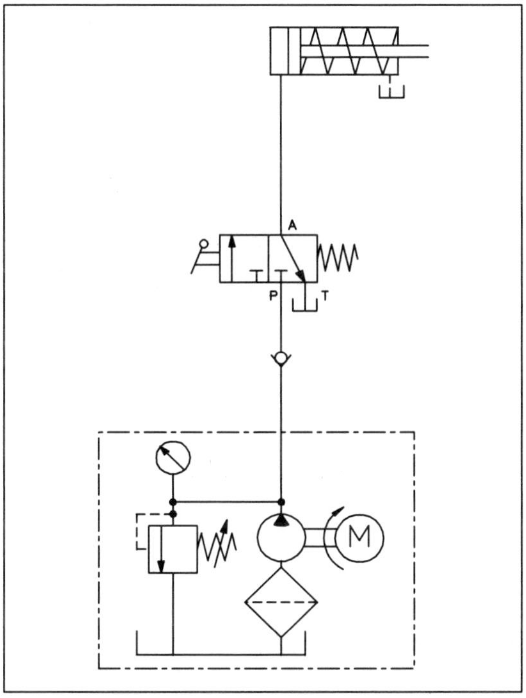

그림 7.26 단동 실린더의 제어

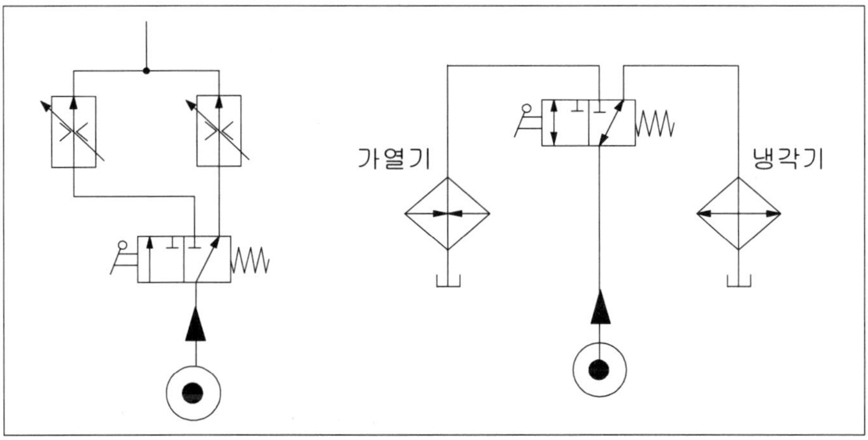

그림 7.27 선택회로

7.5.3 4/2-way 밸브

4/2-way 밸브는 작업라인 A, B, 압력라인 P, 복귀라인 T를 갖고 있다. 이 밸브는 정상위치에서 P에서 B로, A에서 T로 유로가 개방되어 있다. 작동위치에서는 P에서 A로, B에서 T로 유로가 개방된다. 그림 7.28에서는 세 개의 랜드(land)를 갖는 슬라이드형의 4/2-way 밸브의 구조를 보여준다.

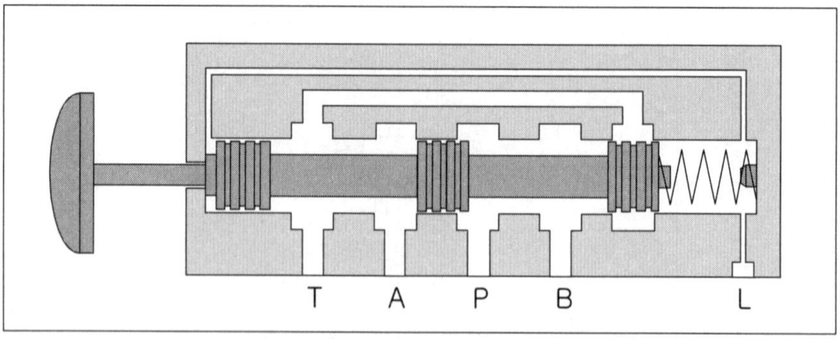

그림 7.28 4/2-way 밸브, 3-랜드 스풀

4/2-way 밸브는 두 개의 랜드를 갖는 스풀로도 구성될 수 있다. 이러한 종류의 밸브는 누유라인 L이 필요치 않고 복귀라인 T와 작업라인 A, B가 밸브의 엔드 캡(end cap)을 통하여 연결된다. 이러한 종류의 밸브들은 복귀라인 측의 압력이 엔드 캡에 영향을 미치게 되므로 밸브의 데이터 양식에 복귀라인 측의 최대압력이 명시되어 있다. 그림 7.29에서는 두 개의 랜드를 갖는 슬라이드형의 4/2-way 밸브의 구조를 보여준다.

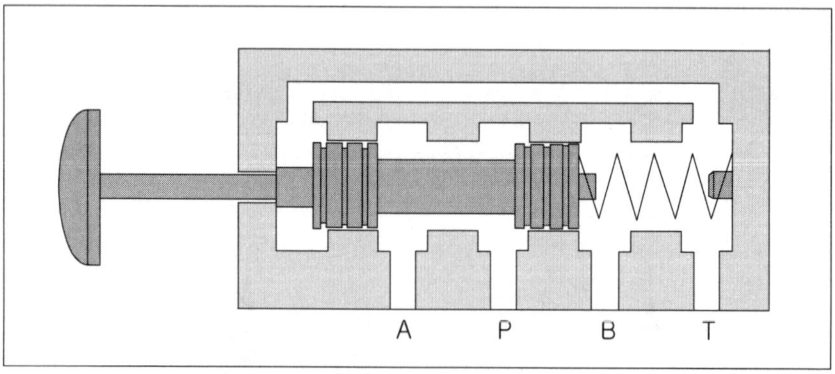

그림 7.29 4/2-way 밸브, 2-랜드 스풀

가장 간단한 형태의 4/2-way 밸브의 설계 형태는 슬라이드 밸브이다. 반면에 포펫 형의 4/2-way 밸브는 두 개의 3/2-way 밸브나 네 개의 2/2-way 밸브를 합쳐서 만들어야 하므로 매우 복잡해진다.

4/2-way 밸브는 복동 실린더의 제어, 유압 모터의 정역회전 등에 사용된다.

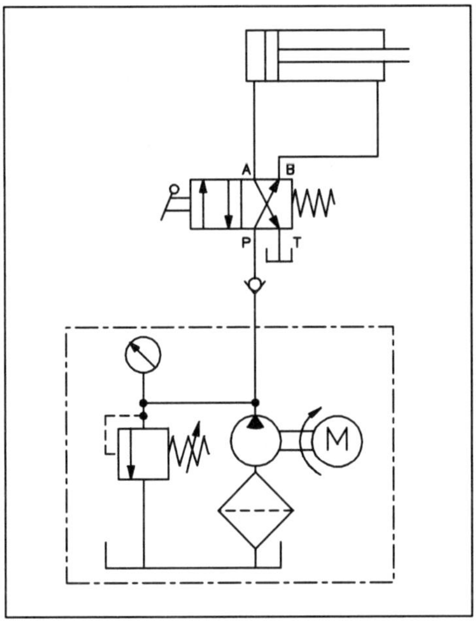

그림 7.30 복동 실린더의 제어

7.5.4 4/3-way 밸브

4/3-way 밸브를 포펫 형태의 밸브로 만들려면 매우 복잡해지므로 간단한 구조를 갖는 슬라이드 밸브의 형태로 만든다. 4/3-way 밸브는 제어위치가 세 개인데 중립위치를 빼고는 유로의 형성이 4/2-way 밸브와 동일하다. 4/3-way 밸브는 다양한 중립위치(neutral position)를 갖는데 대표적인 중립위치를 기술하면 그림 7.31과 같다. 4/3-way 밸브의 상세한 설명은 7.6절에서 다루도록 한다.

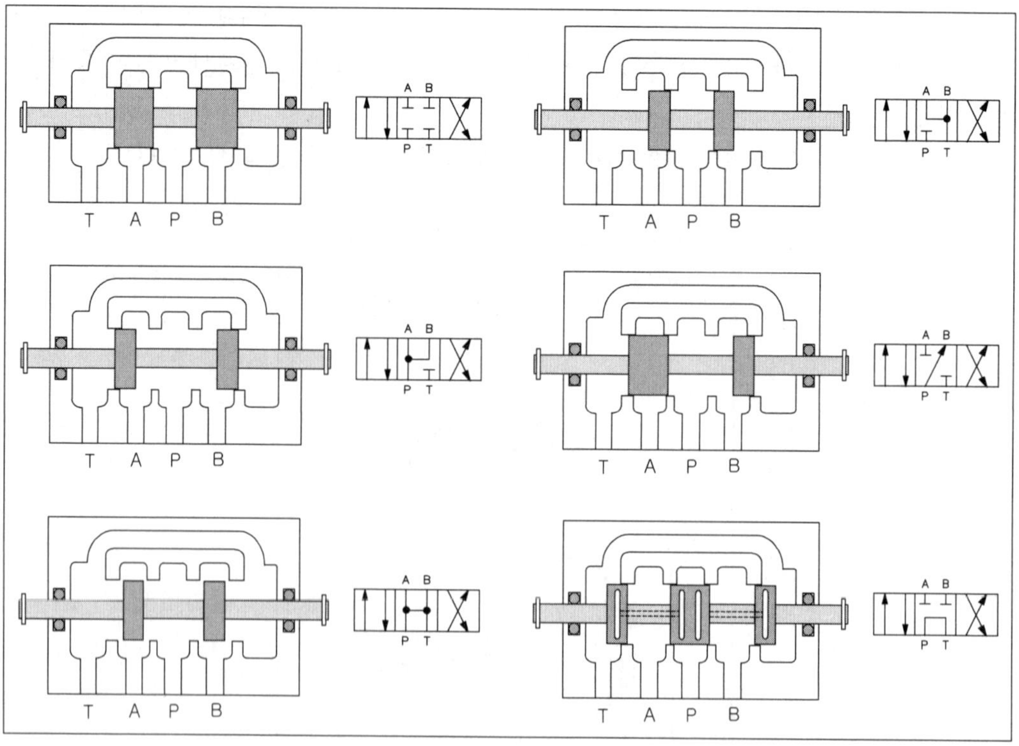

그림 7.31 다양한 4/3-way 밸브의 중립위치

7.5.5 5/2-way 밸브

5/2-way 밸브는 작업라인 A, B, 압력라인 P, 복귀라인 R, T를 갖고 있다. 이 밸브는 정상위치에서 P에서 B로, A에서 R로 유로가 개방되어 있다. 작동위치에서는 P에서 A로, B에서 T로 유로가 개방된다. 기본적으로 5/2-way 밸브는 4/2-way 밸브와 기능이 비슷하므로 대신 사용할 수 있으나 실제 적용 예에서는 복귀라인이 두 개이므로 배관이 복잡해져서 많이 사용되지 않는다. 그러나 특수한 응용 분야에서는 사용되고 있다. 그림 7.32는 그러한 응용 분야 중의 하나를 예로 든 것인데 실린더가 전진운동을 하는 경우에만 카운터 밸런스(count balance) 기능을 하도록 5/2-way 밸브를 사용한 것이다.

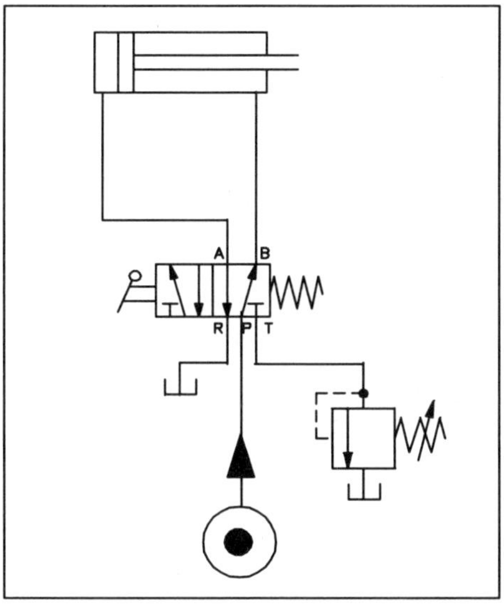

그림 7.32 5/2-way 밸브의 응용

7.5.6 5/3-way 밸브

5/3-way 밸브는 제어위치가 세 개인데 중립위치를 빼고는 유로의 형성이 5/2-way 밸브와 동일하다. 그림 7.33에서는 중립위치 차단형의 5/3-way 밸브 기호를 보여준다.

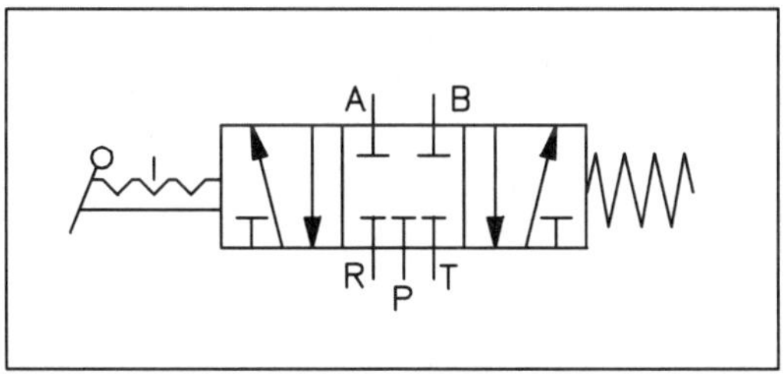

그림 7.33 5/3-way 밸브, 중립위치 차단형

7.6 중립위치에 따른 4/3-way 밸브의 분류

4/3-way 밸브는 이동식 유압시스템과 고정식 유압시스템에서 매우 빈번하게 사용되는데, 제어위치 중에서 두 개의 최종 제어위치는 유압 액추에이터의 운동과 직접적인 관계가 있고, 나머지 중립위치는 유압 시스템의 상황이나 필요에 따라서 다양하게 설계되어 사용된다.

중립위치는 매우 다양하지만 오픈(open) 중립위치, 차단(closed) 중립위치, 바이패스

(by-pass) 중립위치, 플로트(float) 중립위치, 재생(regenerative) 중립위치 등이 중요한 기능의 중립위치이다. 이러한 중립위치의 밸브들은 같은 밸브 하우징을 사용하고 스풀은 달리 설계함으로써 다양한 기능의 중립위치를 갖는 밸브를 만들 수 있다. 그림 7.34에는 여러 가지 다양한 중립위치를 가능하게 하는 다양한 형태의 스풀을 보여준다.

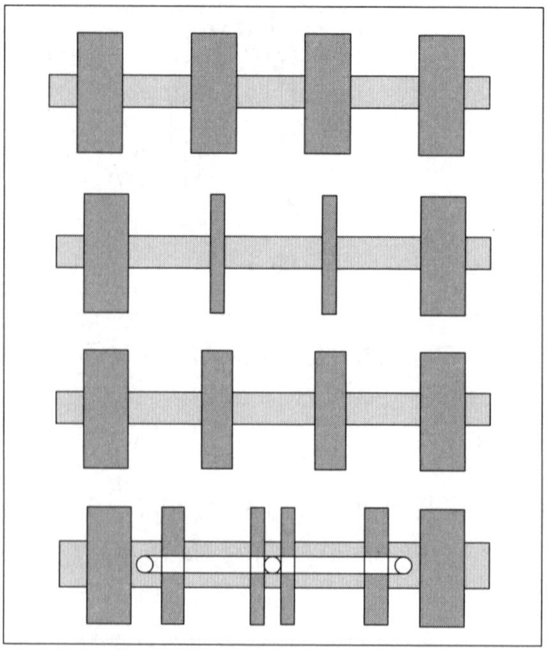

그림 7.34 다양한 형태의 스풀

7.6.1 오픈 중립위치

오픈 중립위치(올 포트 오픈: all ports open)의 밸브는 중립위치에서 연결구 P, T, A, B가 모두 연결되어 있다. 기호로는 (P-T-A-B)로 표현되고 밸브의 구조는 그림 7.35와 같다.

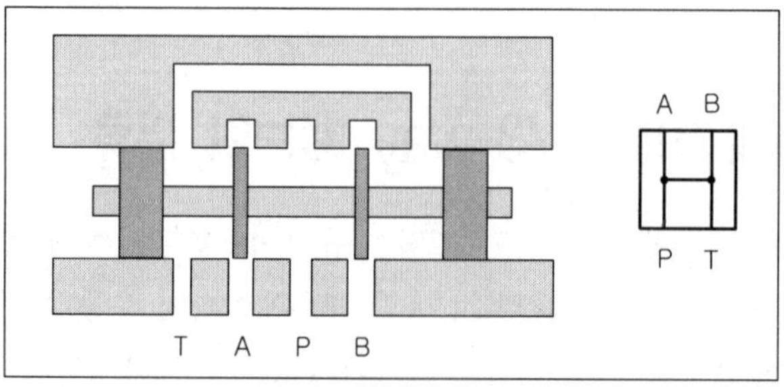

그림 7.35 오픈 중립위치

오픈 중립위치의 4/3-way 밸브가 회로에서 사용되면 그림 7.36에서와 같이 중립위치에서 실린더의 이동을 허용한다. 펌프에서 토출된 유압 작동유는 낮은 압력하에서 탱크로 귀환된다. 오픈 중립위치의 4/3-way 밸브는 한 개의 액추에이터 동작 회로에 자주 사용된다. 이러한 시스템에서는 액추에이터가 동작 사이클을 완료한 후에, 4/3-way 밸브의 제어위치가 오픈 중립위치로 오게 되면 낮은 압력 하에서 펌프로부터 토출된 유압 작동유가 탱크로 귀환함으로, 에너지 소비를 절약할 수 있고 동시에 액추에이터도 외력에 의해 자유롭게 이동시킬 수 있다. 오픈 중립위치 밸브의 단점은 여러 개의 액추에이터를 사용할 때 오픈 중립위치 하에서는 다른 액추에이터를 동작시킬 수 없다는 것이다.

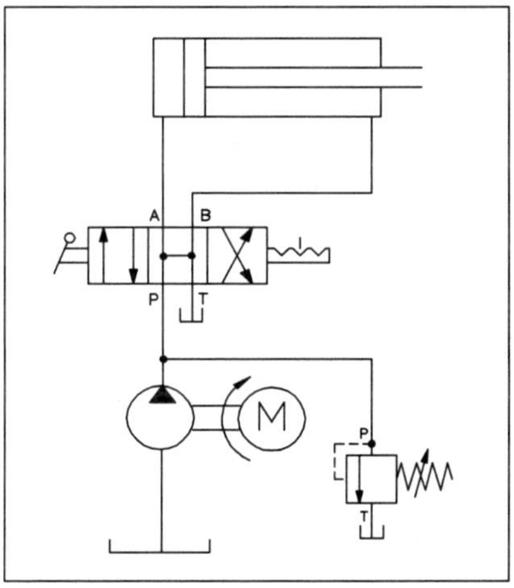

그림 7.36 오픈 중립위치 4/3-way 밸브의 사용

7.6.2 차단 중립위치

차단 중립위치(올 포트 블록: all ports blocked)의 밸브는 중립위치에서 연결구 P, T, A, B가 모두 차단되어 있다. 기호로는 (P, T, A, B)로 표현하고 밸브의 구조는 그림 7.37과 같다.

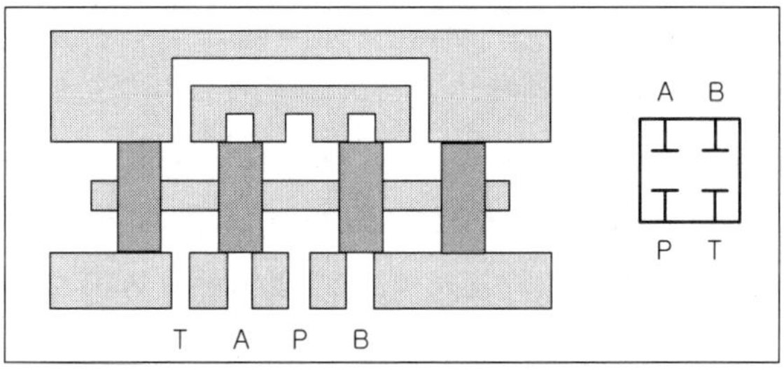

그림 7.37 차단 중립위치

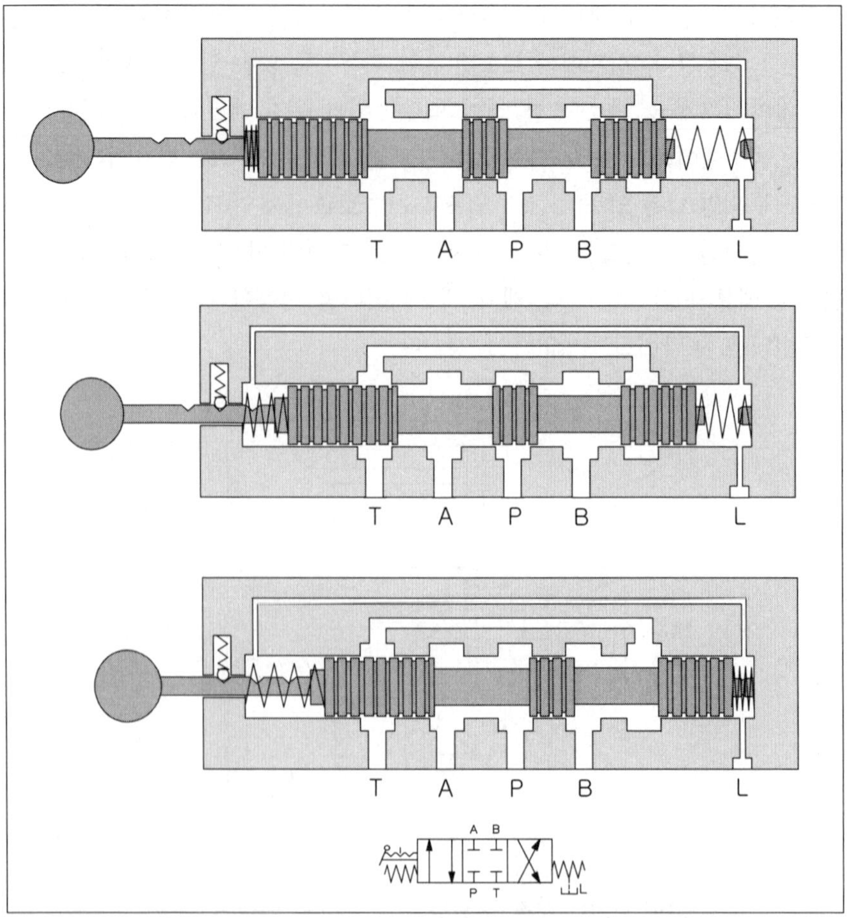

그림 7.38 레버 작동형 차단 중립위치 4/3-way 밸브의 작동

차단 중립위치의 4/3-way 밸브가 회로에서 사용되면 중립위치에서 액추에이터의 동작을 정지시킬 수 있다. 차단 중립위치 밸브의 단점 중의 하나는 액추에이터가 동작하고 있지 않을 때(idle time) 펌프에서 토출된 유압 작동유가 언로딩(unloading) 상태로 탱크로 귀환하지 못한다는 것이다. 그러나 여러 개의 제어회로가 유압을 공급받으려면 중립위치에서 차단된 4/3-way 밸브가 사용되어야 한다. 그래야만 각각의 회로가 독립적으로 제어될 수 있다. 따라서 이러한 모순을 해결하기 위해서는 액추에이터가 동작하고 있지 않을 때에는 펌프로부터 토출되는 유압 작동유를 바이패스시키기 위하여 2/2-way 밸브를 사용하여 언로딩 회로를 구성한다. 그림 7.39에는 차단 중립위치의 4/3-way 밸브가 회로에서 사용되었을 때 2/2-way 밸브를 사용하여 언로딩 회로를 구성한 것을 보여준다.

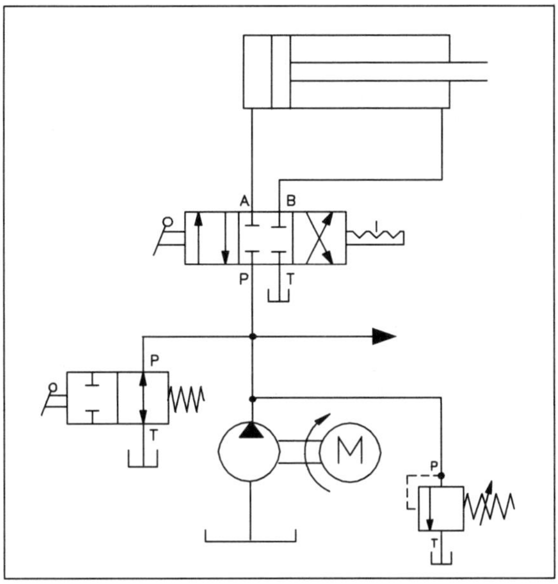

그림 7.39 차단 중립위치 4/3-way 밸브의 사용과 언로딩 회로

7.6.3 바이패스 중립위치

바이패스 중립위치는 탠덤(tandem) 중립위치라고도 하며 중립위치에서 연결구 P와 T가 연결되어 있고 A와 B는 차단되어 있다. 기호로는 (P-T, A, B)로 표현하고 밸브의 구조는 그림 7.40과 같다.

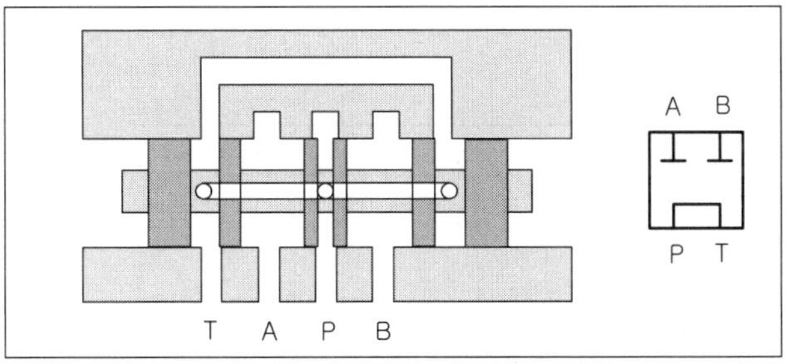

그림 7.40 바이패스 중립위치

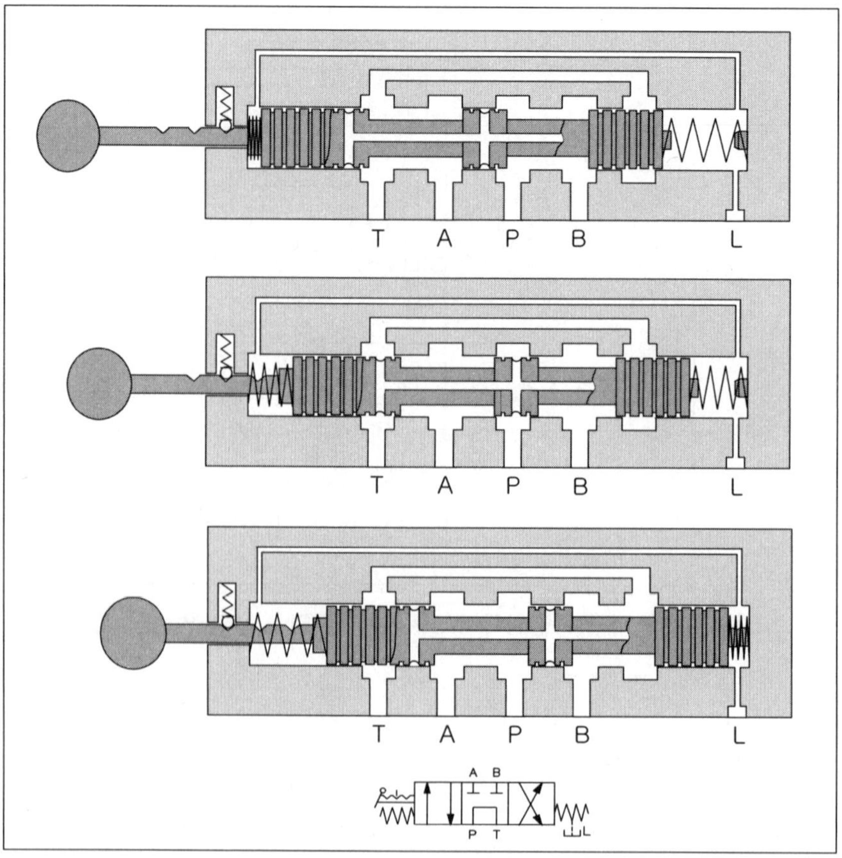

그림 7.41 레버 작동형 바이패스 중립위치 4/3-way 밸브의 작동

바이패스 중립위치에서는 액추에이터의 운동이 정지되고 펌프로부터 토출된 유압 작동유는 릴리프 밸브를 거치지 않고 탱크로 복귀되므로 압력이 걸리지 않은 언로딩 상태가 된다.

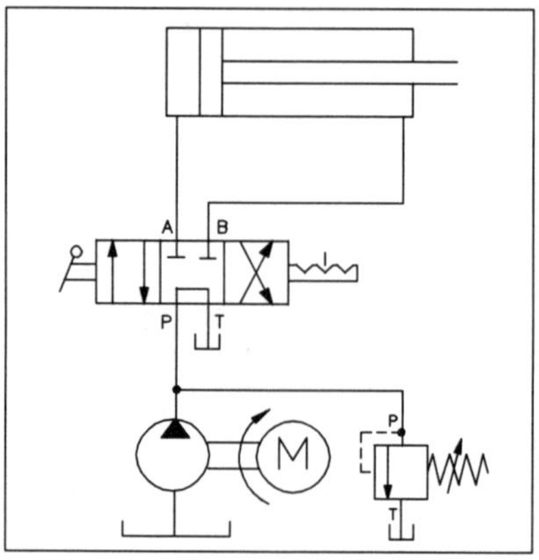

그림 7.42 바이패스 중립위치 4/3-way 밸브의 사용

바이패스 중립위치의 밸브도 몇 가지 단점을 갖고 있다. 그 중 한 가지는 같은 크기의 밸브에서 바이패스 중립위치의 밸브가 다른 중립위치의 밸브에 비해서 공칭 유량이 적다는 것이다. 그 이유는 스풀 축이 더 두껍기 때문이다. 그리고 중립위치에서의 언로딩 상태가 바이패스 중립위치의 기호에서 보는 것만큼 좋은 상태가 되지 못한다.

밸브의 구조에서 보듯이 연결구 P와 T가 가깝게 위치하고 있지 않고 연결구 P에서 양단 끝의 연결구 T로의 통로가 스풀 내의 중심 통로를 통하여 연결되어 있다. 따라서 밸브의 정상유량이 흐를 때 적어도 압력강하가 약 0.35 MPa 정도 발생된다.

바이패스 중립위치의 밸브를 직렬로 연결하여 사용하는 것은 드물지 않다. 이와 같은 회로에서는 액추에이터들이 독립적으로 운동될 수 있고, 동시에 중립위치에서는 펌프가 언로드 상태로 될 수 있다. 그러나 각 밸브마다 약 0.35 MPa 정도의 압력강하가 발생되므로 시스템 압력 설정 시 이를 고려해야 한다. 그림 7.43의 회로도에서 이러한 상황을 보여준다.

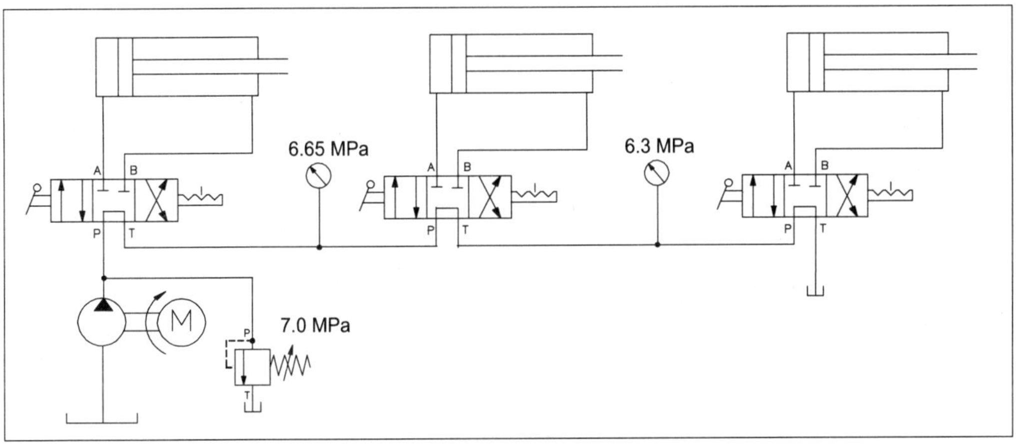

그림 7.43 여러 개의 바이패스 중립위치 밸브를 사용한 회로도

바이패스 중립위치의 밸브는 다른 중립위치의 밸브와는 다르게 동작한다. 바이패스 중립위치의 밸브에서는 스풀을 왼쪽으로 이동시키면 연결구 P가 연결구 A로 유로를 형성하지만 다른 중립위치의 밸브에서는 연결구 P가 연결구 B로 유로가 형성된다. 따라서 바이패스 중립위치의 밸브 스풀을 다른 종류의 스풀로 변경하는 경우에는 스풀의 동작을 반대로 작동시켜야 한다.

7.6.4 플로트 중립위치

플로트 중립위치의 밸브는 중립위치에서 연결구 A, B, T가 연결되어 있고 연결구 P는 차단되어 있다. 기호로는 (P, A-B-T)로 표현하며 밸브의 구조는 그림 7.44와 같다.

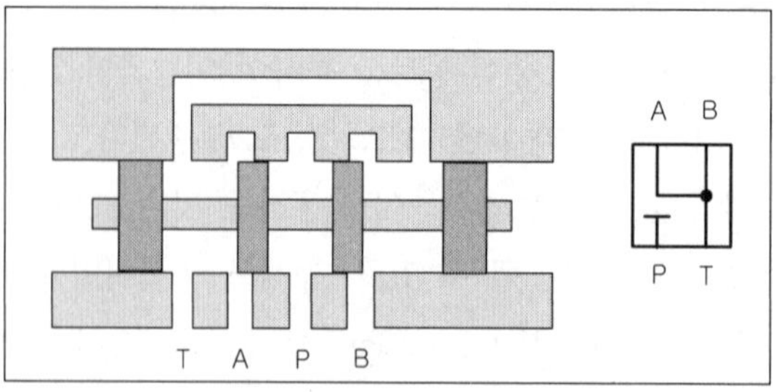

그림 7.44 플로트 중립위치

플로트 중립위치의 밸브는 여러 개의 액추에이터를 독립적으로 시스템 압력으로 동작시킬 수 있고, 중립위치에서는 액추에이터의 자유로운 이동이 가능하다.

플로트 중립위치 밸브의 장점은 차단 중립위치에서처럼 연결구 P가 차단되어 있을 때 액추에이터 배관에 압력이 걸리지 않는다는 것이다. 따라서 피스톤의 이동이 가능하다. 반면에 단점으로는 부하를 정지시키거나 유지시킬 수 없다. 따라서 어떤 위치에서 부하의 정지나 유지가 필요한 경우에는 파이로트 작동형 체크밸브(pilot operated check valve)와의 결합이 필요하다. 그림 7.45는 플로트 중립위치에 파이로트 작동형 체크밸브가 구성된 것을 보여준다.

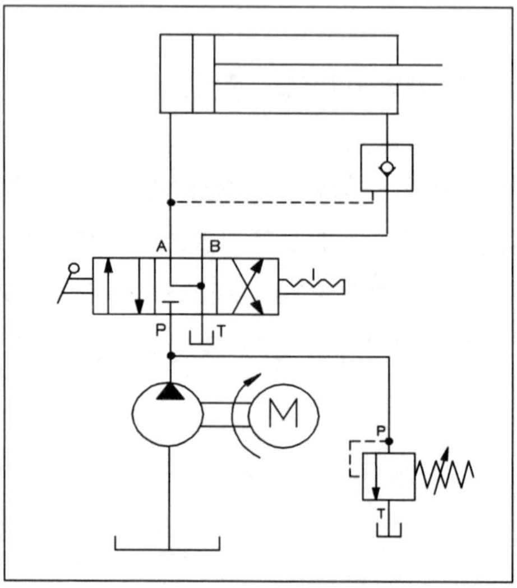

그림 7.45 플로트 중립위치와 파이로트 작동형 체크밸브의 결합

7.6.5 재생 중립위치

재생 중립위치의 밸브는 중립위치에서 연결구 A, B, P가 연결되어 있고 연결구 T는 차단되어 있다. 기호로는 (P-A-B, T)로 표현하고 밸브의 구조는 그림 7.46과 같다.

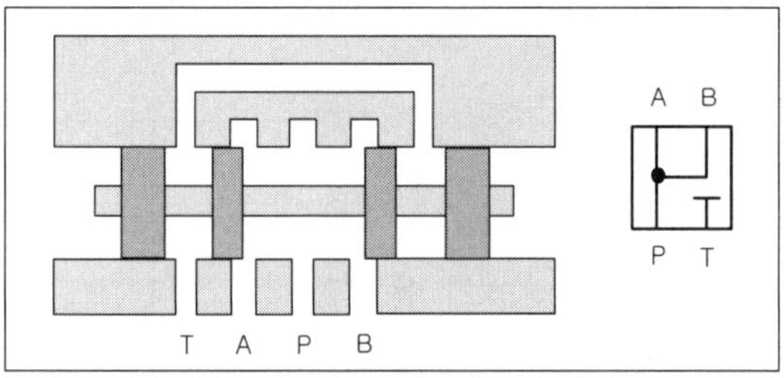

그림 7.46 재생 중립위치

이 밸브는 중립위치에서 재생회로가 구성되어 피스톤 로드 측으로부터 흘러나오는 유량이 피스톤 측으로 다시 유입되어 실린더의 전진속도를 빠르게 할 목적으로 사용한다.

그 밖에도 다음과 같은 여러 가지의 중립위치가 있다.

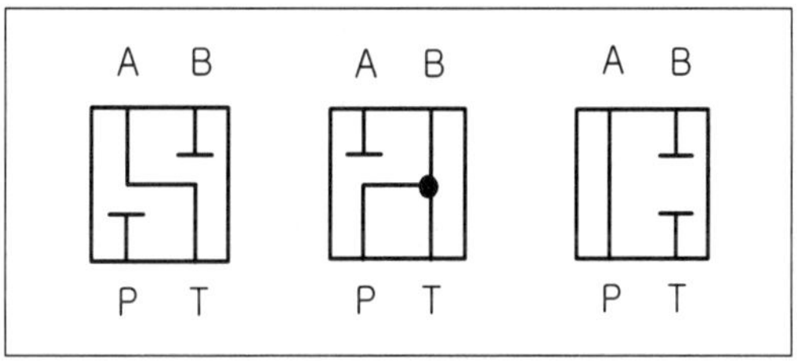

그림 7.47 기타 중립위치

7.7 밸브의 내부 누유

방향제어밸브는 구조상 스풀 형태의 밸브가 많이 사용되는데 스풀과 하우징의 공칭 간극(clearance)의 범위는 8~10미크론 정도이다. 스풀이 밸브 하우징 안에 조립되었을 때 하우징 내부 구멍과 스풀 외경 사이의 반지름 측 간극은 4~5미크론 정도가 된다. 이 간극을 통하여 누유가 발생되는데 스풀의 랜드는 한 연결구로부터 다른 연결구로 간극 크기 이상의 물질 이동을 방지해 준다.

밸브에서의 내부 누유는 이러한 간극의 크기뿐만 아니라 압력차이, 유압 작동유의 점도에 의해서도 달라진다. 시스템의 지배 압력을 쉽게 변경할 수는 없으므로 대부분의 경우 밸브의 오리피스 크기와 형태에 따라서 누유 특성이 달라지고 스풀과 밸브 하우징 구멍의 동심도, 랜드의 오버랩 길이도 영향을 미치게 된다. 그림 7.48에는 밸브의 간극과 오버랩에 따른 누유량의 예를 보여 준다.

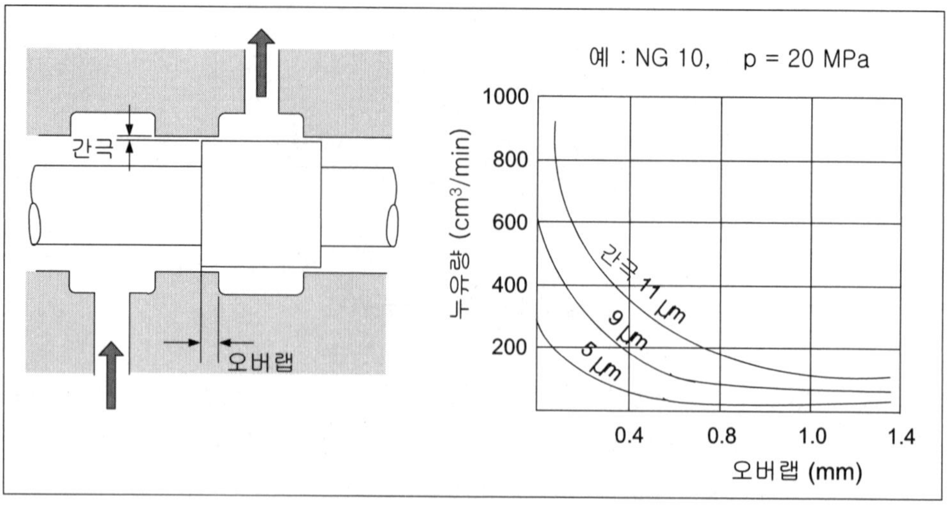

그림 7.48 간극과 오버랩에 따른 누유량의 예

밸브 생산 시 밸브 하우징 내부의 구멍과 스풀의 동심도를 2미크론 정도로 유지하여야 한다. 동심도가 커지게 되면 누유량은 상당히 증가하게 된다. 밸브의 내부 누유는 속도제어와 열 발생에 큰 영향을 미치므로 유압 시스템에 사용되는 방향제어밸브를 선정할 때에 각별한 주의를 요한다.

7.8 밸브의 오버랩

밸브의 전환 특성은 오버랩(overlap)에 의하여 결정된다. 오버랩의 종류에는 포지티브(positive), 네거티브(negative), 제로(zero) 오버랩이 있다. 오버랩의 형태에 따라 스풀의 가장자리 모양도 달라진다. 그림 7.49에는 오버랩의 종류를 보여준다.

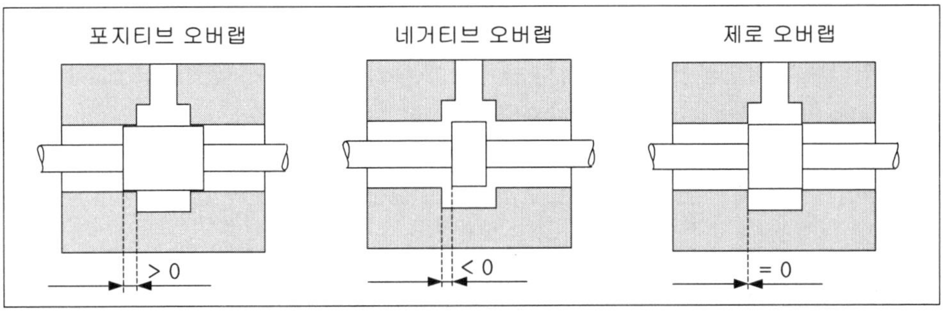

그림 7.49 오버랩의 종류

스풀과 밸브 하우징 사이의 간극뿐만 아니라 오버랩의 형태에 따라서도 내부 누유가 영향을 받는다. 밸브에서의 오버랩은 매우 중요하므로 다음에 그 특징을 기술하였다.

■ 포지티브 오버랩

밸브 전환 시 잠시동안 밸브의 연결구가 모두 차단된다. 따라서 압력이 떨어지지 않는다. 이 때문에 액추에이터는 밸브 전환 시 표류하지 않는다. 반면에 밸브의 전환 시 잠시 동안 펌프로부터 토출된 유압 작동유가 갈 곳이 없게 된다. 밸브 전환 시간이 압력 릴리프 밸브를 동작시키는데 필요한 시간보다 적은 경우에는 피할 수 없는 서지(surge) 압력이 발생된다. 때에 따라서는 이러한 현상이 귀로 들을 수 있는 압력 노크(knock)로 나타난다. 서지 압력은 스풀 랜드의 미터링 노치(metering notch)를 통하여 감소될 수 있고 유압 호스가 이러한 현상을 감쇄시켜 주기도 한다.

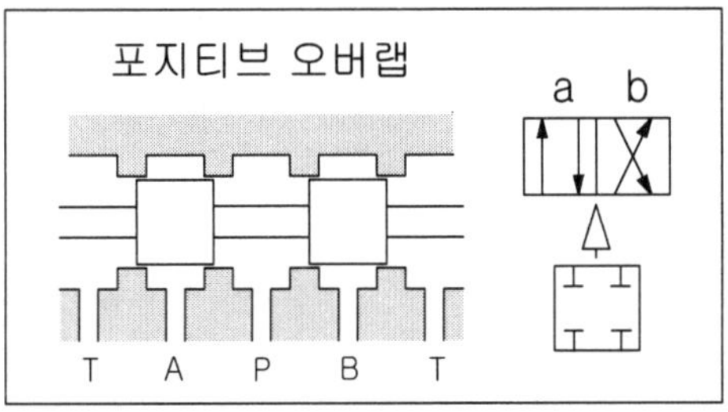

그림 7.50 포지티브 오버랩

■ 네거티브 오버랩

밸브 전환 시 잠시 동안 밸브의 연결구가 모두 연결된다. 밸브 전환 시 펌프로부터 토출된 유량은 연결구 A나 B로 연결되므로 최소한의 저항 통로가 형성된다. 유량이 결코 차단되지 않으므로 서지 압력이 발생되지 않고 따라서 부드럽고 조용한 밸브 전환이 가능해진다. 결과적으로 서지 압력으로 인한 유압 시스템과 유압 부품의 손상을 방지할 수 있다. 반면에 밸브 전환 시 잠시 동안 압력이 붕괴되므로 액추에이터가 표류될 수 있다. 이러한 현상을 방지하기 위해서 네거티브 오버랩의 밸브를 사용하는 경우에는 카운터 밸런스(counter balance) 밸브나 파이로트 작동형 체크밸브와 함께 사용하기도 한다.

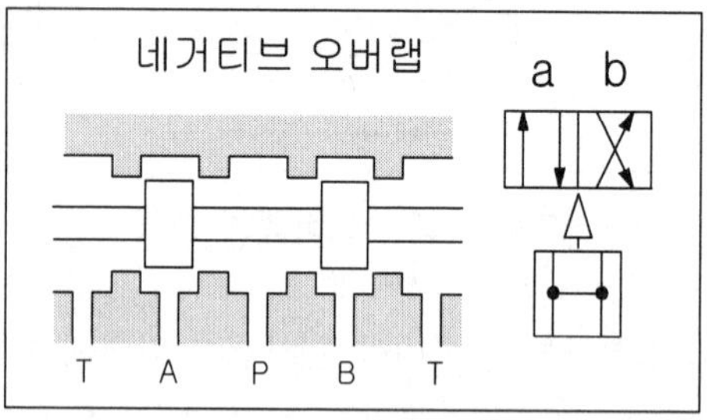

그림 7.51 네거티브 오버랩

■ 제로 오버랩

제로 오버랩은 밸브 전환 시 포지티브 오버랩과 네거티브 오버랩 사이에 존재하는 경계 영역의 오버랩이다. 제로 오버랩의 밸브에서는 펌프로부터 토출된 유압유가 연결구 B로 흐르다가 밸브 전환과 동시에 연결구 A로 흐르게 된다. 말할 필요도 없이 제로 오버랩을 구현하기 위해서는 높은 정도의 가공이 필요하게 되며 가공비도 매우 비싸지게 된다. 따라서 제로 오버랩을 갖는 경우는 주로 서보(servo) 밸브에서이다.

오버랩 위치는 밸브를 선택하는데 매우 중요하다. 이러한 이유로 밸브의 상세 명세가 대개 표시되어 있다. 실제 작동 위치는 아니지만 얇은 선이나 쇄선으로 사각형을 하나 더 만들어 오버랩 상태의 유로를 표시해 준다.

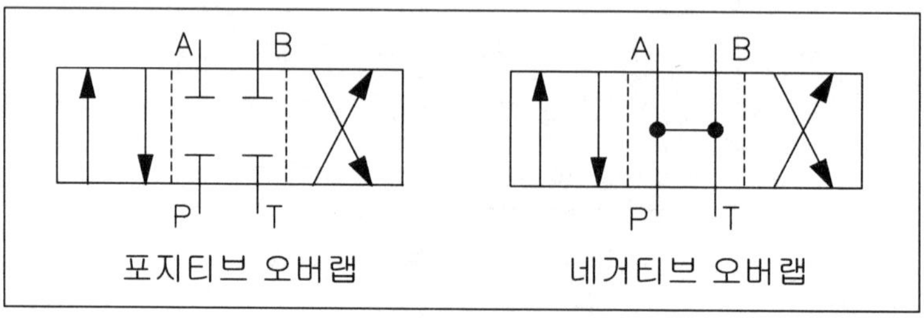

그림 7.52 4/2-way 밸브의 오버랩 위치

7.9 스풀의 형상

스풀의 랜드 형상은 각이 지거나, 모따기가 되어 있거나, 노치를 파놓은 형태이다. 이와 같은 형상은 밸브 전환 시 유량의 갑작스러운 교축 대신에 점진적인 교축이 되도록 한다. 그림 7.53은 스풀 랜드의 여러 가지 형상을 보여준다.

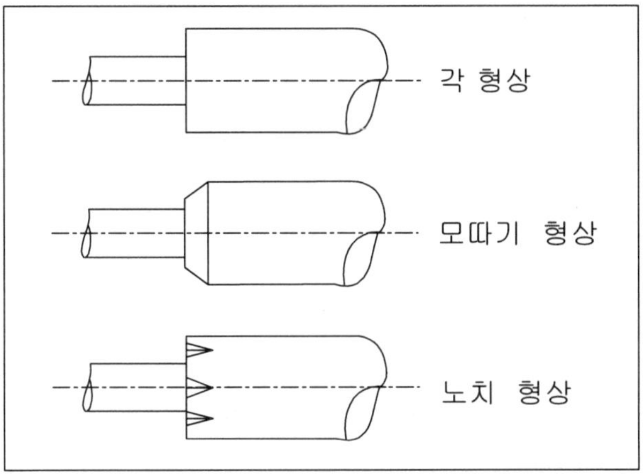

그림 7.53 스풀 랜드의 여러 가지 형상

대부분의 스풀 랜드의 중앙부에는 여러 개의 홈이 원주 방향으로 파여 있다. 이 홈은 하우징 내부 구멍에서 스풀이 중심으로 오도록 도와주고 습동 운동 시에 보다 좋은 윤활 효과를 제공한다. 그림 7.54는 스풀 랜드에 환형 홈이 가공되어 있는 것을 보여 준다.

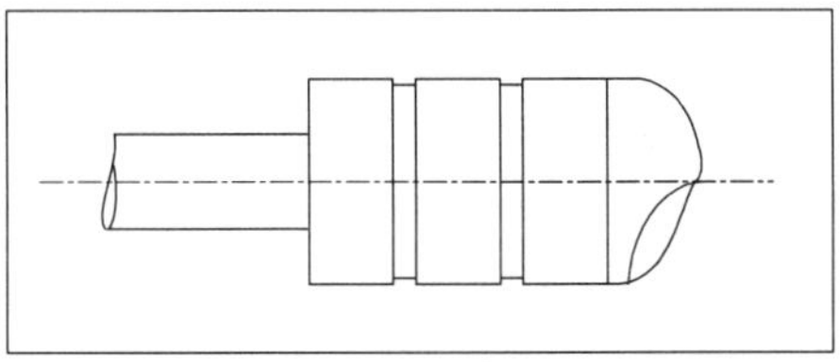

그림 7.54 스풀 랜드의 환형 홈

밸브에서 압력이 하우징 내의 스풀에 가해지면 상당한 마찰력이 발생하게 되고 따라서 작동력도 그만큼 커지게 된다. 스풀에 환형의 홈을 가공해 놓으면 유압 작동유가 흘러들어 스풀이 유막에 의해서 지지된 상태가 된다. 따라서 밸브의 작동력은 유압 작동유의 마찰만 극복하면 되므로 작동력이 훨씬 줄어들게 된다.

스풀형 방향제어밸브에서는 압력 상태에 따라서 스풀의 균형을 방해하는 경향이 있다. 결과적으로 스풀은 밸브 하우징 내부 벽에 힘을 가하게 되고 이는 불가피하게 마모를 생성시키고 계속적인 압력을 가하게 된다. 환형의 홈은 스풀 주위의 압력이 동일하도록 만드는 통로를 제공하고 밸브 하우징 구멍에서 스풀이 동심을 유지하도록 해준다. 따라서 이러한 환형 홈을 밸런싱 구루브(balancing grooves)라고도 한다.

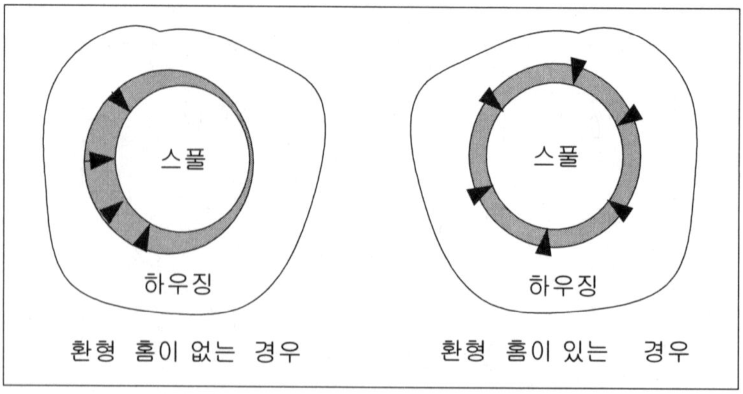

그림 7.55 스풀 환형 홈의 역할

7.10 파이로트 작동형 밸브

세 개의 제어위치를 갖는 파이로트 작동형 밸브는 주밸브 하우징 양쪽 엔드 캡(end cap)부에 상대적으로 큰 센터링 스프링이 들어 있어 충분한 센터링력을 갖게 된다.

3위치 파이로트 밸브가 사용되므로 중립위치에서는 스프링 측 공간이 탱크로 연결된다. 그림 7.56에서와 같이 파이로트 밸브가 여자되면 유압유가 주밸브의 스프링 측으로 들어간 주밸브의 스풀을 이동시켜 유로를 변경해준다. 파이로트 밸브가 중립위치로 오게 되면 주밸브의 스프링에 의해서 주밸브의 스풀도 중간위치로 오게 된다. 센터링 스프링력은 밸브의 최대 유량치가 흐를 때 발생하는 힘을 이기고 스풀을 중간위치로 이동시킬 만큼 충분히 강하다.

반면에 파이로트 압력은 센터링 스프링력을 이기고 스풀을 이동시킬 수 있어야 하므로 작은 파이로트 밸브의 경우 최소 0.4 MPa 이상이 되어야 하고 좀 더 큰 파이로트 밸브인 경우에는 1.4 MPa 까지 필요한 경우도 있다. 따라서 밸브의 사양을 잘 점검하여 최소 파이로트 압력이 충분히 공급될 수 있도록 제어회로를 설계하여야 한다.

파이로트 작동형 4/3-way 밸브에서는 4/3-way 중립위치 플로팅형 밸브가 파이로트 밸브로서 사용된다.

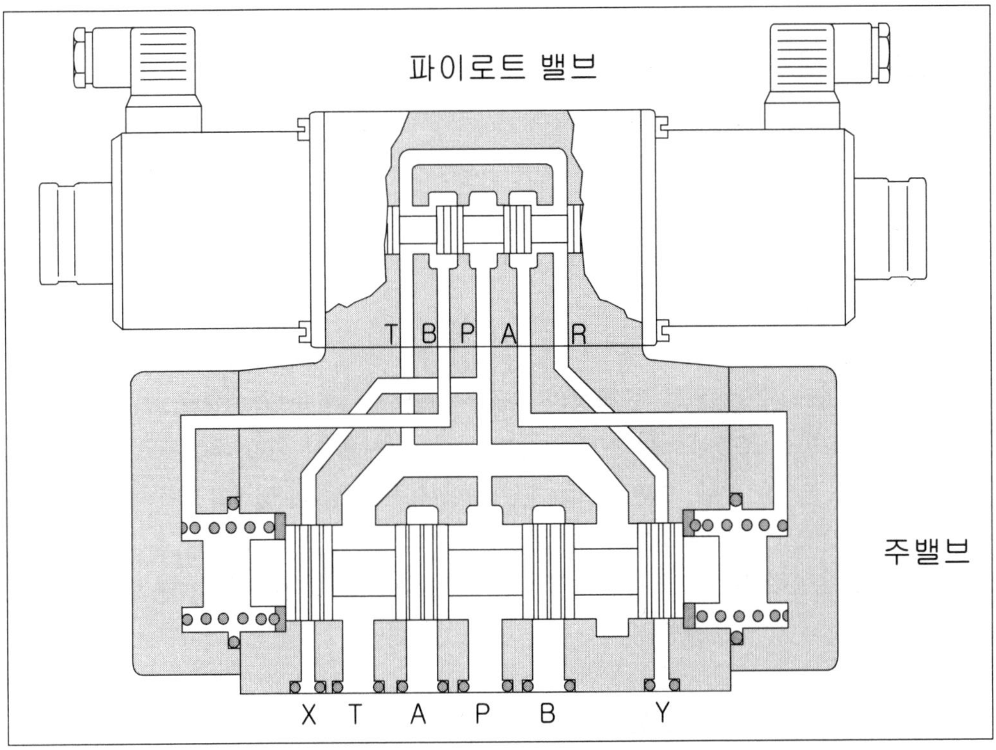

그림 7.56 파이로트 작동형 4/3-way 솔레노이드 밸브

08 논-리턴 밸브

논-리턴(non-return) 밸브는 한 쪽 방향의 흐름은 차단하고 그 반대 방향의 흐름은 허용하는 밸브이다. 유압 작동유 흐름의 차단 시에 누유가 발생되어서는 안 되기 때문에 논-리턴 밸브는 항상 포펫 형태로 만들어진다. 일반적으로 볼(ball)이나 콘(cone)인 밀봉요소가 유압 작동유에 의해서 시트(seat)에 압력을 가하게 되면 유로가 막히게 된다. 반대 방향의 흐름에 대해서는 시트로부터 밀봉 요소가 들려져서 유압 작동유의 흐름을 허용하게 된다. 논-리턴 밸브의 종류는 다음과 같다.

표 8.1 논-리턴 밸브의 종류

기호	설명
	체크 밸브, 스프링 없음
	체크 밸브, 스프링 내장형
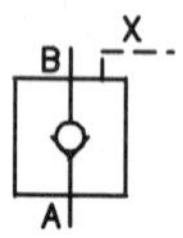	파일럿 조작 체크 밸브 (파일럿 신호에 의하여 닫히는 경우)
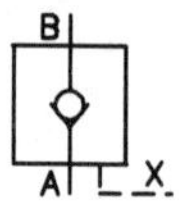	파일럿 조작 체크 밸브 (파일럿 신호에 의하여 열리는 경우)
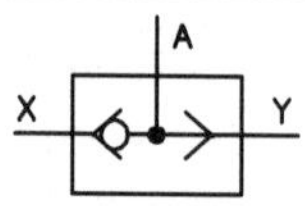	셔틀(shuttle) 밸브
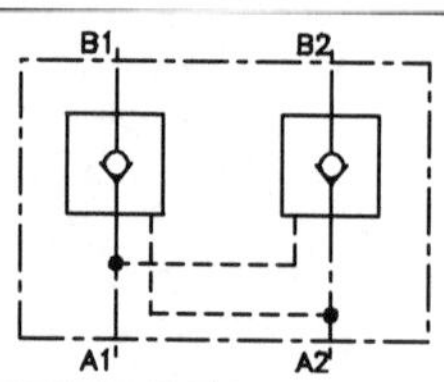	이중 파일럿 조작 체크 밸브

8.1 체크 밸브

체크(check) 밸브는 한 쪽 방향으로만 유압 작동유의 흐름을 허용하는 밸브이다. 그리고 흐름의 차단 시 누유를 허용하지 않으므로 포펫 형태로 구성된다. 체크 밸브에 사용되는 스프링은 매우 약한 스프링이다. 그림 8.1은 스프링 내장형 체크 밸브의 구성을 보여준다.

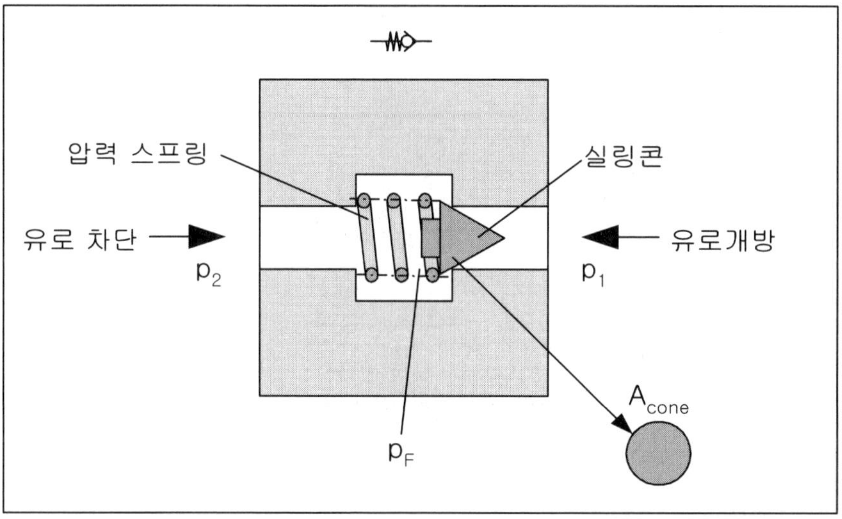

그림 8.1 스프링 내장형 체크 밸브

체크 밸브가 스프링이 내장되어 있지 않을 경우에는 압력 p_1이 실링 콘에 작용하여 반대 압력 p_2를 극복하고 들어 올려 유로를 개방시킨다. 스프링이 내장되어 있을 경우에는 실링 콘에 작용하는 스프링 힘이 압력 p_2에 의한 힘과 합해지게 된다. 이때에는 $p_1 > p_2 + p_F$가 만족되어야만 유로가 개방될 수 있다. 스프링에 대한 압력은 다음의 식으로부터 얻어진다.

$$p_F = \frac{F_{spring}}{A_{cone}}$$

그림 8.2는 체크 밸브가 펌프 보호에 사용된 예인데 전기 모터의 동작이 중단되면 부하로 인해서 펌프가 반대 방향으로 회전하는 것을 방지해 준다. 또한 시스템에서 발생되는 피크(peak) 압력이 펌프에 영향을 미치지 못하도록 방지하고, 피크 압력을 압력 릴리프 밸브로 전환시켜 준다.

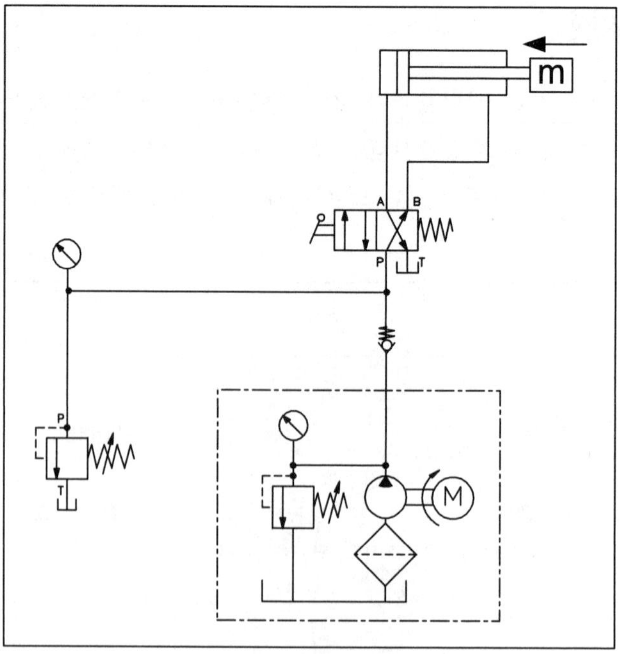

그림 8.2 펌프의 보호회로

그림 8.3은 체크 밸브가 사용되는 여러 가지 응용 예를 보여준다.

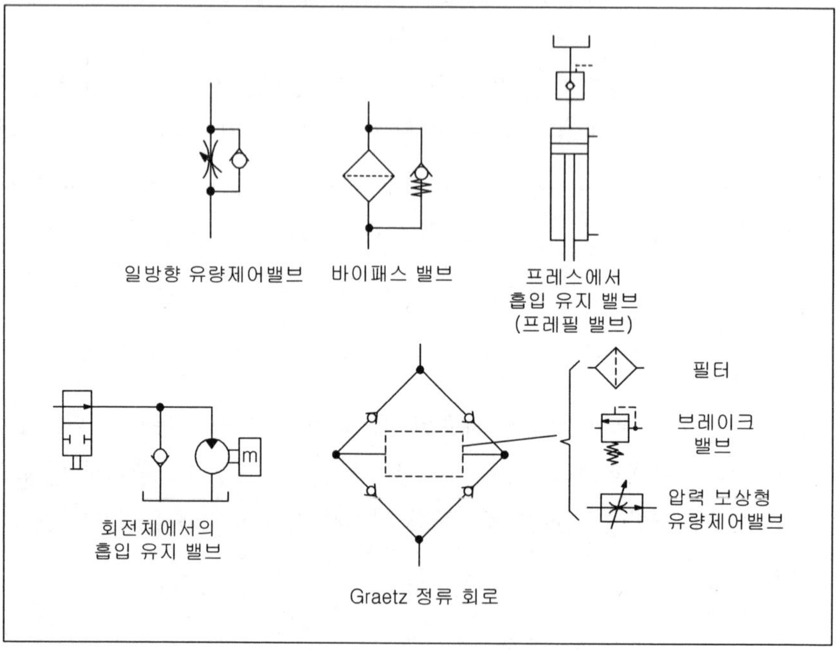

그림 8.3 체크 밸브의 응용

8.2 셔틀 밸브

셔틀(shuttle) 밸브는 양 제어(double control) 밸브 또는 양 체크(double check) 밸브라고도 하며 논리 기능 중에 OR 기능을 만족시켜 주는 밸브이다. 이 밸브는 두 개의 포펫 시트와 세 개의 포트로 구성되어 있으며 두 개의 체크 밸브를 조합하여 구성할 수도 있다. 그림 8.4는 셔틀 밸브의 구성을 보여준다.

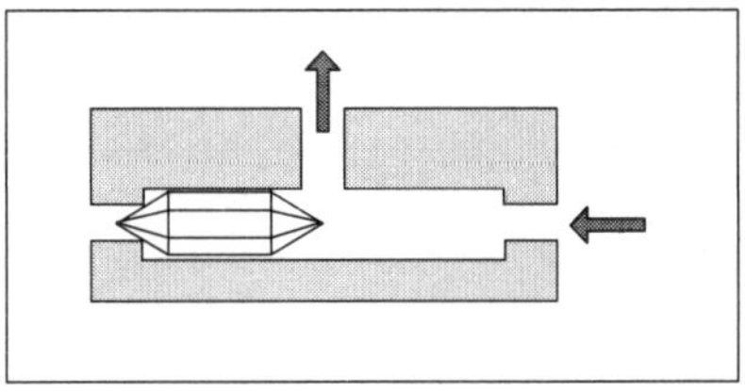

그림 8.4 셔틀 밸브

8.3 파일럿 조작 체크 밸브

파일럿 조작 체크 밸브(pilot controlled check valve)에서 파일럿 라인에 압력이 가해지고 있지 않은 상태에서는 한 방향으로만 유압 작동유의 흐름을 허용하고 그 반대 방향의 흐름은 차단한다. 따라서 이 경우에는 보통의 체크 밸브와 똑같이 작동한다. 하지만 파일럿 라인에 압력이 가해지면 체크 밸브가 해제되어 반대 방향으로도 유압 작동유의 흐름을 허용한다. 그림 8.5에서는 파일럿 조작 체크 밸브의 동작을 보여준다.

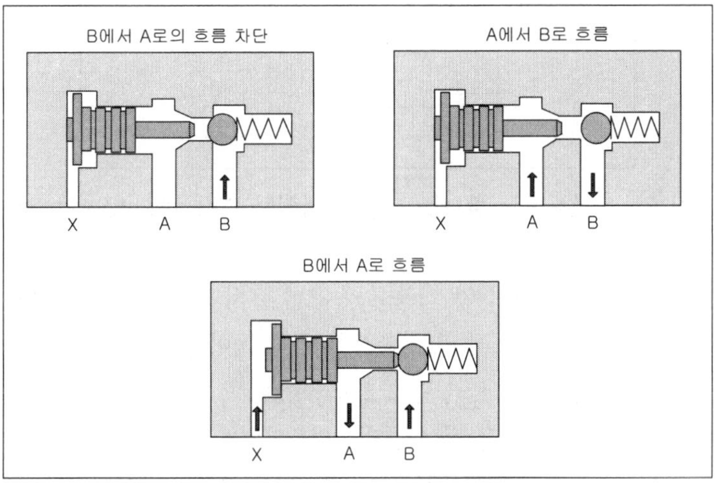

그림 8.5 파일럿 조작 체크 밸브의 동작

이 밸브는 보통의 체크 밸브와 마찬가지로 A에서 B로는 자유롭게 유압 작동유가 흐를 수 있다. B에서 A로의 통로는 평상시에는 막혀 있으나, X에 파일럿 압력이 작용하면 파일럿 피스톤이 시트로부터 밸브 포펫을 들어올려 B에서 A로 유압 작동유가 흐를 수 있게 된다.

파일럿 조작 체크 밸브가 확실하게 작동하기 위해서는 파일럿 피스톤 측의 유효면적이 밸브 포펫의 유효면적보다 커야만 한다. 일반적으로 그 면적비는 5 : 1이다.

유압 시스템에서 파일럿 조작 체크 밸브가 어떻게 사용되는지를 회로도를 통해서 알아보자. 우선 그림 8.6과 같이 파일럿 조작 체크 밸브를 동작시킬 수 있다.

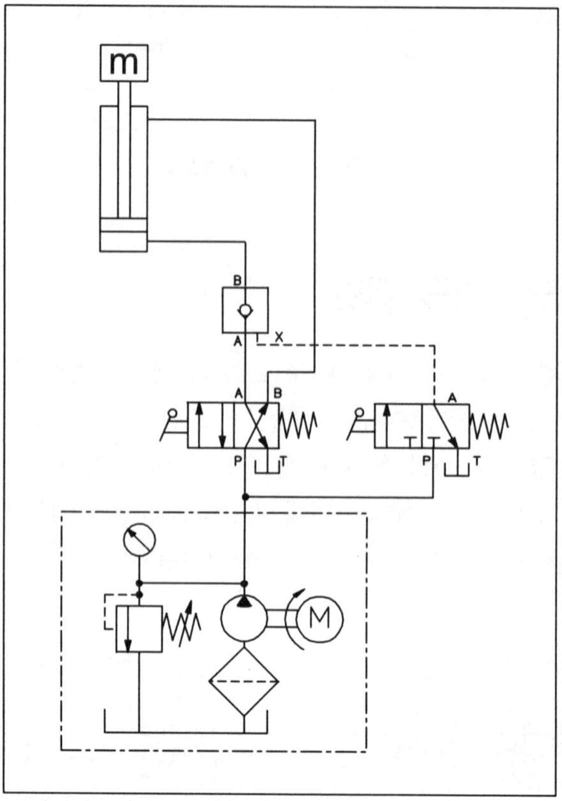

그림 8.6 3/2-way 밸브를 이용한 파일럿 조작 체크 밸브의 제어

3/2-way 밸브는 정상위치에서 유압 작동유의 흐름을 차단하고 있다. 4/2-way 밸브에서는 유압 작동유가 복동 실린더의 피스톤 로드 측으로 흘러 들어간다. 피스톤 로드는 파일럿 조작 체크 밸브에 의해서 후진될 수 없다. 일단 3/2-way 밸브가 작동되면 파일럿 피스톤이 압력을 받아 파일럿 조작 체크 밸브 포펫을 들어 올려준다. 그렇게 되면 실린더의 피스톤 측의 유압 작동유가 4/2-way 밸브를 통해서 기름 탱크로 귀환된다. 4/2-way 밸브가 작동되면 유압 작동유

가 파일럿 조작 체크 밸브를 통하여 실린더 안으로 흘러 들어가므로 피스톤이 전진하게 된다.

파일럿 조작 체크 밸브의 포펫이 다시 닫히기 위해서는 파일럿 라인에 가해지던 유압 작동유가 빠져 주어야 한다. 이러한 이유로 파일럿 조작 체크 밸브가 4/3-way 밸브와 같이 사용될 경우에는 특별한 중립위치가 요구된다. 즉, 그림 8.7에서와 같이 중립위치 차단형의 4/3-way 밸브와 함께 파일럿 조작 체크 밸브를 사용하면 파일럿 라인에 가해지던 유압 작동유가 제거되지 않기 때문에 파일럿 조작 체크 밸브의 포펫이 즉시 닫힐 수 없으므로 4/3-way 밸브의 내부 누유를 통하여 실린더의 장시간 중간정지가 불가능하게 된다.

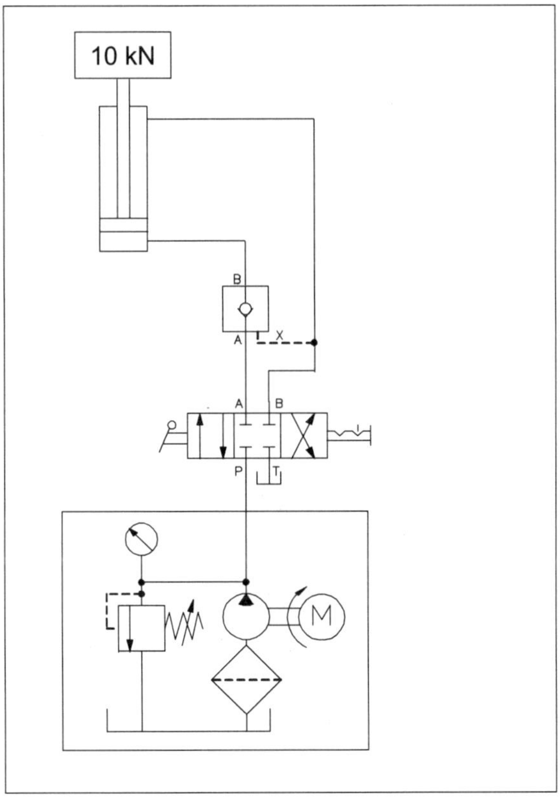

그림 8.7 차단형 중립위치 4/3-way 밸브와 파이로트 조작 체크 밸브

따라서 4/3-way 밸브를 사용하여 실린더를 중간위치에서 장시간 중간 정지시킬 필요가 있는 경우에는 플로팅 중립위치를 갖는 4/3-way 밸브를 사용하여야 한다. 플로팅 중립위치에서는 A, B 포트가 T와 연결되어 있고 P는 막혀 있다. 따라서 파일럿 조작 체크 밸브의 파일럿 라인의 압력이 제거되므로 포펫이 즉시 닫혀 중립위치에서 실린더의 중간위치 정지가 장시간 지속될 수 있다.

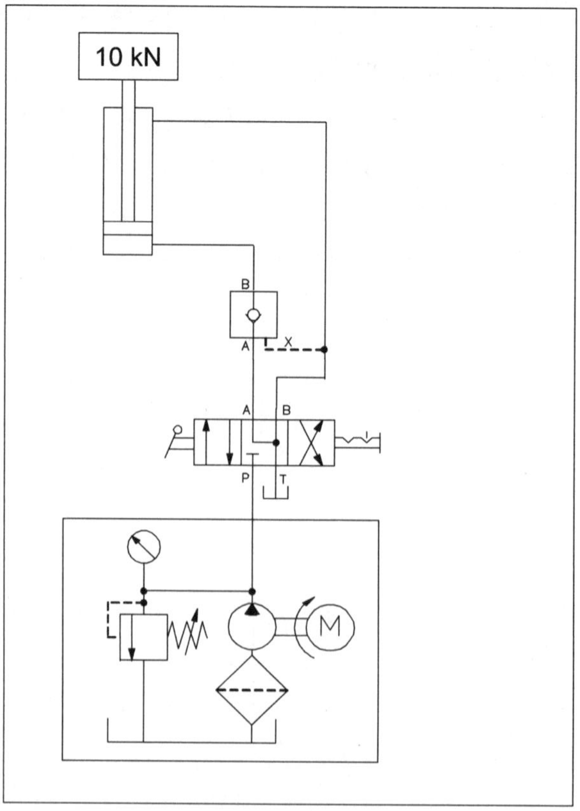

그림 8.8 플로팅 중립위치 4/3-way 밸브와 파일럿 조작 체크 밸브

파일럿 조작 체크 밸브를 사용하면 방향제어밸브 내의 누유가 있더라도 위치제어를 확실하게 해 줄 수 있다. 이러한 정위치 제어는 실린더가 지지되어 있는 경우에만 가능하고 실린더가 매달려 있다거나 양로드형 실린더일 경우에는 불가능하다.

8.4 더블 파일럿 조작 체크 밸브

더블 파일럿 조작 체크 밸브(double pilot controlled check valve)는 부하의 정 · 역이 바뀌면서 중간정지가 필요한 경우에 사용되는 밸브이다. 이론적으로는 실린더의 양쪽에 파일럿 조작 체크 밸브를 설치하면 되지만 배관이 복잡해지므로, 두 개의 체크 밸브가 한 하우징 안에 내장되어 있는 더블 파일럿 조작 체크 밸브를 사용한다. 그림 8.9는 더블 파일럿 조작 체크 밸브의 기호를 보여주고 그림 8.10에서는 더블 파일럿 조작 체크 밸브의 구조를 보여준다.

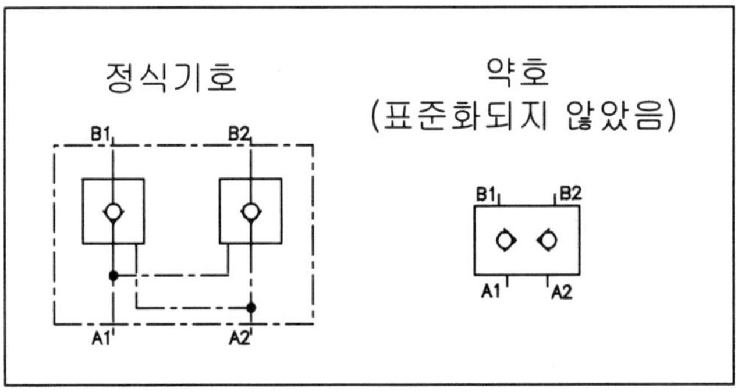

그림 8.9 더블 파일럿 조작 체크 밸브의 기호

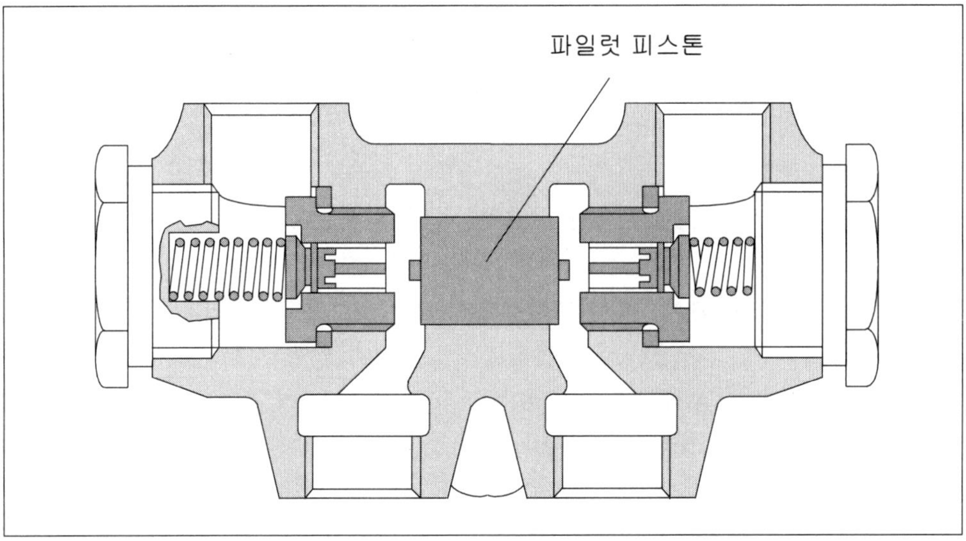

그림 8.10 더블 파일럿 조작 체크 밸브의 구조

더블 파일럿 조작 체크 밸브의 작동원리는 그림 8.11에서 보여주고 있다.

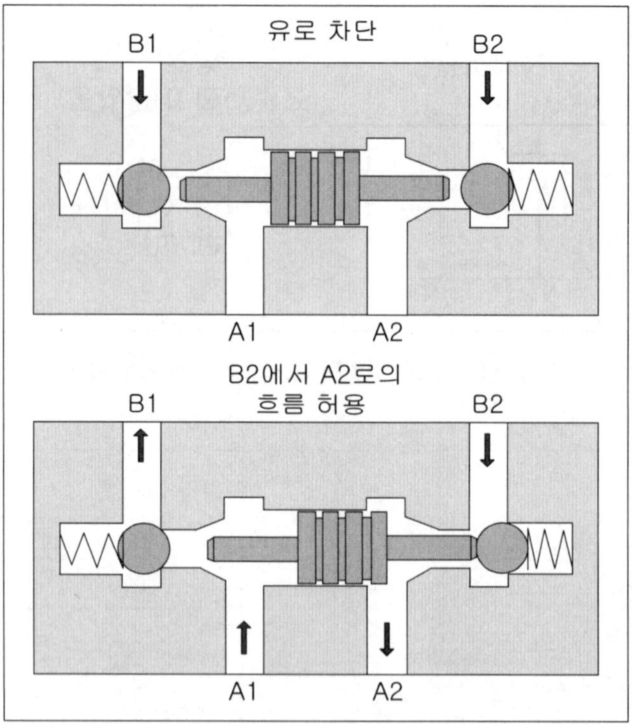

그림 8.11 더블 파일럿 조작 체크 밸브의 작동원리

유압 작동유의 흐름은 A_1에서 B_1으로 또는 A_2에서 B_2로 흘러갈 수 있고, B_1에서 A_1으로 또는 B_2에서 A_2로의 흐름은 차단된다. 만약 A_1에서 B_1으로 유압 작동유가 흘러간다면 파이로트 피스톤이 오른쪽으로 이동되어 시트로부터 포펫을 들어 올려주고, 그러면 B_2에서 A_2로 유압 작동유가 흐를 수 있게 된다. 같은 방법으로 그 반대 동작도 가능하게 된다.

그림 8.12에는 더블 파일럿 조작 체크 밸브가 사용된 회로도를 보여준다.

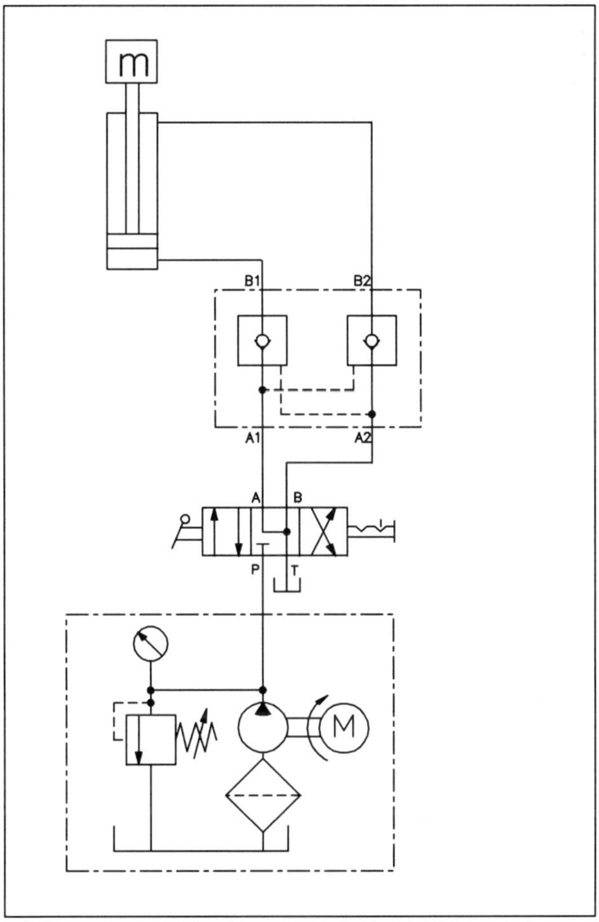

그림 8.12 더블 파일럿 조작 체크 밸브의 응용

09 압력제어밸브

압력제어밸브는 유압 시스템 전체 또는 시스템의 일부의 압력을 제어하거나 조절하는 역할을 하는 밸브로서 크게 분류하면 압력 릴리프 밸브와 감압 밸브가 있다.

▮ 압력 릴리프 밸브(pressure relief valve)

유압 시스템에서의 압력은 압력 릴리프 밸브에 의해서 제한되거나 설정된다. 제어압력은 밸브의 입구 P포트에서 감지된다.

▮ 감압 밸브(pressure reducing valve)

이 밸브는 높은 입구압력을 일정한 낮은 출구압력으로 만들어 주며 제어압력은 밸브의 출구에서 감지된다.

그림 9.1에 압력제어밸브에 대한 기호가 표시되어 있다.

압력 릴리프 밸브	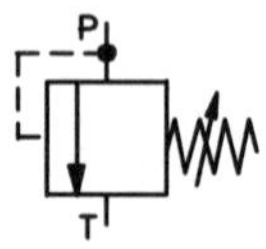
2-way 감압 밸브	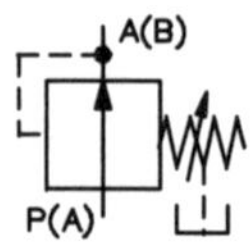
3-way 감압 밸브	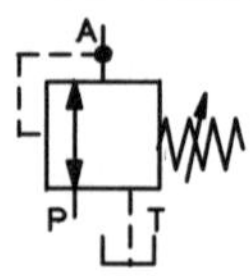

그림 9.1 여러 가지 압력제어밸브의 기호

9.1 압력 릴리프 밸브

압력 릴리프 밸브는 유압 시스템의 최고 압력이 압력 릴리프 밸브의 설정 값에 도달하였을 경우, 유압 작동유의 일부 또는 전량을 복귀 측으로 귀환시켜 회로 내의 압력을 설정 값 이하로 제한하는 밸브를 말한다.

9.1.1 직동형 압력 릴리프 밸브

그림 9.2는 직동형 압력 릴리프 밸브의 동작 원리를 보여주고 있다. 그림 9.2에서 압력 p는 면적 A에 작용하게 되고 그 힘은 압력 릴리프 벨브의 스프링 힘과 비교된다. 압력 p와 면적 A를 곱한 힘이 스프링 힘보다 커지게 되면 포트가 열리게 되어 유압 작동유는 귀환된다. 직동형 압력 릴리프 밸브에서는 면적 A가 커지면 스프링에 대항하는 힘이 커지게 되고 따라서 스프링도 굵어져야 한다. 그러나 스프링이 굵어지면 압력 릴리프 밸브의 압력 설정을 조절하기가 힘드므로 면적 A를 크게 할 수 없고, 따라서 직동형 압력 릴리프 밸브에서는 많은 유량을 통과시키기가 부적합하다.

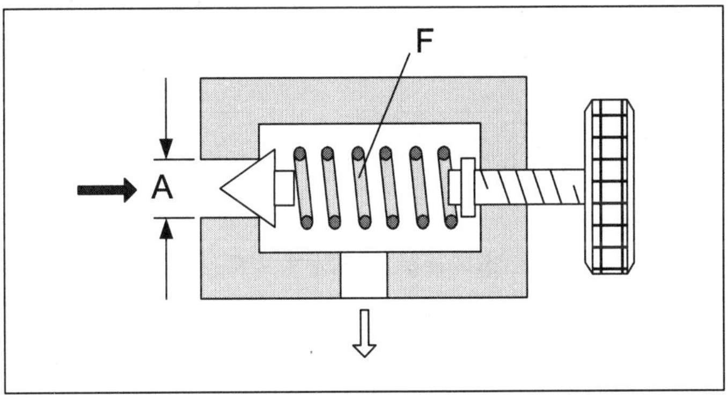

그림 9.2 직동형 압력 릴리프 밸브의 작동 원리

압력 릴리프 밸브는 다음의 원리에 의해서 동작된다. 입구 압력 p가 실링 요소의 면적에 작용하여 힘 $F=p \cdot A$를 발생시킨다. 이 때 실링 요소를 밀어주는 스프링 힘은 조절 가능하다. 입구 압력에 의해서 발생되는 힘이 스프링 힘을 초과하게 되면 밸브가 열리기 시작하고 일부의 유량이 탱크로 귀환된다. 이때의 압력을 크래킹 압력(cracking pressure)이라고 한다. 입구 압력이 계속 증가하면 실링 요소가 더 많이 열려 펌프에서 토출된 모든 유량은 탱크로 귀환된다. 이때의 압력이 압력 릴리프 밸브의 설정 압력이다.

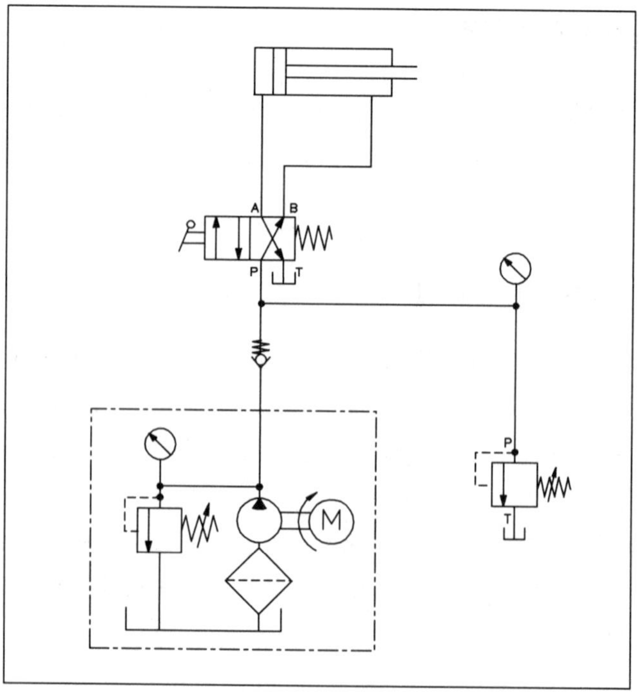

그림 9.3 최고 압력 설정을 위한 압력 릴리프 밸브의 회로도

9.1.2 간접 작동형 압력 릴리프 밸브

간접 작동형 압력 릴리프 밸브는 직동형 밸브에 비해서 광범위한 유량 영역에서 정확하고 안정된 압력 설정이 용이하며 벤트 접속구를 사용하여 리모트 제어 밸브를 통한 원격 조작으로 주회로 압력도 제어할 수 있다. 간접 작동형 압력 릴리프 밸브는 많은 유량을 통과시키기에 적합하도록 구성되어 있는데, 파이로트 부는 간단한 포펫 형태의 조절부가 달려 있으며 주밸브는 포펫형과 슬라이드형 모드 가능하다. 파이로트 부가 동작되면 주밸브의 피스톤 양단간에 압력 차이가 발생되고 이러한 압력차이는 힘의 차이를 발생시켜 주밸브의 피스톤을 이동시킨다. 그러면 유압 작동유가 입구로부터 출구로 귀환된다. 그림 9.4에는 간접 작동형 압력 릴리프 밸브의 구조가 나와 있고 그림 9.5에서는 간접 작동형 압력 릴리프 밸브의 기호를 보여준다.

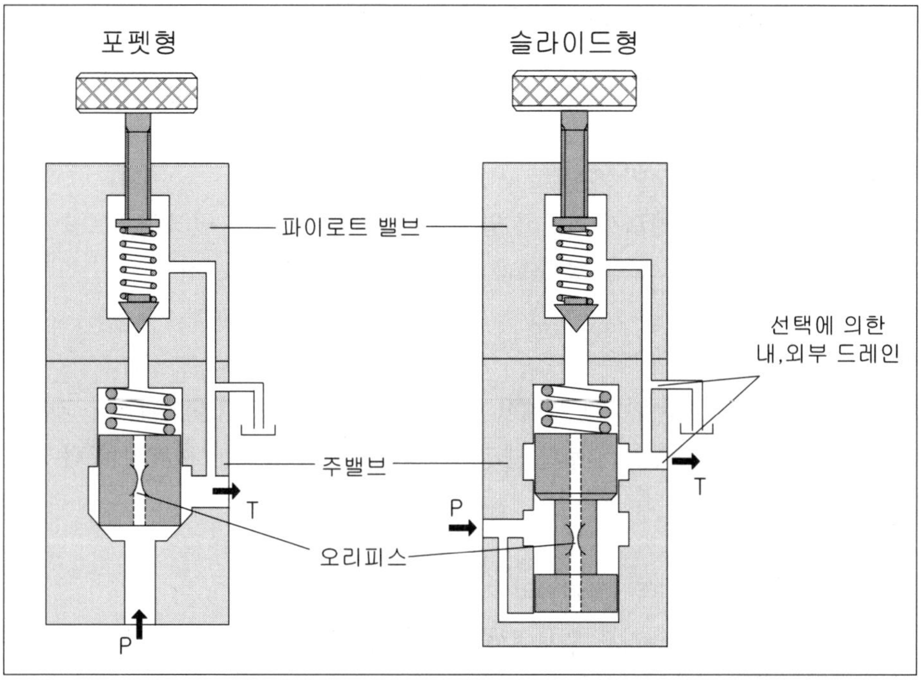

그림 9.4 간접 작동형 압력 릴리프 밸브의 구조

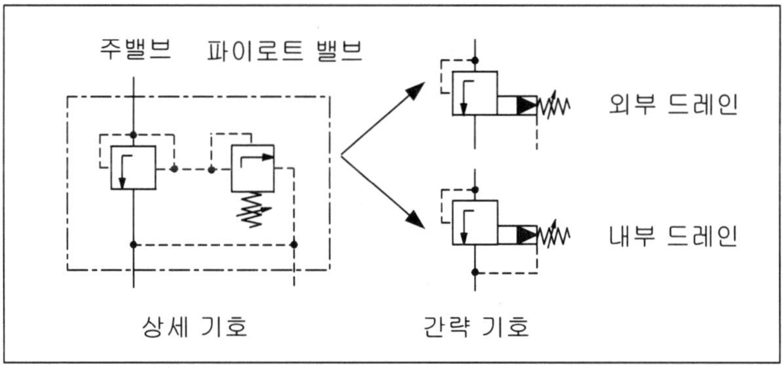

그림 9.5 간접 작동형 압력 릴리프 밸브의 기호

■ 원격 제어(remote control)

주밸브와 파이로트 밸브를 분리하여 작업의 편의를 도모할 수 있다. 예를 들어 주밸브는 기계에 직접 설치하고 파이로트 밸브는 제어반에 설치할 수 있다. 두 밸브 사이의 배관은 가는 배관으로 가능하다.

9.1.3 압력 릴리프 밸브에서의 여러 가지 압력

압력 릴리프 밸브에서 사용되고 있는 압력에 관한 용어는 다음과 같은 것들이 있다.

■ 설정압력(setting pressure)

설정압력은 압력 릴리프 밸브가 완전히 열려서 최대 유량이 압력 릴리프 밸브를 통과하여 흐를 때의 압력으로서 최대 유량 압력(full flow pressure)이라고도 한다.

■ 크래킹 압력(cracking pressure)

압력 릴리프 밸브에서 입구 압력에 의해서 발생되는 힘이 스프링 힘을 초과하게 되면 밸브가 열리기 시작하고 유압 작동유의 일부가 탱크로 귀환되기 시작하는데 이때의 압력이 크래킹 압력이다.

■ 압력 오버라이드(pressure override)

압력 오버라이드는 압력 릴리프 밸브에서 설정압력과 크래킹 압력과의 차이를 나타낸다. 이를 식으로 나타내면 다음과 같다.

$$\text{압력 오버라이드} = \text{설정 압력} - \text{크래킹 압력}$$

압력 오버라이드가 크면 채터링(chattering : 연속적으로 밸브가 진동을 일으켜 밸브 시트를 심하게 두들기며 소음을 내는 현상) 가능성이 커지게 된다.

직동형 압력 릴리프 밸브와 간접 작동형 릴리프 밸브의 크래킹 압력과 압력 오버라이드를 그림으로 표현하면 그림 9.6과 같다.

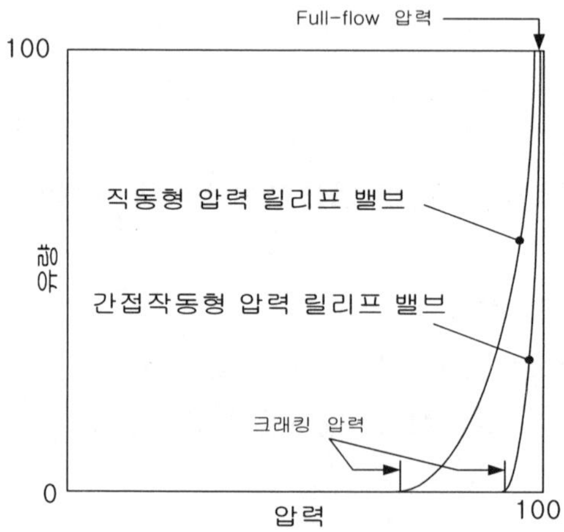

그림 9.6 크래킹 압력과 압력 오버라이드

표 9.1에서는 직동형 압력 릴리프 밸브와 간접 작동형 릴리프 밸브의 특징을 보여준다.

표 9.1 직동형 및 간접 작동형 압력 릴리프 밸브의 특징

직동형 압력 릴리프 밸브	간접 작동형 압력 릴리프 밸브
•구조가 간단하다. •안전밸브, 저압용, 소용량에 적합 •채터링 가능성이 크다. •압력 오버라이드가 크다.	•압력 오버라이드 작다. •채터링 가능성이 작다. •성능이 우수하다. •원격 제어가 가능하다.

9.2 압력 릴리프 밸브의 사용에 따른 분류

압력 릴리프 밸브는 사용 목적에 따라 안전밸브, 카운터 밸런스 밸브, 브레이크 밸브, 시퀀스 밸브 등으로 사용된다.

9.2.1 안전 밸브와 최대압력 설정

압력 릴리프 밸브의 첫 번째 사용 목적은 유압 시스템의 사용압력을 제한하는 것이다. 즉, 유압 시스템의 최대압력을 설정하여 유압 부품, 배관 등의 손상을 방지하고 유압 시스템의 최대 출력도 제한한다. 이러한 경우의 압력 릴리프 밸브를 안전밸브(safety valve), 압력 제한 밸브(pressure limit valve) 또는 단순히 릴리프 밸브라고 한다. 일반적으로 유압 펌프에 설치되어 과부하로부터 펌프를 보호하고 압력 릴리프 밸브의 설정치는 최대 펌프 압력으로 고정된다.

그리고 안전밸브에서 설정된 압력보다 낮은 압력의 영역에서 유압 시스템의 압력을 설정하기 위해서 압력 릴리프 밸브를 사용하기도 한다. 그림 9.7은 압력 릴리프 밸브가 안전밸브와 시스템 압력 설정용으로 사용된 것을 보여 준다.

9.2.2 카운터 밸런스 밸브

실린더에 인장하중이 걸리거나 부하의 관성에 의한 인장하중 효과가 발생되면 실린더가 끌리게 되는데, 이를 방지하기 위하여 인장하중이 걸리는 측에 압력 릴리프 밸브를 달아 저항을 주게 된다. 이러한 목적으로 사용되는 밸브를 카운터 밸런스 밸브(counter balance valve)라고 한다. 카운터 밸런스 밸브는 항상 내부 드레인되는데 그 이유는 카운터 밸런스 밸브가 기능을 발휘할 때마다 카운터 밸런스 밸브의 통과 유량이 방향제어밸브를 통하여 탱크로 연결되기 때문이다. 그림 9.7의 피스톤 로드 측에는 카운터 밸런스 밸브가 설치되어 있는 것을 보여 준다.

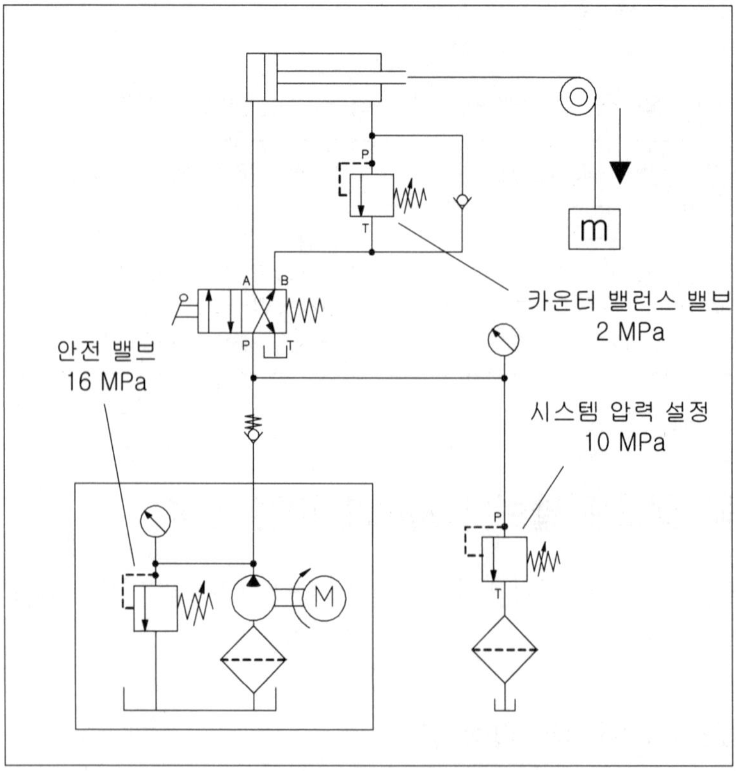

그림 9.7 안전밸브와 카운터 밸런스 밸브

9.2.3 시퀀스 밸브

압력 릴리프 밸브에서 설정된 압력이 초과되면 다른 유압 부품으로 유로를 연결시켜 주는데 이러한 목적으로 사용하는 밸브를 압력 시퀀스 밸브(sequence valve)라고 한다. 이 밸브에는 내부 신호를 이용하는 것과 외부 신호를 이용하는 것이 있다. 포펫 형태와 슬라이드 형태의 압력 릴리프 밸브가 모두 시퀀스 밸브로 사용될 수 있다. 그림 9.8에 시퀀스 밸브에 대한 회로가 나와 있는데, 이 회로에서는 내부 신호를 이용한 시퀀스 밸브가 사용되었다.

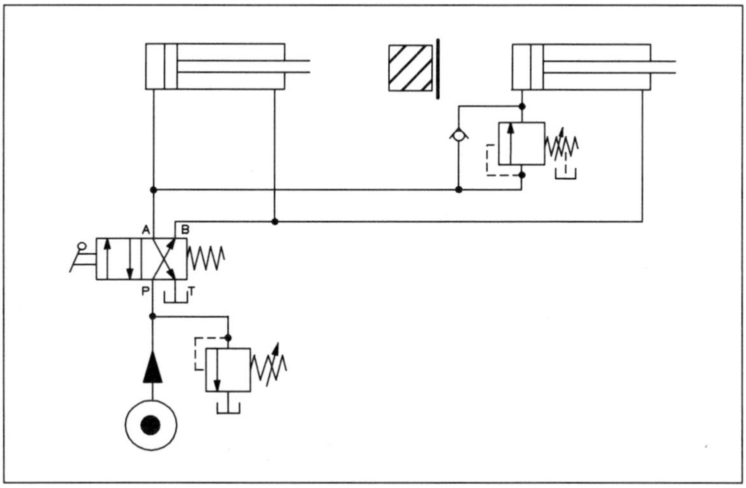

그림 9.8 시퀀스 밸브(내부 신호 입력)

압력이 첫 번째 부하를 원하는 수준까지 이동시키면, 예를 들어 피스톤이 전진완료하면 압력이 차게 되고, 이 압력이 시퀀스 밸브를 동작시켜 유량을 통과시키게 된다. 그러면 두 번째 부하를 구동시킬 수 있게 된다. 이러한 작업을 압력 종속 시퀀스 제어(pressure dependent sequence control)라고 한다.

그림 9.9에는 외부 신호를 이용한 시퀀스 회로를 보여 주는데 이 회로에서 시퀀스 밸브는 마치 2/2-way 밸브처럼 작동된다. 즉 외부로부터의 신호를 받아 통로를 오픈시켜 준다.

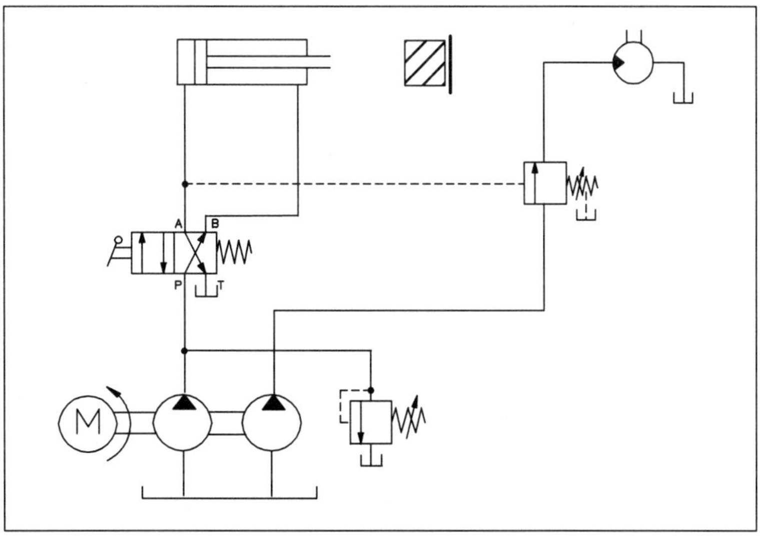

그림 9.9 시퀀스 밸브(외부 신호 입력)

9.2.4 언로딩 밸브

유압 시스템이 작업을 하고 있지 않을 때 펌프에서 토출된 유압 작동유가 압력 릴리프 밸브의 설정 압력을 초과하게 되면 유압회로의 유량이 탱크로 귀환된다. 이때 압력 릴리프 밸브는 매우 낮게 설정되는데 이러한 목적으로 사용하는 밸브를 언로딩 밸브(unloading valve)라고 한다.

언로딩 밸브 역시 내부 신호 및 외부 신호에 의해서 제어될 수 있는데, 전형적으로 사용되는 곳이 투-펌프 시스템(two pump system or hi-lo system)이다. 투-펌프 시스템에서는 대용량의 저압 펌프와 소용량의 고압 펌프가 사용되는데, 실린더의 초기 운동 시에는 두 개의 펌프에서 토출된 유량이 합해져서 작업 실린더로 들어가므로 매우 빠른 속도로 실린더가 전진운동을 하게 된다. 부하가 걸리게 되면 라인에 압력이 걸리게 되고, 따라서 이 압력 신호를 받아 저압 펌프가 언로딩되어 저압 펌프에서 토출된 유량을 모두 탱크로 되돌리게 된다. 펌프 사이의 체크 밸브를 보고 저압, 고압 펌프를 판정한다. 그림 9.10에서는 대용량의 저압 펌프와 소용량의 고압 펌프를 표현하기 위해서 펌프 기호의 크기를 달리 했지만 실제 도면에서는 펌프의 크기를 같은 크기로 그린다. 언로딩 밸브로는 간접 작동형, 내부 드레인의 압력 릴리프 밸브가 사용된다.

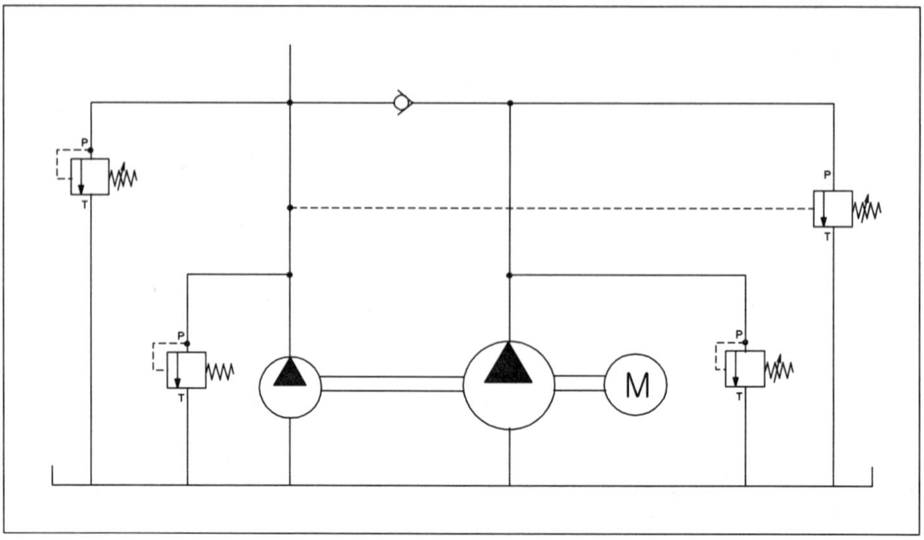

그림 9.10 투-펌프 시스템

9.2.5 브레이크 밸브

방향제어밸브의 급작스러운 전환이나 관성 모멘트의 결과로 발생되는 서지 압력을 방지하기 위하여 사용되는 압력 릴리프 밸브를 브레이크(brake) 밸브라고 한다. 이 밸브는 특히 유압 모터 회로에 빈번하게 사용된다. 브레이크 밸브의 설정치는 회로 압력보다 0.5~1.0 MPa 정도 높게 설정한다. 그림 9.11에 브레이크 밸브의 회로를 보여준다.

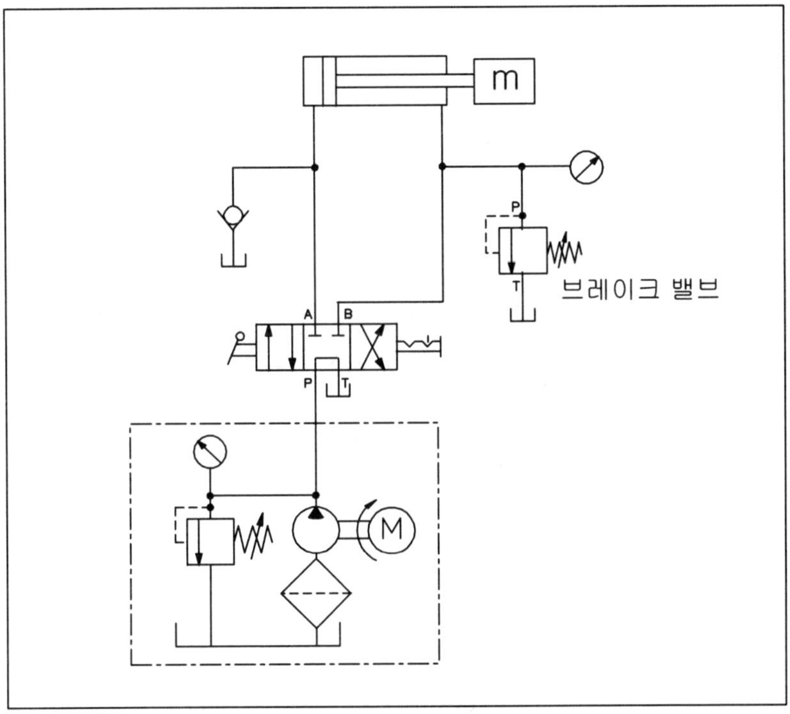

그림 9.11 브레이크 밸브

그림 9.12에서는 유압 모터회로에서 브레이크 밸브가 사용된 것을 보여준다.

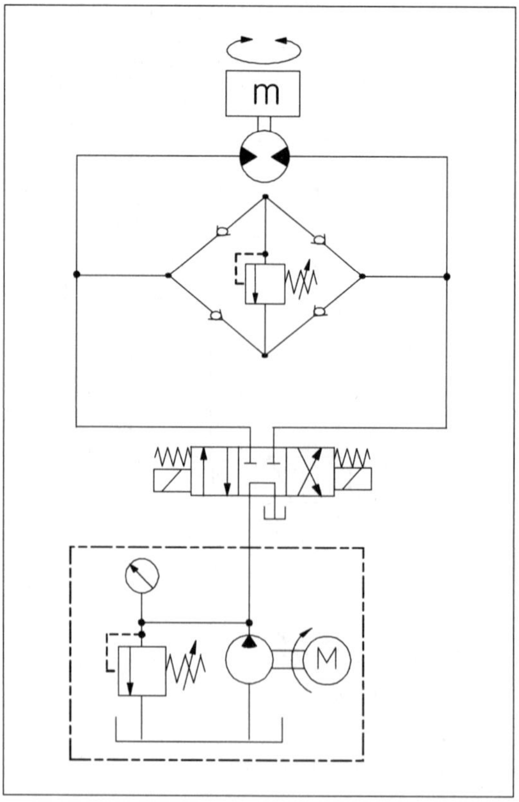

그림 9.12 유압 모터와 브레이크 회로

9.3 감압 밸브

감압 밸브(pressure reducing valve)는 밸브에서의 입구 압력을 설정된 출구 압력으로 감압시킨다. 이 밸브는 유압 시스템 내에서 서로 다른 압력이 요구되는 곳에 효과적으로 사용된다. 그림 9.13은 유압 시스템에서 감압 밸브가 어떻게 사용되는지를 개념적으로 보여준다.

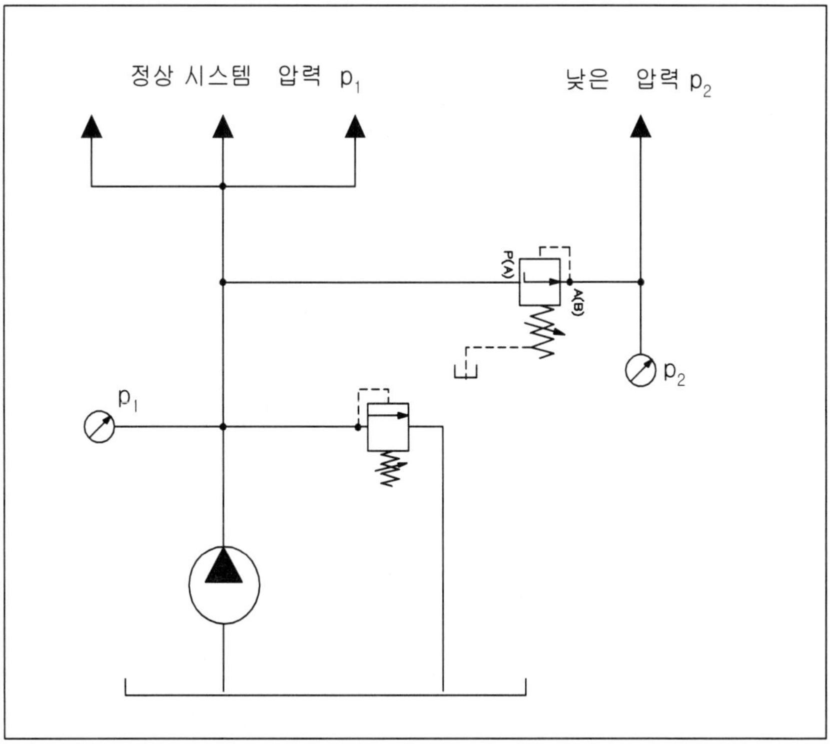

그림 9.13 감압 밸브의 사용

9.3.1 2-way 감압 밸브

감압 밸브에서 비교되는 압력은 입구 압력이 아니라 출구 압력이다. 출구 압력에 의하여 생성되는 힘은 스프링 힘과 비교된다. 출구 압력에 의하여 생성되는 힘이 스프링 힘보다 크면 스풀이 이동되어 통로를 교축하게 된다. 그러면 압력이 떨어져서 밸브 스풀이 다시 평형을 이루게 된다.

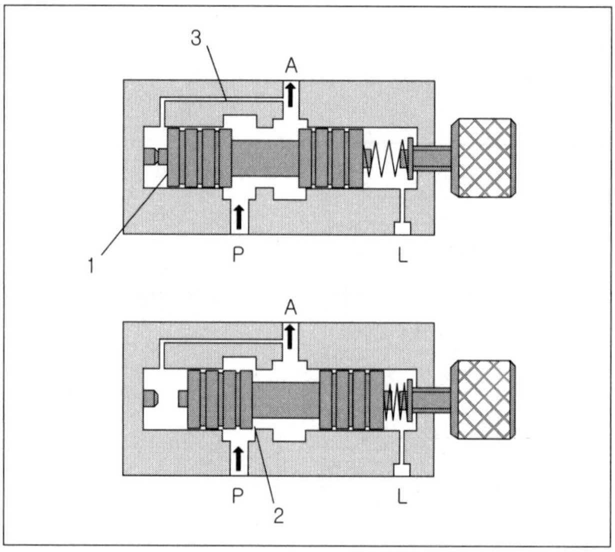

그림 9.14 2-way 감압 밸브

그림 9.14에서 보면 감압 밸브는 정상위치에서 열려 있다. A에서의 출구 압력은 제어라인 3을 통하여 스풀 면적 1에 작용한다. 스풀 면 1에 가해지는 힘은 스프링 힘과 비교된다. 스풀 면 1에 가해지는 힘이 설정된 스프링 힘을 이기면 밸브의 슬라이드는 힘의 평형이 이루어질 때까지 스프링 쪽으로 이동하면서 유로의 입구를 일부분 막게 된다. 이렇게 되면 교축부가 형성이 되고 압력이 낮아지게 된다. 출구 A에서의 압력이 계속 증가하게 되면 스풀은 유로를 완전히 차단하게 된다. 우측 회로에서 존재하는 압력은 출구 A에서의 압력을 능가한다.

포펫 형태의 감압 밸브는 행정거리가 짧은 경우 매우 빠르게 열리고 닫힌다. 이 때문에 심한 압력 변화로 불규칙한 동요를 일으킨다. 이러한 현상은 쿠션 장치를 내장함으로써 예방할 수 있다.

슬라이드 형태의 감압 밸브에서는 열리는 갭이 서서히 증가하도록 스풀 피스톤의 가장자리를 가공하여 열림 특성을 좋게 할 수 있다. 이렇게 하면 제어의 정밀도가 좋아지며 밸브의 진동 특성을 개선할 수 있다.

2-way 감압 밸브는 그림 9.15에서와 같이 일정한 낮은 압력으로 클램핑 작업을 하는 경우에 사용될 수 있다.

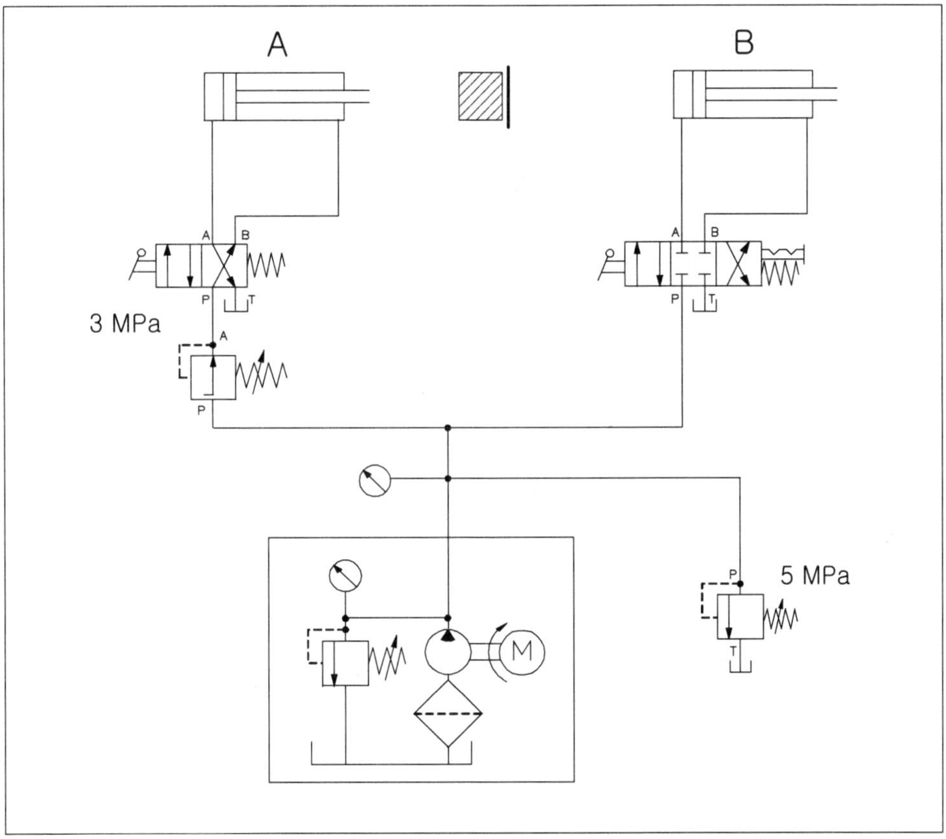

그림 9.15 2-way 감압 밸브의 사용

9.3.2 3-way 감압 밸브

2-way 감압 밸브는 외부로부터 외력이 작용하면 압력 감소를 만족시켜주지 못한다. 이 점을 개선하기 위한 방법은 출구 쪽에 압력 릴리프 밸브를 설치하는 것이다.

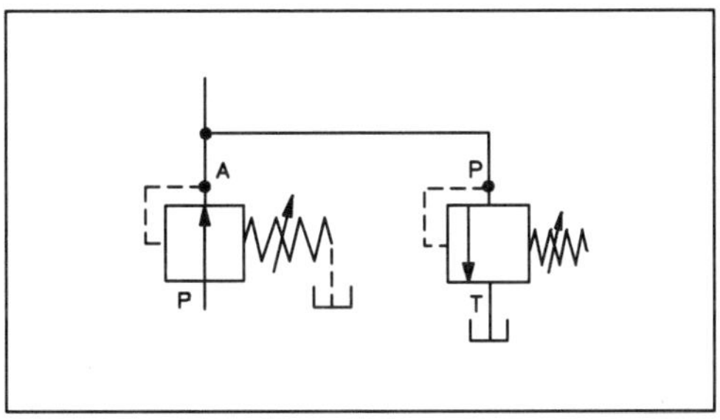

그림 9.16 압력 증가를 방지하기 위한 압력 릴리프 밸브

따라서 3-way 감압 밸브는 2-way 감압 밸브에 압력 릴리프 밸브가 내장된 것으로 생각하면 된다. 3-way 감압 밸브의 구조는 9.17과 같다.

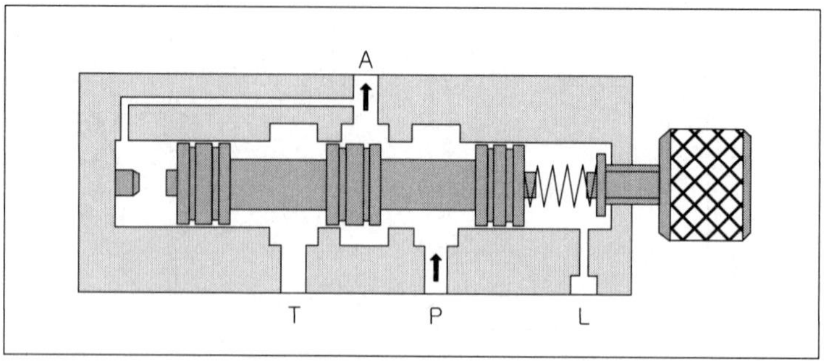

그림 9.17 3-way 감압 밸브

3-way 감압 밸브의 작동 방법은 유압 작동유가 P에서 A로 흐르는 것에 대해서는 2-way 감압 밸브의 동작과 같다. 출구 A측에 설정된 값 이상의 압력이 발생되면 스풀의 이동량이 더욱 커지게 되고 그 결과 내장된 압력 릴리프 밸브의 동작으로 A에서 T로 유로가 열리게 된다.

10 유량제어밸브

유량제어밸브는 실린더의 속도나 모터의 회전수를 조절하는데 사용된다. 실린더의 속도나 모터의 회전수는 유량에 의해서 결정되므로 유량제어밸브가 그 역할을 해주게 된다. 고정용량형 펌프는 일정량의 유압 작동유를 토출시키고 액추에이터로 공급되는 유량의 조절은 다음의 원리에 의해서 이루어진다.

유량제어밸브의 단면적을 감소시키면 유량제어밸브 입구 측의 압력이 상승하게 되고 이 압력이 압력 릴리프 밸브를 동작시켜 일부 유량을 탱크로 귀환시킨다. 따라서 실린더나 모터 측으로 흘러 들어가는 유량이 적어져서 속도나 회전수를 조절하게 되는 것이다. 그러나 이 방법은 상당한 에너지의 손실을 가져온다.

에너지를 절약하기 위해서는 가변용량형 펌프가 사용될 수 있다. 이 경우에는 압력이 상승하면 펌프의 토출량이 조절된다.

10.1 초크와 오리피스 밸브

유량제어밸브에는 점도의 영향을 크게 받는 밸브와 그렇지 않은 밸브 두 가지가 있다. 점도의 영향을 크게 받지 않는 것을 오리피스(orifices) 밸브라 하고, 점도의 영향을 받는 것을 초크(choke) 밸브라고 한다.

초크 밸브나 오리피스 밸브는 유체의 저항을 야기한다. 이 저항은 유량이 흘러가는 단면적과 기하학적인 모양, 그리고 유체의 점도에 따라 달라진다. 유량 저항요소를 통하여 유체가 흐르면 마찰 및 유량의 속도 증가로 압력이 떨어지게 된다. 마찰에 의해서 야기되는 압력강하는 오리피스 모양을 변경해줌으로써 상당히 감소시킬 수 있다. 오리피스를 이용하여 저항을 증가시킬 때에는 속도의 증가로 인해 난류가 발생한다. 오리피스의 저항은 난류에 의해서 결정될 뿐 점도와는 무관하다. 따라서 오리피스 밸브는 온도와 무관한 곳, 즉 점도와 무관한 곳에 사용되며 대표적으로 유량 게이지를 들 수 있다. 반면 많은 제어시스템에서는 명시된 높은 압력강하가 요구되는데 이러한 곳에서는 초크가 사용된다.

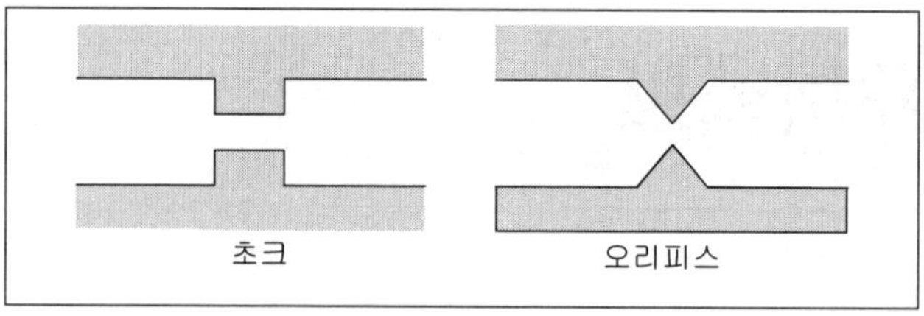

그림 10.1 초크와 오리피스

초크 및 오리피스 밸브는 압력 릴리프 밸브와 함께 유량을 제어한다. 밸브의 저항은 밸브 입구 측의 압력을 상승시키게 된다. 압력 릴리프 밸브의 설정 압력보다 유량제어밸브로 인한 저항 압력이 더 커지게 되면 압력 릴리프 밸브가 동작하게 되고 그러면 유량이 나누어지게 된다. 일부의 유량은 액추에이터로 흘러 들어가고 나머지 유량은 최대압력 하에서 압력 릴리프 밸브를 통하여 탱크로 귀환되는데 많은 에너지 낭비가 병행된다. 압력강하 Δp에 의해서 교축 요소를 통하여 흐르는 부분 유량이 결정된다. 압력강하 Δp와 유량과의 관계는 다음과 같다.

$$Q \propto \sqrt{\Delta p}$$

유량제어밸브의 입구 압력은 압력 릴리프 밸브에 의해서 일정한 값을 유지한다. 따라서 압력강하 Δp는 액추에이터에 걸리는 부하의 변동에 의해서 변화된다. 그 결과 액추에이터로 흘러 들어가는 유량이 달라진다. 결론적으로 부하가 변화되는 경우에는 단순한 유량제어밸브가 일정한 유량을 통과시켜주지 못한다.

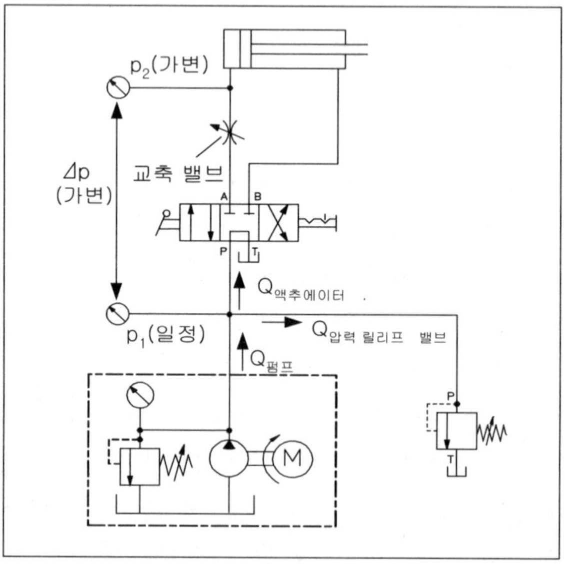

그림 10.2 속도제어의 원리

대부분의 경우 입력 압력 p_1은 압력 릴리프 밸브 때문에 일정하게 유지된다. 반면에 p_2는 부하에 따라 달라진다. 그러므로 단순한 교축요소가 사용되는 경우는 부하의 변동이 작아서 p_2압력의 변화가 적고 속도가 그다지 중요하지 않을 때 사용한다.

조절 가능한 교축요소의 필요조건은 다음과 같다.

- 저항의 생성
- 유압 작동유의 온도가 변하여도 일정한 저항을 유지할 것 즉, 가능한 한 점도에 영향을 주지 않을 것
- 유량이 흘러가는 교축 통로가 미세하게 조절될 수 있을 것
- 가격의 경쟁성이 있을 것
- 교축 통로가 원형이면서 거리가 짧을 것

조절 가능한 교축요소는 여러 가지 필요조건을 만족시켜주기 위해서 다양한 형태를 지니고 있다. 그림 10.3은 초크와 오리피스에 대한 기호를 보여 주고 표 10.1에는 여러 가지 형태의 조절 가능한 교축요소를 보여준다.

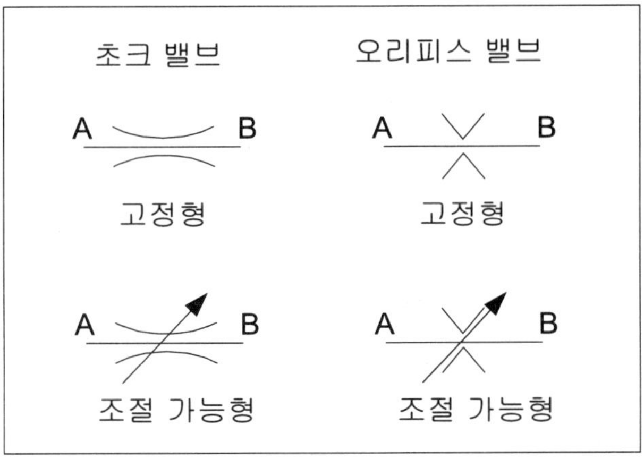

그림 10.3 초크 요소와 오리피스 요소의 기호

표 10.1 여러 가지 형태의 조절 가능한 교축요소

형 태	저 항	점도에 대한 영향	조절의 용이성	설 계
니들 교축요소 (Needle restrictor) 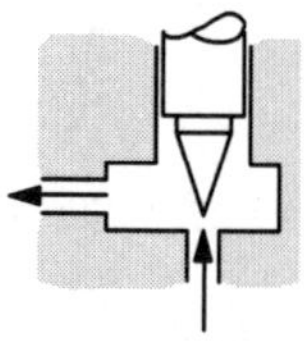	•속도의 증가 •긴 교축유로로 인한 큰 마찰	•큰 마찰로 인한 상당한 점도 변화	•적게 조절해도 단면적의 변화가 큼 •단면적 변화가 일정치 못함	•경제적 •단순 설계
원주 교축요소 (Circumferential restrictor) 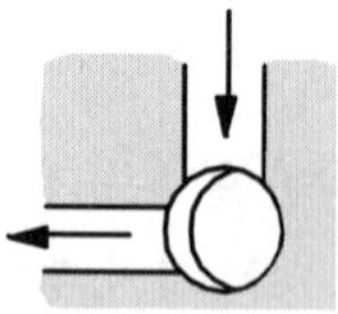	•위와 같음	•위와 같음 (니들 교축요소 보다는 작다.)	•단면적의 변화가 점진적으로 증가 •조절각 90°	•경제적 •단순 설계(니들 교축요소보다는 복잡)
길이방향 교축요소 (Longitudinal restrictor) 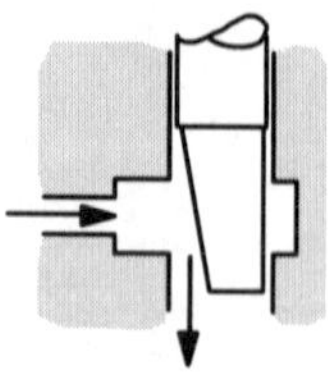	•위와 같음	•위와 같음	•위와 같음 •길이방향으로 조절되므로 보다 미세한 조절이 가능	•경제적 •단순 설계(니들 교축요소보다는 복잡)
간극 교축요소 (Gap restrictor) 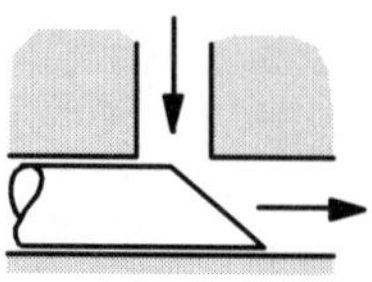	•속도의 증가 •짧은 교축유로로 인한 작은 마찰	•점도변화 적음	•조절 변화가 큼 •조절각 180°	•경제적
헬리스 간극 교축요소 (Gap restrictor with helix) 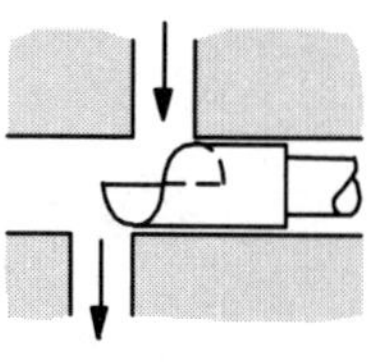	•속도의 증가 •최대 마찰	•점도변화 없음	•미세 조절 •조절각 360°	•헬릭스를 만드는데 비용이 많이 듬

10.2 일방향 유량제어밸브

일방향 유량제어밸브는 체크 밸브가 내장되어 있어 한 쪽 방향으로만 속도 조절이 가능하다. 교축요소는 한 쪽 방향의 유량을 제어해 준다. 그 반대 방향은 체크가 열리므로 저항 없는 흐름이 보장된다.

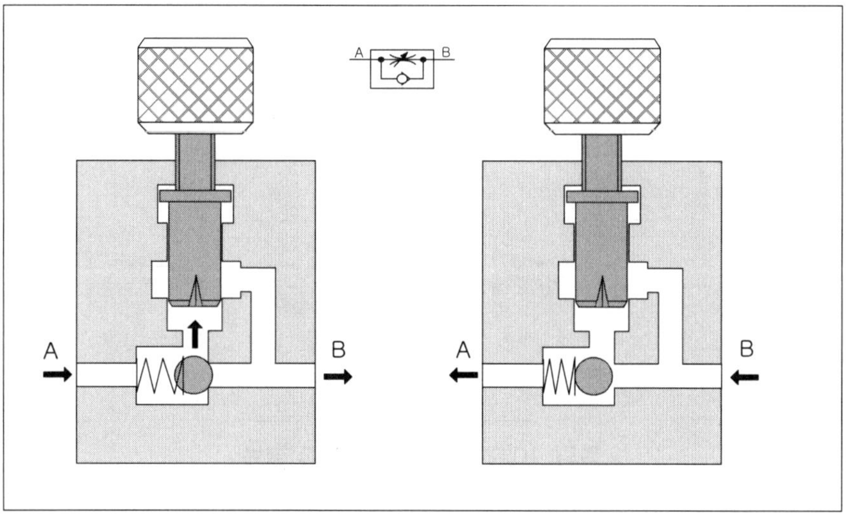

그림 10.4 일방향 유량제어밸브

유량이 A에서 B로 흐를 때에는 교축된다. 따라서 유량이 분리되어 속도제어가 이루어진다. 유량이 B에서 A로 흐를 때에는 체크 밸브의 포펫이 열려 유량의 흐름이 자유롭다. 일방향 유량제어밸브는 조절나사를 통하여 교축량을 확대하거나 축소시킬 수 있다. 어쨌든 일방향 유량제어밸브에서도 조절나사를 통하여 실린더의 속도를 일정하게 유지시키려 해도 부하에 의하여 Δp가 변하므로 속도가 변하게 된다. 따라서 일방향 유량제어밸브도 부하의 변동이 작아 압력의 변화가 작고 속도가 그다지 중요하지 않을 때 사용한다.

10.3 유량조정밸브

앞장에서도 설명했듯이 압력강하 Δp와 유량 Q와는 비례 관계를 갖고 있다. 따라서 외부의 부하가 변하더라도 교축 요소를 통과함으로써 발생되는 압력강하 Δp를 일정하게 유지시킨다면 실린더의 속도를 일정하게 만들어줄 수 있다. 이와 같은 기능을 갖도록 만들어진 밸브가 유량조정밸브이며 압력 보상형(pressure compensated) 유량제어밸브라고도 한다.

10.3.1 2-way 유량조정밸브

2-way 유량조정밸브는 부하에 관계없이 일정한 속도를 얻고 싶을 때 사용하는 밸브이다. 그러나 부하에 전혀 무관한 것은 아니고 과부하로 Δp가 0.8 MPa 이하가 되면 압력 보상 효과는 없어지게 된다. 그림 10.5에 2-way 유량조정밸브의 구조가 나와 있다.

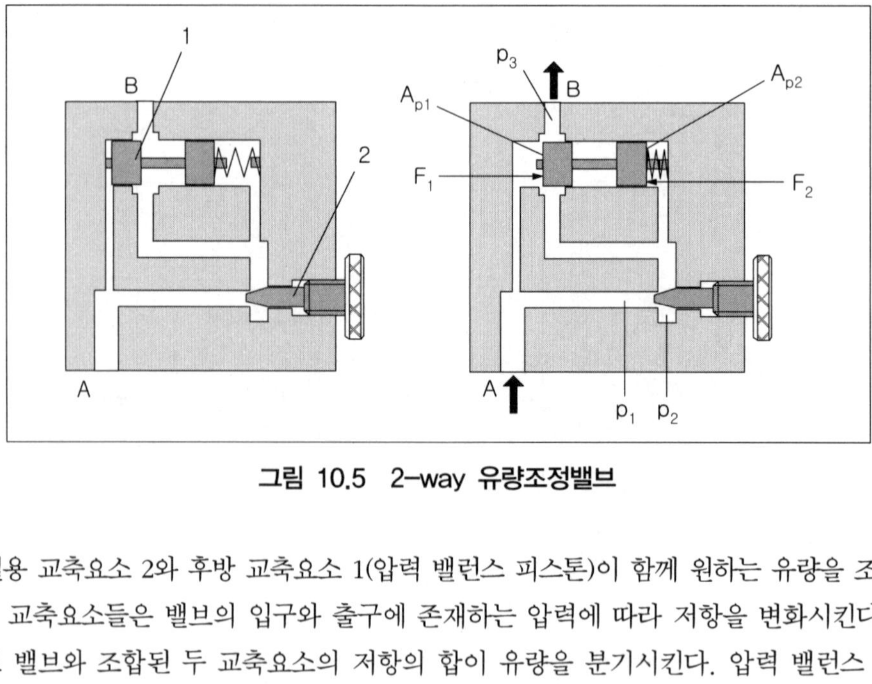

그림 10.5 2-way 유량조정밸브

조절용 교축요소 2와 후방 교축요소 1(압력 밸런스 피스톤)이 함께 원하는 유량을 조절해준다. 이 교축요소들은 밸브의 입구와 출구에 존재하는 압력에 따라 저항을 변화시킨다. 압력 릴리프 밸브와 조합된 두 교축요소의 저항의 합이 유량을 분기시킨다. 압력 밸런스 피스톤 1은 조절용 교축요소 2의 전 · 후 어디에나 설치될 수 있다.

유량조정밸브는 평상시 열려 있다. 유량이 밸브를 통과하면 입구 압력 p_1이 조절용 교축요소 2 앞에서 형성된다. 그리고 압력강하 Δp가 발생되므로 $p_1 < p_2$이 된다. 압력 밸런스 피스톤이 평형을 유지하기 위해서 F_2 측에 스프링이 내장되어 있다. 스프링은 조절 가능한 교축요소를 통과하는 유량의 압력 차이를 일정하게 만들어준다. 실린더로부터 부하가 걸려 밸브 출구의 압력이 높아지면 압력 밸런스 피스톤은 부하가 걸린 만큼 저항을 감소시키게 된다.

아이들링(idling) 상태에서는 스프링이 밸런스 피스톤을 평형으로 유지시켜 주고 밸브는 조절용 교축요소로 설정된 유량이 흘러들어 갈 수 있도록 저항을 유지시켜 준다. 밸브의 출구 측 압력이 증가하면 압력 p_2도 따라서 증가한다. 그 결과로 압력강하는 조절용 교축요소를 통하여 수정된다. 동시에 압력 p_2은 피스톤 면적 A_2에 작용한다. 증가된 힘은 밸런스 피스톤에 작용하기 위하여 스프링 힘과 결합된다. 밸런스 피스톤 힘 F_1과 F_2가 다시 평형 상태가 될 때까지 열려 있다. 따라서 조절용 교축요소에서의 압력강하는 원래의 값을 다시 얻게 되고 유량조정밸브를 통과하지 못한 유량은 압력 릴리프 밸브를 통하여 탱크로 귀환한다.

밸브의 출구 측 압력 p_3가 떨어지면 압력강하 Δp가 커진다. 그 결과로 피스톤에 가해지는 압력 p_2는 힘 F_1이 F_2보다 커지므로 감소된다. 그리고 밸런스 피스톤은 F_1과 F_2가 평형이 될 때까지 다시 닫힌다. 입구 측에 압력 변동이 있어도 같은 조절 기능이 작동되어 실린더로 들어가는 유량을 일정하게 만들어준다.

▌압력 밸런스 피스톤의 역할

앞에서도 언급했듯이 밸런스 피스톤의 기능은 유량 저항의 수정을 통하여 압력 측이나 출력 측에서의 부하 변화에 대하여 밸런스를 유지시켜주는 것이다. 그렇게 해서 조절용 교축밸브를 통과하는 압력 차이를 일정하게 유지시킨다. 결국 부하의 변동에 대하여 조절이 되도록 밸런스 피스톤의 평형이 이루어져야 하는데 이때에 힘의 평형은 $F_1 = F_2$가 된다.

F_1은 압력 p_1과 밸런스 피스톤의 면적 A_1으로부터 나온다. F_2는 압력 p_2와 밸런스 피스톤의 면적 A_2로부터 나오는데 면적 A_1은 면적 A_2와 같다. 조절용 교축요소를 지난 후의 압력 p_2는 p_1보다 낮으므로 스프링이 평형을 이루도록 설치되어 있다. 따라서 다음과 같은 식이 성립된다.

$$F_1 = F_{2,} \qquad A_1 = A_2$$
$$F_1 = p_1 \cdot A_{1,} \qquad F_2 = p_2 \cdot A_2 + F_{spring}$$

$$p_1 \cdot A_1 = p_2 \cdot A_2 + F_{spring}$$
$$A_1 \cdot (p_1 - p_2) = F_{spring}$$

$$(p_1 - p_{2)} = F_{spring} \,/ A_1$$
$$\Delta p = F_{spring} \,/ A_1$$

위의 식은 밸런스 피스톤 면적 A에 작용하는 일정한 스프링 힘은 Δp와 동등하다는 것을 뜻하며 조절용 교축요소의 Δp는 항상 위의 예에서처럼 일정하다. 실제로 조절용 교축요소는 유량조정밸브가 점도에 영향을 많이 받지 않도록 조절 가능한 오리피스 형태로 설계되어 있다. 그림 10.6은 유량조정밸브가 사용되는 회로를 보여준다.

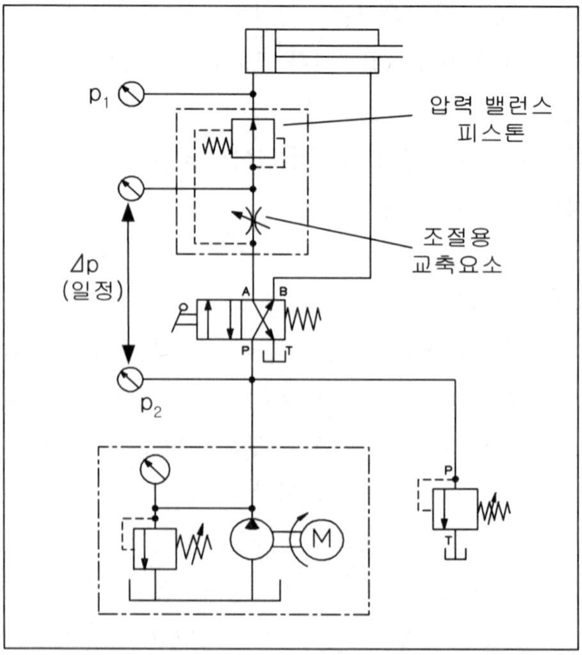

그림 10.6　2-way 유량조정밸브의 회로

그림 10.7에는 유량조정밸브에 대한 상세 기호 및 간략 기호가 나와 있다.

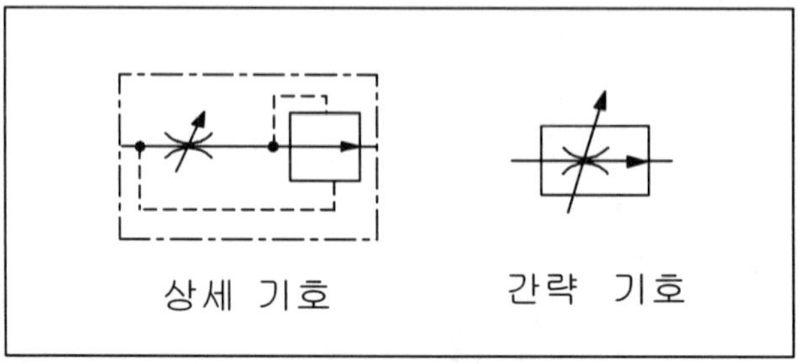

그림 10.7　유량조정밸브의 기호

유량조정밸브는 방향제어밸브의 입구 측이나 출구 측에 설치될 수도 있고 바이패스 형태로도 설치될 수 있다. 그러나 바이패스 형태로 설치될 경우에는 펌프의 토출량이 일정하지 않으므로 실린더 내부로 들어가는 유량 자체에 맥동이 생기게 된다.

유량조정밸브는 부하가 변하지만 일정 속도로 작동되는 작업물 슬라이드나 낮은 속도로 미세하게 구동되어야 할 리프팅 기어와 같이 부하가 변하더라도 일정한 속도 제어가 요구되는 곳에 적합하다.

10.3.2 3-way 유량조정밸브

2-way 유량조정밸브에서 실린더 측으로 통과하지 못한 유량은 압력 릴리프 밸브를 통하여 탱크로 귀환된다. 그런데 이 때 압력 릴리프 밸브를 통과한 유량과 설정 압력의 곱은 동력 손실이 되므로 유압 시스템 자체가 비효율적이 된다.

3-way 유량조정밸브에서는 잉여 유량을 탱크로 바이패스시키거나 다른 유압요소로 보내어 구동원으로 사용할 수 있다.

외력이 걸리게 되면 3-way 유량조정밸브의 출구 측 압력이 높아지고 높아진 압력은 보상 피스톤의 스프링 측에 힘을 가하여 입구 측의 통로를 교축한다. 그러면 3-way 유량조정밸브의 입구 측 압력이 상승하여 Δp가 일정하도록 만들어준다. 그림 10.8에 3-way 유량조정밸브의 기호와 구조를 보여준다.

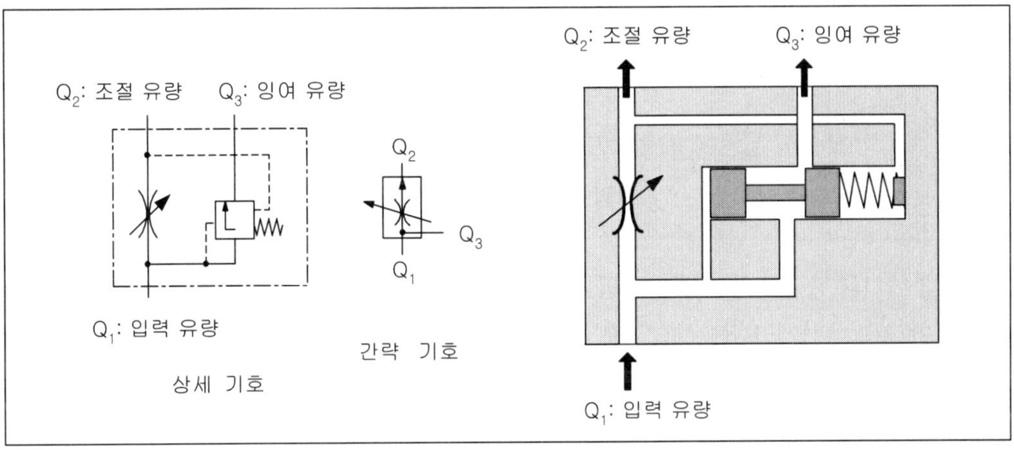

그림 10.8 3-way 유량조정밸브

10.4 유량 분배기

3-way 유량조정밸브에서 밸브 통과 유량 및 잉여 유량을 같게 만들어 주면 유량 분배기(flow divider)로 사용할 수 있다. 유량 분배기는 두 개의 실린더를 같은 속도로 이동시키는 동기제어 (synchronization control)에 사용할 수 있다. 그림 10.9에는 유량 분배기의 구조를 보여준다.

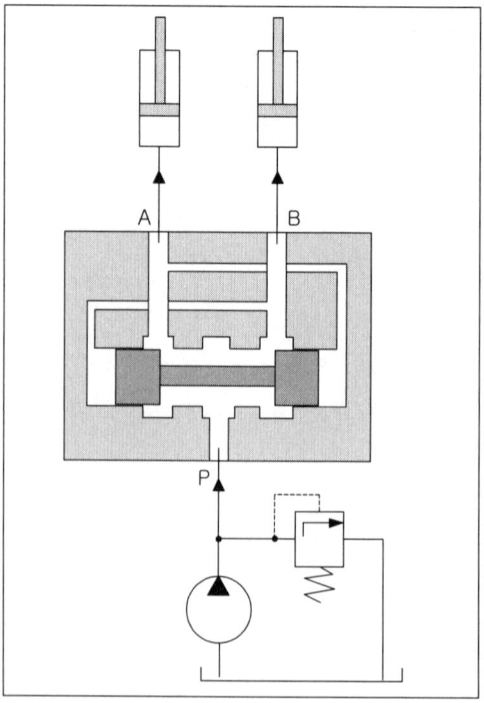

그림 10.9 유량 분배기

유량 분배기의 출구 A와 B에서의 압력은 제어 스풀의 양면에 작용한다. 출구 A와 B에서의 압력 차이가 발생하게 되면 적절하게 교축부가 열리고 다른 한 쪽은 그만큼 닫히게 된다. 그 결과로 양 쪽 교축부에서 압력강하가 같은 수준으로 유지되고 같은 분류가 형성된다. 출구 A와 출구 B로 통과하는 유량이 같으므로 두 개의 실린더는 같은 속도로 전진하게 된다.

10.5 속도제어의 여러 가지 방법

실린더의 속도 제어는 사용하는 유량제어밸브의 종류에 따라서도 달라지고, 유량제어밸브를 유압 회로상의 어느 위치에 설치하느냐에 따라서도 달라진다. 일반적으로 유량제어밸브를 사용하여 실린더를 제어하는 기본적인 회로 방법에는 미터-인 방식, 미터-아웃 방식, 블리드 오프 방식이 있다.

10.5.1 바이패스 체크밸브의 유무에 따른 속도제어

바이패스 체크밸브가 내장되어 있지 않은 단순한 교축밸브를 사용하여 실린더의 속도를 제어하면 실린더의 전진 속도와 후진 속도 모두에 영향을 미친다. 단순 교축밸브를 피스톤 측에 설치하면 실린더의 전진속도는 미터-인 방식에 의하여 속도가 제어되고, 실린더의 후진속도는 미터-아웃 방식에 의하여 속도가 제어된다. 반대로 단순 교축밸브를 피스톤 로드 측에 설치하면 실린더의 전진속도는 미터-아웃 방식에 의하여 속도가 제어되고 실린더의 후진속도는 미터-인 방식에 의하여 속도가 제어된다. 어쨌든 단순 교축밸브는 설치위치와는 상관없이 전진 속도와 후진 속도 모두에 영향을 미치므로 한 방향만 속도제어를 원하는 경우에는 사용될 수 없다. 또한 양방향 모두 속도제어를 원하는 경우에도 원하는 속도를 따로 따로 제어할 수 없게 된다. 실린더의 전진 속도와 후진 속도제어 중 한 쪽 방향만 속도제어를 원하는 경우에는 체크밸브 내장형 유량제어밸브를 사용한다.

10.5.2 미터-인 방식

미터-인(meter-in) 유량제어방식은 그림 10.10과 같이 유압 실린더의 유입관로 측에서 유압 작동유를 교축하여 실린더로 보내어 그 작동 속도를 제어하는 방식이다. 또한 펌프로부터 토출된 유압 작동유 중 속도제어에 필요한 양 이외의 잉여 유압 작동유는 병렬로 연결된 압력 릴리프 밸브를 통하여 탱크로 방출된다.

미터-인 방식을 취하는 유압 실린더의 회로에서의 압력 상황은 다음과 같다. 그림 10.10에서 p_1은 p_{max}의 부근 값을 갖게 된다. p_2는 부하에 따라서 0에서 p_{max}값을 갖는다. p_3는 거의 0에 가까운 값을 갖게 된다. 그 이유는 p_3 압력 게이지 이후의 저항 값이 p_3 압력 게이지에 저항 압력으로 표현되는데 회로도에서 보면 탱크까지 배관의 저항 이외에는 다른 저항이 없기 때문이다.

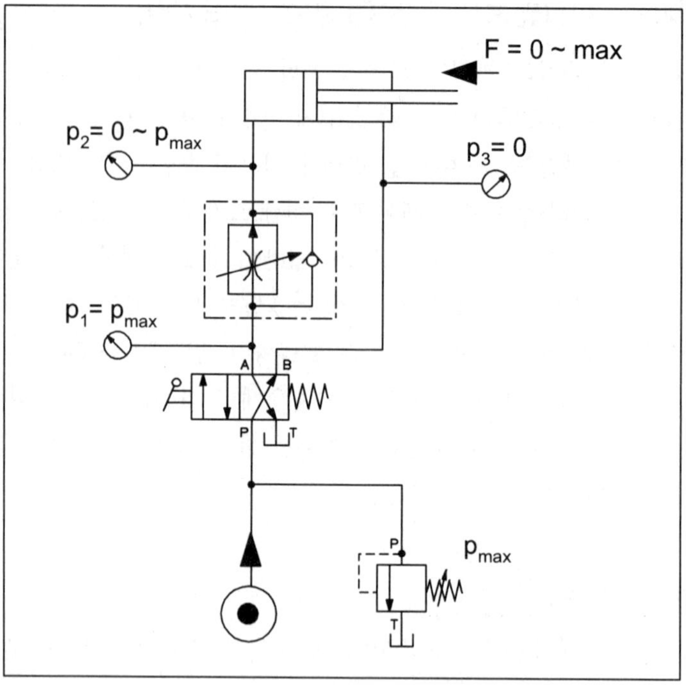

그림 10.10 미터-인 방식

미터-인 방식의 유량제어는 다음과 같은 장점을 갖는다.

- 피스톤 측에만 압력이 걸린다.
- 낮은 속도에서 일정한 속도를 얻을 수 있다.
- 피스톤 실에 상대적으로 낮은 마찰력만 걸리게 되고 이에 따라 실린더는 긴 내구 수명을 유지한다.
- 유압유의 압축성 측면에서 미터-아웃 방식보다 유리하다.
- 유량제어밸브를 통과한 유압 작동유가 실린더로 인입될 때, 실린더 측의 체적이 크므로 낮은 속도 조절 면에서 미터-아웃 방식보다 유리하다.

미터-인 방식의 유량제어는 다음과 같은 단점을 갖는다.

- 피스톤 로드가 끌리는 힘에 대해서는 속수무책이다. 따라서 끌리는 힘이 예상되는 곳에서는 카운터 밸런스 회로가 부가적으로 필요하게 되고 이는 비용 문제와 직결된다.

이와 같은 이유로 미터-인 방식은 여러 가지 장점에도 불구하고 미터-아웃 방식보다는 적게 사용된다.

10.5.3 미터-아웃 방식

미터-아웃(meter-out) 유량제어방식은 그림 10.11과 같이 유압 실린더의 출구관로 측에서 유압 작동유를 교축하여 실린더의 작동 속도를 제어하는 방식이다. 이 방식도 미터-인 방식과 같이 속도제어에 필요한 양 이외의 잉여 유압 작동유는 병렬로 연결된 압력 릴리프 밸브를 통하여 탱크로 방출되며, 펌프 압력은 실린더 부하 압력에 관계없이 릴리프 밸브의 설정압력이 된다.

미터-아웃 방식을 취하는 유압 실린더의 회로에서의 압력 상황은 다음과 같다. 그림 10.11에서 p_1은 p_{max}의 부근 값을 갖게 된다. p_2는 부하에 따라서 p_{max} · 면적비에서 0값을 갖는다. 즉 부하가 크게 작용하면 p_2값은 감소한다. p_3는 거의 0에 가까운 값을 갖게 된다. 그 이유는 p_3압력 게이지 이후의 저항 값이 p_3 압력 게이지에 저항 압력으로 표현되는데, 회로도에서 보면 탱크까지 배관의 저항 이외에는 다른 저항이 없기 때문이다.

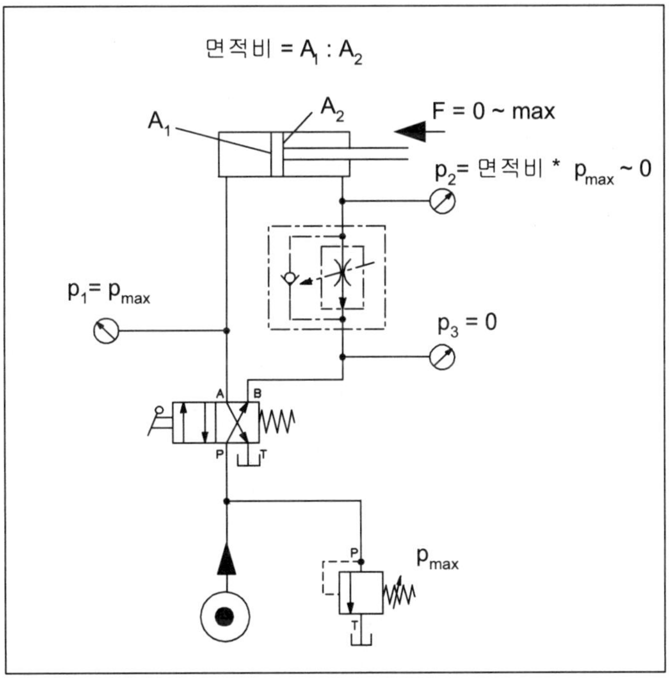

그림 10.11 미터-아웃 방식

미터-아웃 방식의 유량제어는 다음과 같은 장점을 갖는다.

- 부하가 카운터 밸런스되어 있어 끄는 힘에 강하다.
- 교축요소에 의하여 발생된 열은 탱크로 옮겨진다.

미터-아웃 방식의 유량제어는 다음과 같은 단점을 갖는다.

- 피스톤 측이 항상 p_{max} 상태로 동작되므로 유압 작동유의 압축성이 크다.
- 면적비에 따라 달라지지만 피스톤 로드 측은 압력 집중 현상이 발생한다. 특히 끄는 힘이 작용할 때에 압력집중현상은 더욱 심화된다. 이 때의 압력은 시스템 설정 압력 p_{max} 보다 크다.
- 유압 작동유의 압축성과 마찰력이 크므로 스틱 슬립(stick slip) 현상 발생 가능성이 크다. 스틱 슬립 현상이 발생하면 안정된 속도를 얻을 수 없다.
- 압력이 높으므로 방향제어밸브의 내부 누유가 크다.
- 유량제어밸브를 통과한 유압 작동유가 실린더로부터 나올 때 실린더 로드 측의 체적이 작으므로 낮은 속도 조절 면에서 미터-인 방식보다 불리하다.

미터-아웃 방식은 부하의 방향이 바뀌어도, 부하의 크기가 갑자기 변화되어도 실린더가 유압적으로 클램프(hydraulic clamped) 되어 있으므로 드릴링, 소잉(sawing), 보링, 덤핑(dumping) 작업 등에 사용되며 유압에서의 속도제어 시 가장 많이 사용되는 방법이다.

10.5.4 블리드 오프 방식

블리드 오프(bleed off) 방식은 그림 10.12와 같이 펌프에서 유압 실린더로 흐르는 관로에 유량조정밸브를 설치하여 유압 작동유의 일부를 탱크로 바이 패스시켜 유압 실린더의 속도를 제어하는 방법이다.

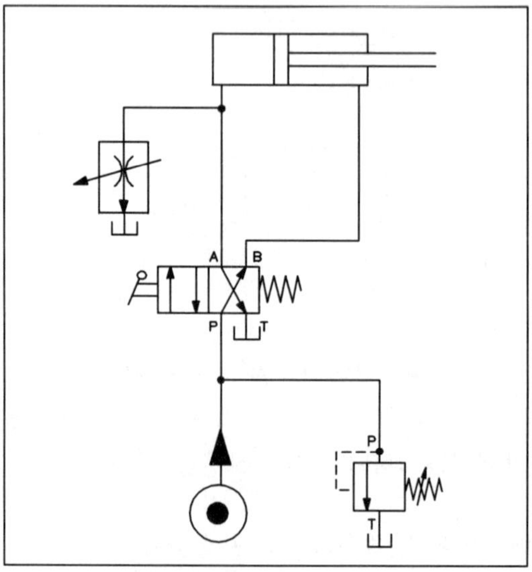

그림 10.12 블리드 오프 방식

펌프의 토출 압력 p_{max}는 실린더 부하 압력과 같고 압력 릴리프 밸브는 설정 압력에 도달하지 못하므로 열손실은 적지만 실린더의 부하 압력이 변화하는 데에 따른 펌프 토출량의 변화에 대하여 보상할 수가 없다. 그러므로 부하 변동이 심한 경우에는 유압 실린더의 유량 변화로 인하여 실린더의 속도제어가 곤란하다. 따라서 블리드 오프 방식은 부하 압력의 변동이 없는 유량제어에 적합하다.

블리드 오프 방식의 장점은 다음과 같다.

- 미터-인 방식이나 미터-아웃 방식보다 작동 효율이 좋아 경제적이다.

블리드 오프 방식의 단점은 다음과 같다.

- 블리드 오프 방식은 속도제어 방식 중에서 많이 사용되는 방식이 아니다. 그 이유는 액추에이터의 속도제어를 직접적으로 하는 방식이 아니기 때문이다.
- 다양한 유압 부품이 사용되어 누유가 증가하면 액추에이터의 속도가 감소될 수 있다.

따라서 블리드 오프 방식은 미세한 유량조절이 필요치 않고, 부하 변동이 크지 않은 연삭기 테이블의 왕복운동, 호닝 작업 등에 사용된다.

11 비례제어 밸브와 서보 밸브

종래의 전기-유압 시스템에서는 압력과 유량의 파라미터들이 솔레노이드 밸브와 전기 신호에 의하여 변화되었다. 이러한 제어 시스템들의 전기회로에서는 릴레이 기술이나 비접촉식 스위칭 소자가 이용되어 제어회로가 구성되었다.

그러나 1970년대 중반부터는 유압제어에서 전기적으로 무단으로 제어할 수 있는 밸브들의 응용이 확대되고 있다. 이 무렵까지 무단 전기-유압제어 밸브라고 하면 당연히 서보 밸브로 통용되어 왔으나 본래 항공 우주용 유압장치를 위해 개발된 이 밸브는 산업 유압에 이용하기에는 너무 비경제적이고 작동유의 오염에 치명적으로 민감한 단점이 있다. 무단 전기-유압제어 밸브를 산업 유압에 광범위하게 응용할 수 있게 된 것은 서보 밸브보다 가격, 응용, 보수의 측면에서 훨씬 유리한 비례제어 밸브들이 개발되어 나오기 시작하면서부터이다.

지난 10여 년간 선진공업국에서 비례 유압제어(proportional hydraulics)가 연삭기나 호닝기계와 같은 공작기계, 성형 사출기, 자동화 설비 등과 같은 산업유압 분야에서 확고한 기술 정착을 이루어 온 반면, 농경기계, 건설기계 등과 같은 이동식 유압분야(mobile hydraulic)에서는 최근에 비로소 활발히 보급되고 있다.

비례제어 밸브의 출현은 가격이 저렴하고 신뢰도가 높은 비례전자석의 개발에 의해서 가능해졌다. 비례전자석이 하는 역할은 전기적 입력신호를 받아서 그 크기에 비례하는 자력을 발생시키는 것으로서, 이 자력으로 복원 스프링을 누르게 하면 변위에 비례하는 반력과의 평형에 의해서 자력을 기계적 변위로 변환시킬 수 있다. 따라서 비례전자석과 복원 스프링에 의해 유압 밸브의 스풀(spool) 또는 포펫(poppet)에 변위 신호를 가하면 교축 오리피스를 통과하는 작동유체의 압력 또는 유량은 비례전자석에 입력시키는 전류의 크기에 비례하게 된다. 비례제어 밸브는 그 기능에 따라 교축제어 밸브, 방향제어 밸브, 유량제어 밸브 그리고 압력제어 밸브로 구분된다.

현대에는 보다 복잡한 문제들이 폐회로 제어시스템(closed-loop control system)을 통하여 해결된다. 이를 위하여 서보 밸브가 사용된다.

11.1 릴레이 제어와 비례제어 기술

유압 시스템의 비례제어 기술은 1970년대 초반부터 개발되기 시작하여 산업용에 적용되어 왔다. 비례제어 기술 이전의 전통 유압제어에서는 수동 조작이나 릴레이 제어가 보편적으로 사용되었는데 기존의 릴레이 제어시스템으로 제어하고자 하는 경우에는 유압 시스템 회로뿐만 아니라 전기제어 회로도 상당히 복잡하다는 단점을 가지고 있다. 그림 11.1과 11.2는 실린더를 여러 가지 속도로 제어할 수 있는 기존의 유압 시스템과 비례제어 유압 시스템을 보여 주고 있다. 그림 11.1의 릴레이 제어인 경우에는 여러 개의 2/2-way 방향제어밸브를 사용하여야만 여러 가지의 속도제어가 가능하나 그림 11.2의 비례제어 유압 시스템에서는 비례제어용 방향제어밸브 한 개만을 사용하여 원하는 임의의 속도를 얻을 수 있다.

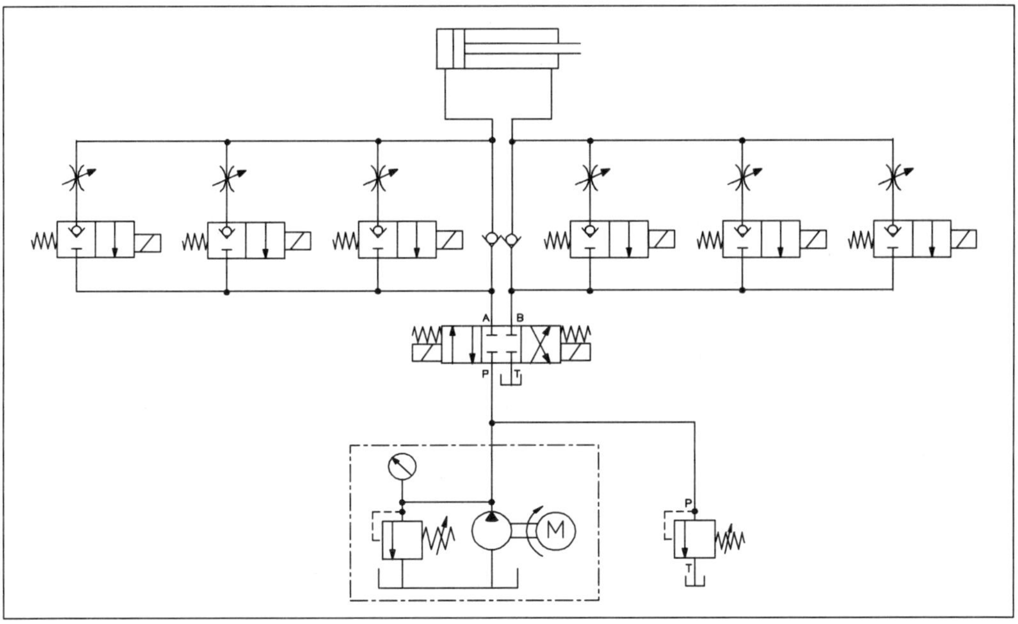

그림 11.1 기존 유압시스템

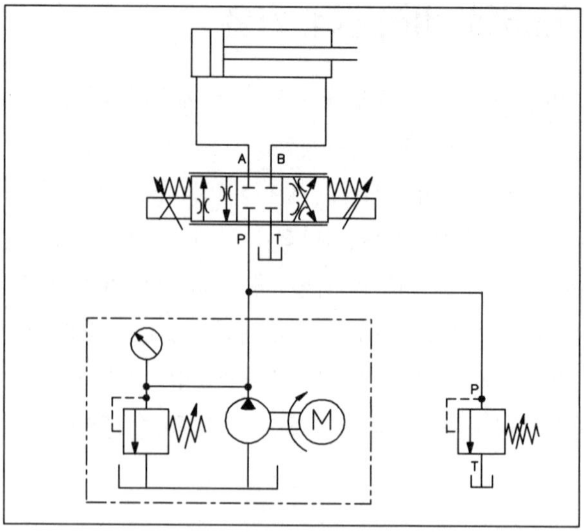

그림 11.2 비례제어 유압시스템

종래의 유압시스템을 사용하는 경우에는 다음과 같은 한계가 있다.

- 실린더 등 작업요소의 동작 시 속도와 압력을 여러 가지로 제어하는 경우 회로가 복잡해지고 비용도 많이 들게 된다.
- 밸브의 작동은 솔레노이드의 on/off 동작으로 제어위치가 고정되어 있다. 또한 밸브의 급격한 스위칭은 서지 압력을 형성시키고 이는 밸브의 손상과 소음의 원인이 된다.
- 교축부를 통과할 때 유압 작동유의 온도가 상승하게 되고 그 결과, 점도가 변하게 되어 작업요소의 운동 시 비선형 특성을 보이게 된다.
- 개회로 제어 방식을 사용하는 시스템이므로 제어의 정확도에는 한계가 있다.

그러나 비례제어 시스템을 사용하면 대부분 이와 같은 문제점을 해결할 수 있으며 그 장단점은 다음과 같다.

- 작업요소의 갑작스러운 속도 변화와 방향의 변화를 제거할 수 있고 그 결과, 서지 압력과 노킹(knocking) 현상을 제거할 수 있다.
- 유압 시스템의 배관이 간단하게 구성될 수 있으므로 유압 배관이 길어지지 않고 용적이 커지지 않는다.
- 압력과 속도를 비례제어용 압력제어밸브와 방향제어밸브를 사용하여 무단으로 조절할 수 있다.
- 유압 장치 외에 전자적인 제어가 필요하므로 그에 대한 지식을 필요로 한다.

11.2 비례제어와 서보제어

유압 시스템에 사용되는 비례제어 밸브는 기존의 솔레노이드 밸브를 개조하여 솔레노이드 밸브의 단순 개폐 기능을 아날로그 제어 기능으로 개선 전환한 밸브이다. 따라서 비례제어 밸브의 동특성은 서보 밸브에 많이 뒤지고 주로 개회로 제어시스템에 응용되어 왔다. 그러나 최근에는 비례제어 솔레노이드의 성능 개선 결과 서보 밸브의 성능에 버금가는 응답성을 지닌 비례제어 밸브들이 개발되고 있는 실정이다.

우선 유압 시스템에 서보 밸브를 적용하는 경우 단점을 살펴보면 다음과 같다.

- 비례제어용 유압 밸브를 사용하는 경우에 비하여 비교적 고가이다.
- 서보제어 시스템에서는 그 시스템에 사용되는 서보 밸브와 보조 장비로 밸브를 제어하는 전자적인 기술이 상당히 복잡한 반면에 비례제어 시스템인 경우에는 전자적인 장치를 최소로 할 수 있다.
- 서보제어 시스템을 사용하는 경우에는 비례제어 유압 시스템보다 작동유의 오염에 민감하다. 따라서 현재에는 유압 시스템에 서보기술을 사용하여 제어하는 방법보다는 개선된 비례제어 기술을 사용하여 제어하는 방법이 많이 채택되고 있는 실정이다.

비례제어 밸브와 서보 밸브의 다른 점은 다음과 같다.

첫째, 서보 밸브는 폐회로 제어시스템에 사용된다. 서보 밸브는 그림 11.3과 같이 시스템에서 만들어지는 피드백 신호를 필요로 한다. 폐회로 제어시스템의 일부인 피드백은 기계 장치의 동작 중이나 제어의 진행과정에서 만들어져서 그 신호를 밸브로 전달한다. 반면에 비례제어 밸브는 주로 개회로 제어시스템에 사용된다. 즉, 그림 11.4와 같이 피드백이 없는 경우에 해당된다.

둘째, 서보 밸브는 매우 정확하게 작동하여 그 에러율이 1 % 미만이다. 그러나 비례제어 밸브는 서보 밸브만큼의 정확도는 보장하지 못한다. 에러율은 3 % 정도이다.

셋째, 서보 밸브는 응답속도가 상당히 빨라서 60 Hz부터 400 Hz 정도인데 비하여 비례제어 밸브는 10 Hz 정도 미만이다. 이들에 대한 특징을 비교하면 다음의 표들과 같다.

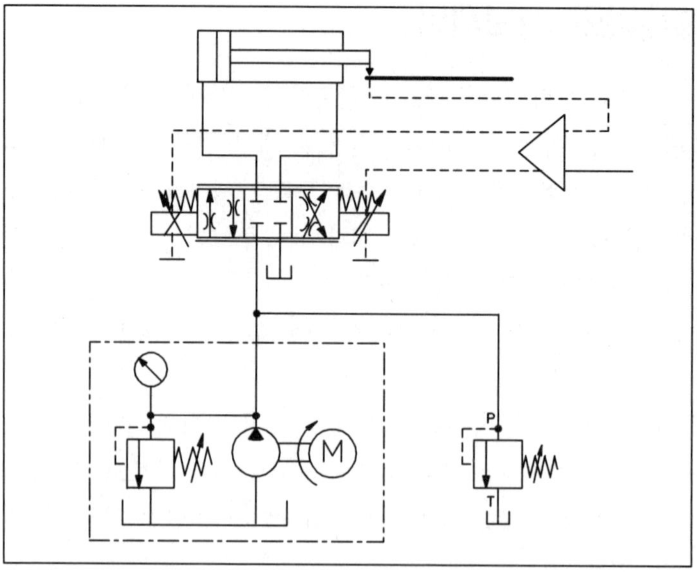

그림 11.3 서보 제어 유압 시스템

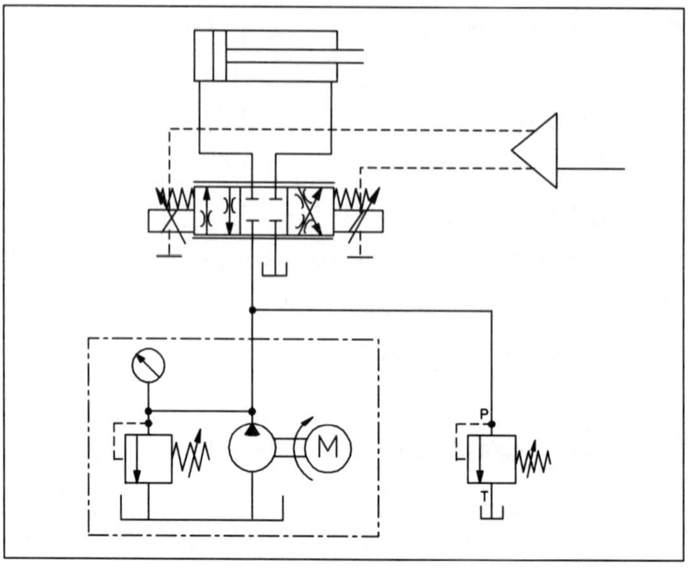

그림 11.4 비례제어 유압 시스템

11.3 비례제어 솔레노이드 밸브

비례제어용 솔레노이드의 개발은 유압 시스템의 설계에 있어서 유압이 적용되는 분야에 새로운 장을 열게 되었다. 비례제이 솔레노이드의 성능은 유압의 특징과 그것에 사용되는 전자적인 요소뿐만 아니라 비례제어 솔레노이드 자체에 의존한다. 비례제어 솔레노이드는 두 가지 형태가 있는데 힘을 제어하는 솔레노이드와 변위를 제어하는 솔레노이드가 그것이다.

11.3.1 힘 제어용 솔레노이드

힘을 제어하는 솔레노이드의 형대는 그림 11.5와 같이 공급되는 전류의 세기에 따라 일정한 힘을 유지할 수 있도록 제어하게 된다.

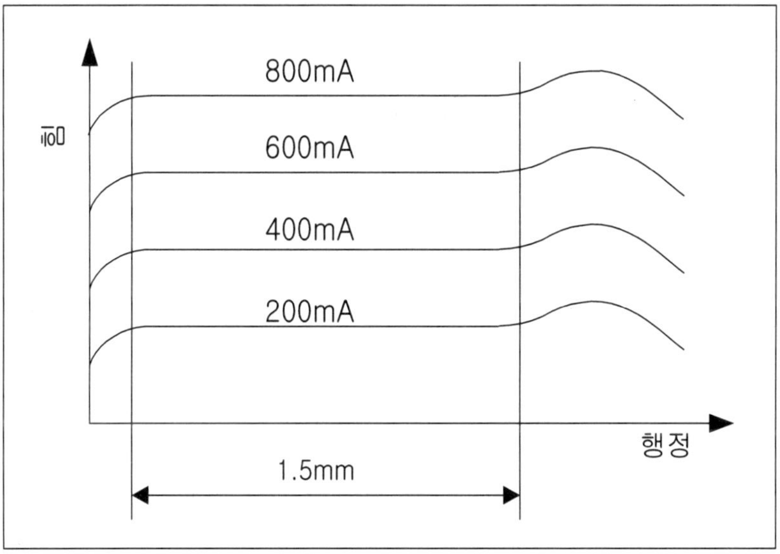

그림 11.5 전류와 힘의 관계

표 11.1 비례제어밸브와 서보 밸브의 일반 사항 비교

항 목	비례제어 밸브	서보 밸브
밸브 기능	• 압력, 유량, 방향제어밸브 • 방향제어밸브의 기능이 유량제어의 영역까지 확대된다. 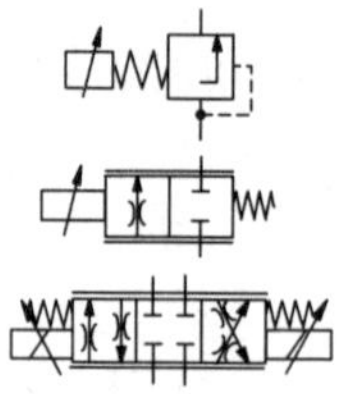	• 서보밸브는 4/3-way 기능을 충족시키고 유량제어밸브의 기능도 만족시킨다. 압력은 가변 교축부에 의하여 영향을 받는다. 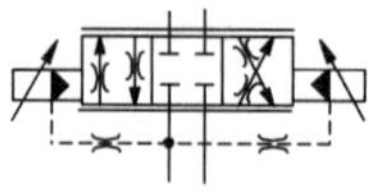
전기-유압 신호 변환	• 비례 전자석이 상대적으로 높은 파워를 필요로 한다(약 50 W). • 밸브 수풀과 압축 스프링을 직접 작동한다. 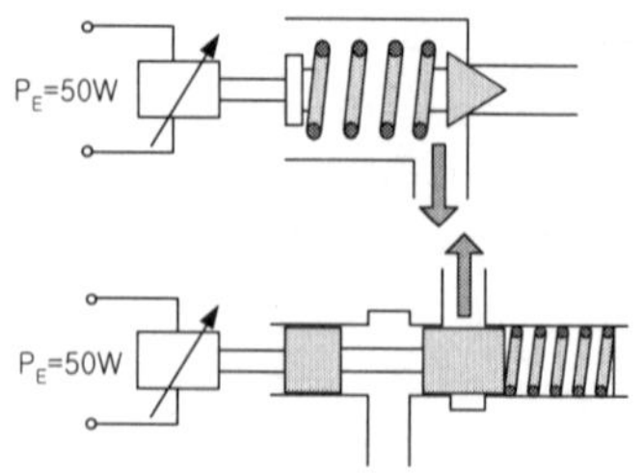	• 상대적으로 낮은 파워(약 0.1~0.3 W)로 토크 모터를 작동하여 배플 플레이트나 증폭기에 작용한다. • 파이로트 스테이지의 출력은 약 100 W이다. 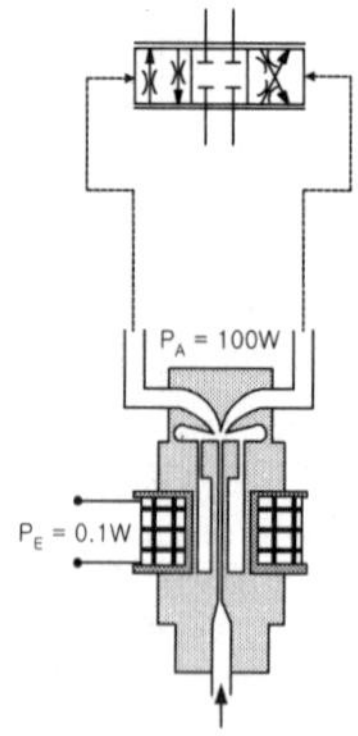
필터의 메시 크기	• 약 30 μm • 재래의 유압밸브로부터 개발되었으므로 특별한 시방이 없다.	• 1~5μm • 압력 필터가 필요하다.
전자 장치	• 밸브는 제어 전자장치와 함께 제공된다. • 상대적으로 취급이 쉽다.	• 적용하는 장소에 따라 전자장치는 특별히 설계된다. • 완전한 폐회로 제어시스템을 구성한다.
응용 분야	• 개회로 제어시스템 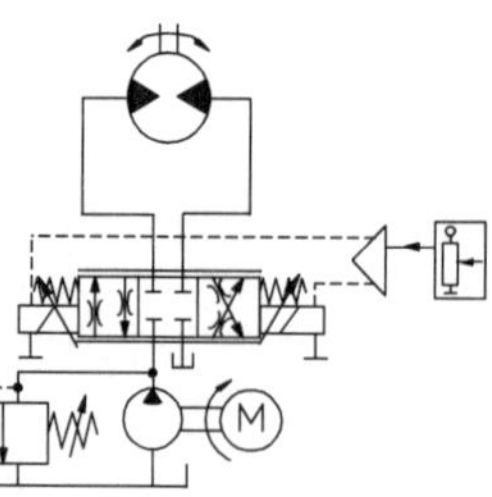	• 폐회로 제어시스템 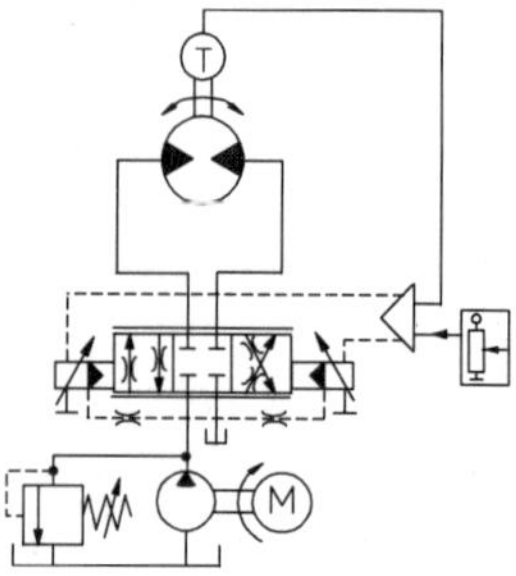

표 11.2 비례제어 밸브와 서보 밸브의 정특성 비교

항 목	비례제어 밸브	서보 밸브
입출력 신호 사이의 선형성	• 밸브는 낮은 압력강하에서 동작 ($\Delta p = 8\,bar$) • 밸브 하우징에서의 저항은 유량이 클 때 선형성에 영향을 준다. 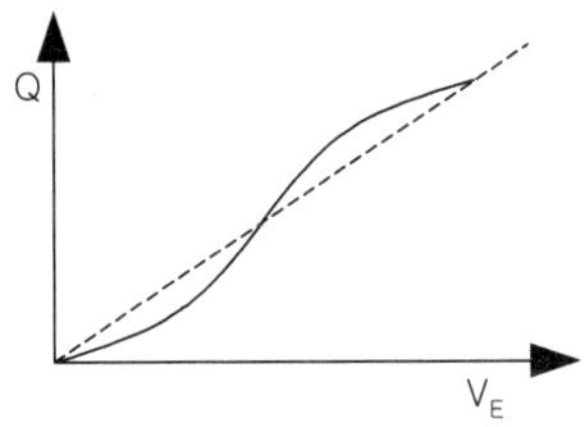	• 밸브는 높은 압력강하에서 동작 ($\Delta p = 70\,bar$) • 밸브 하우징에서의 저항은 선형성에 거의 영향을 미치지 못한다. • leading edge의 극히 높은 정밀도 필요 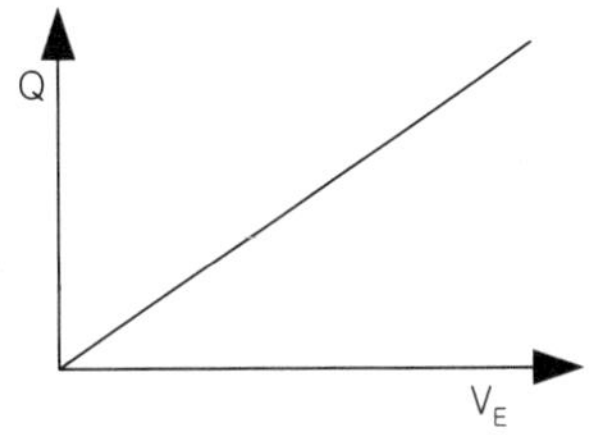
히스테리시스	• 약 0.5% • 전자석 아마튜어 제어위치에 따라 결정된다. 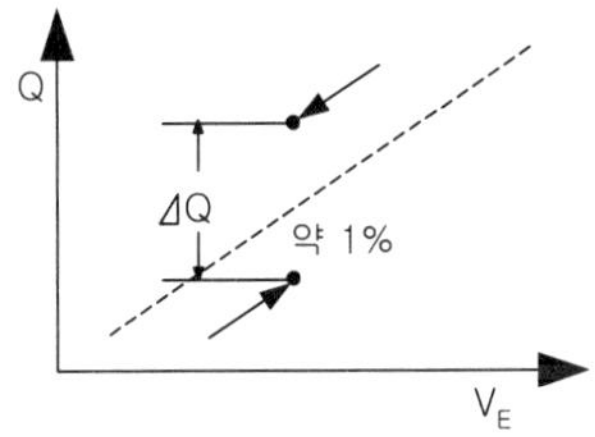	• 약 0.1% • 파이로트 스테이지와 주 스테이지의 전기 제어위치에 따라 결정된다. 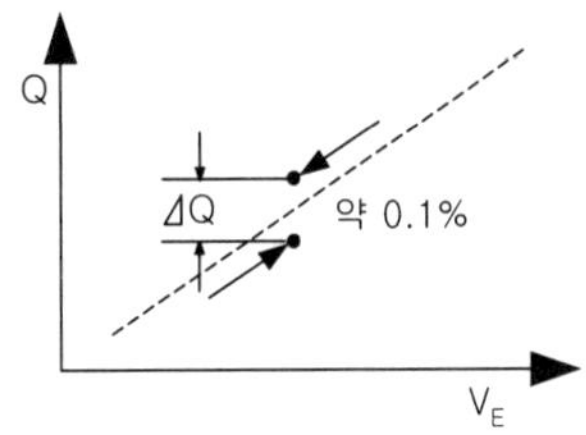
오버랩	• 포지티브 오버랩 • Zero position 근처에 dead zone • 공차가 상대적으로 크다. • 표준 필터 유니트 사용 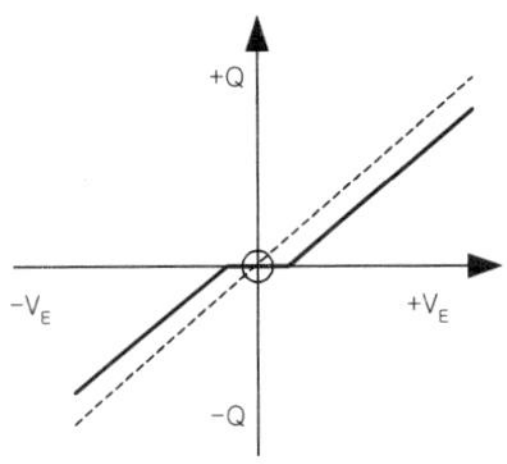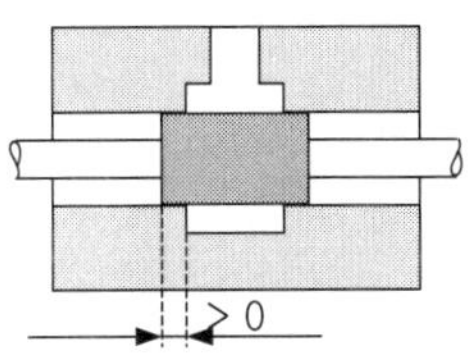Positive overlap	• 오버랩이 거의 없다. • 극히 높은 가공 정밀도가 요구된다. • 폐회로 제어회로 사용 • 스프링에 의한 센터링 사용 안함 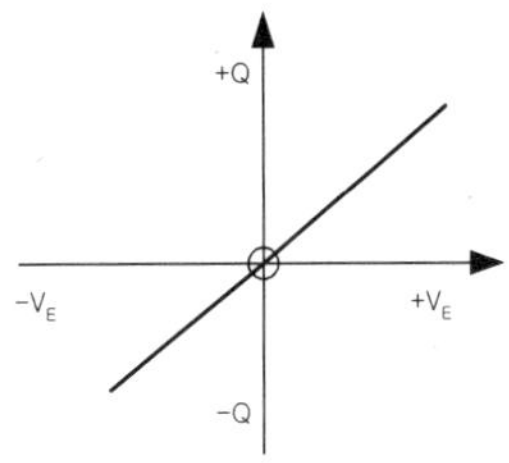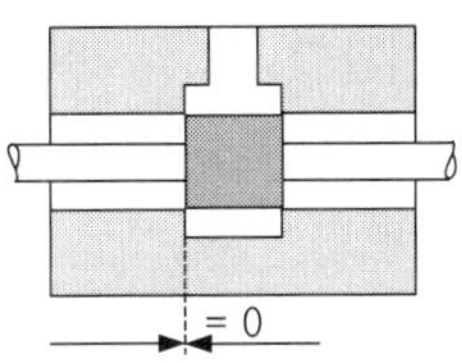Zero overlap

표 11.3 비례제어 밸브와 서보 밸브의 동특성 비교

항 목	비례제어 밸브	서보 밸브
반응시간	• 약 40~60 msec	• 약 5~10 msec
Bode Diagram	• 실험 셋업 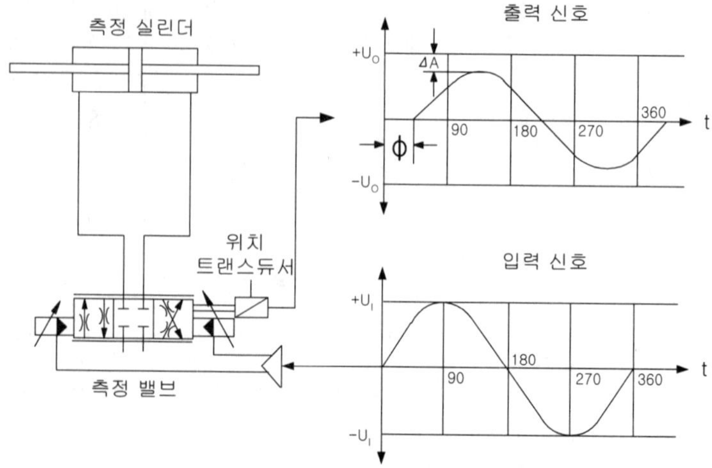 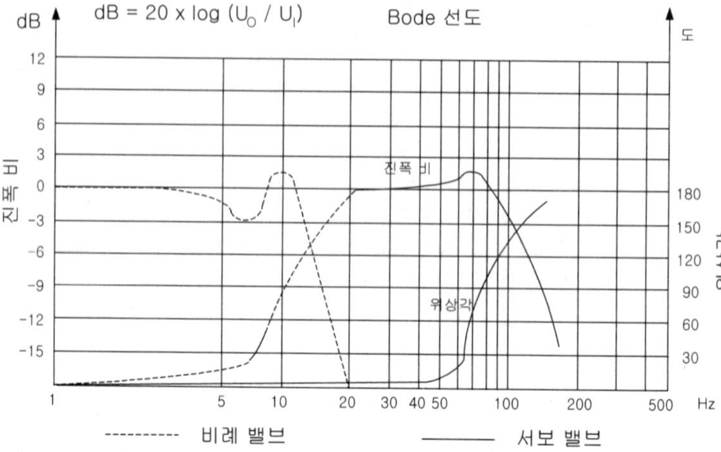 	
한계 주파수	• 약 10 Hz	• 약 60~100 Hz

이는 기존의 직류 솔레노이드를 수정 보완하여 그림 11.6과 같이 공급되는 전류의 세기에 비례하여 힘이 변환할 수 있도록 만들어 준다.

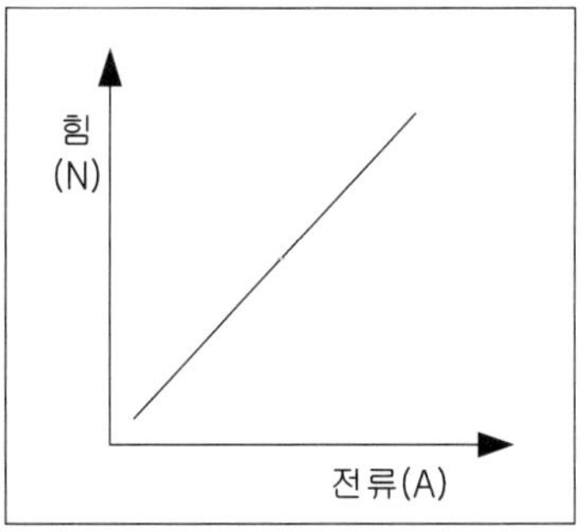

그림 11.6 힘과 전류의 선형 관계

기존의 솔레노이드는 신호가 입력되면 솔레노이드가 움직일 수 있는 전 행정을 모두 움직이게 된다. 그러나 비례제어용 솔레노이드의 경우는 공급된 전류의 세기에 따라 힘의 세기가 비례적으로 변하는 것이다. 이와 같은 솔레노이드는 입력 전류의 세기가 변하는 것에 따라 솔레노이드의 작동거리가 크지 않기 때문에 전체적으로 솔레노이드의 크기가 작아진다는 장점이 있다. 따라서 간접 작동형의 비례제어 밸브는 압력제어밸브, 방향제어밸브, 펌프의 제어용으로 많이 사용되고 있다.

11.3.2 변위 제어 솔레노이드

변위 제어 솔레노이드는 소위 LVDT(Linear Variable Differential Transformer)라고 불리는 위치제어용 변환기가 내장된 비례제어 솔레노이드를 말한다. 그림 11.7은 변위 제어 솔레노이드의 개념을 보여준다.

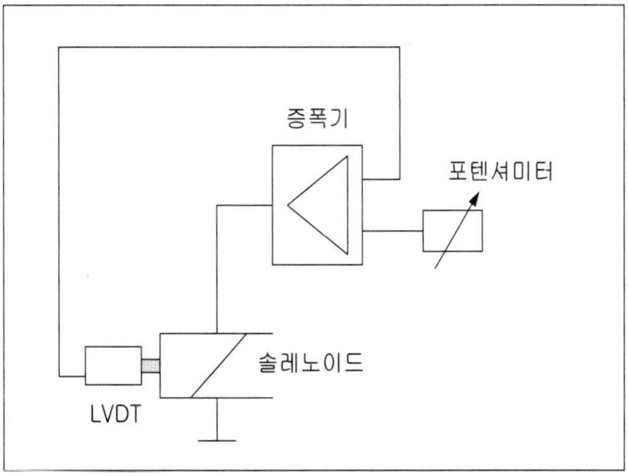

그림 11.7 변위 제어 솔레노이드

변위 제어 솔레노이드는 솔레노이드의 작동거리를 정확하게 측정하여 전기적인 신호로 피드백을 제공하는데 LVDT가 핵심적인 역할을 한다. LVDT는 비례제어 솔레노이드의 끝부분에 설치되어 있고 이는 밸브 스풀의 실제 위치를 측정하여 증폭기를 통하여 피드백 신호를 보내게 된다. 입력 신호와 피드백 된 신호가 증폭기 내에서 비교되고 이들에 대한 차이 값을 보상하는 신호가 솔레노이드에 다시 주어지게 된다. 따라서 밸브 내의 스풀은 항상 정확한 위치를 유지하게 된다.

11.4 서보 제어 시스템

유압 시스템을 전기적인 방법으로 제어하는 데에는 첫째, 디지털 개회로 제어시스템(digital open-loop control system)을 들 수 있다. 이 시스템에서는 기계적으로 조정되는 압력제어밸브, 유량제어밸브, 전기-유압 솔레노이드 밸브, 리밋 스위치 등이 사용되고 전기적인 신호가 릴레이 제어반이나 PLC 제어반에 입출력되어 유압시스템이 구동된다. 그림 11.8에서는 디지털 개회로 제어 시스템의 구성을 보여준다.

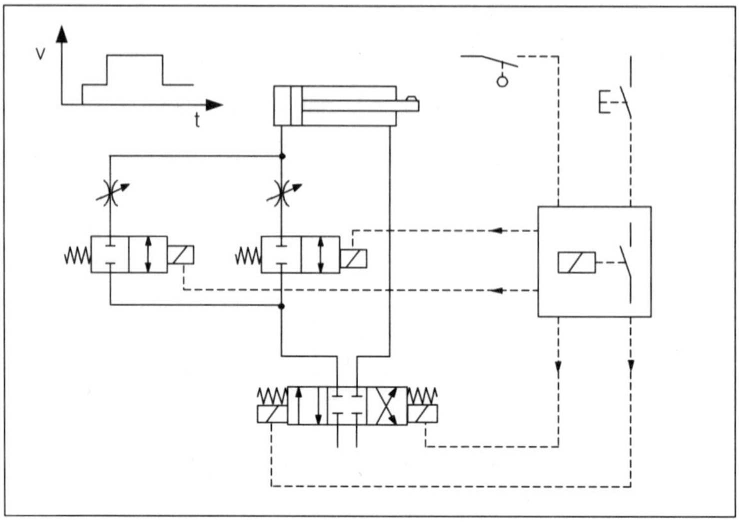

그림 11.8 디지털 개회로 제어 시스템

두 번째는 아날로그 개회로 제어시스템(analog open-loop control system)이다. 이 시스템에서는 비례제어 유압밸브와 증폭기가 조합되어 유압 에너지를 제어한다. 압력, 유량, 방향 등의 기준 값은 미리 전기적인 아날로그 신호로 결정되어 있으며 이 값은 램프 발생기 등과 같은 기능으로 조절될 수 있다. 기준 값은 릴레이 제어 장치나 PLC 장치 등으로 구성될 수도 있다. 그림 11.9에서는 아날로그 개회로 제어시스템의 구성을 보여준다.

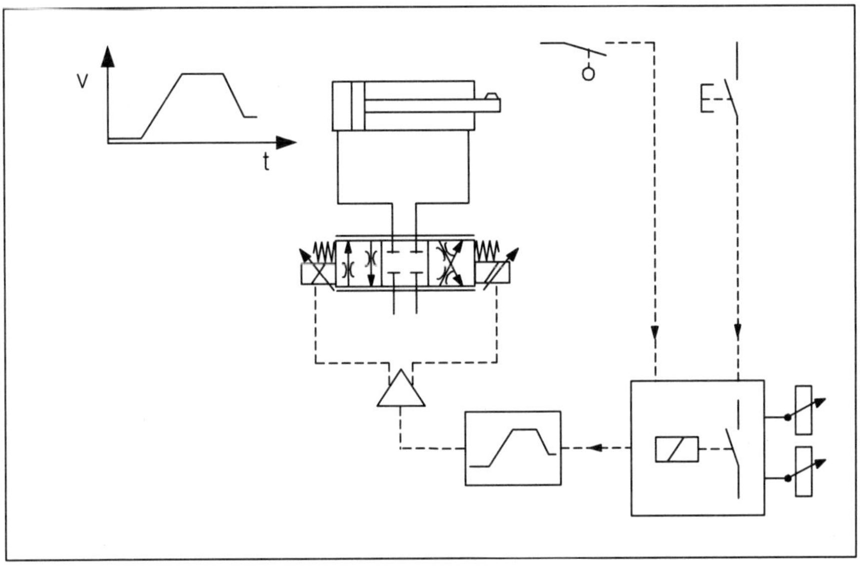

그림 11.9 아날로그 개회로 제어시스템

개회로 제어시스템의 특징은 프로그램이 진행되는 과정이 개방되어 있다는 것이다. 즉, 프로그램의 각 스텝과 요소에서 피드백 신호가 없다는 것이다. 입력신호와 출력신호의 연결은 시스템의 각 요소가 작동한 결과이다. 출력신호는 신호가 진행되는 과정 중 발생된 오차의 영향을 받는다. 이와 같은 오차는 전류의 누설, 매체의 압축성, 마찰, 제로 이송, 선형성의 편차, 마모 등에 의해서 발생되며, 더욱 중요한 것은 실린더 또는 모터 등에 작용하는 부하의 변동으로 인한 영향은 단지 압력보상 등과 같은 방법으로 극히 일부만이 보상된다는 점이다.

세 번째는 폐회로 제어시스템(closed-loop control system)이다. 이는 서보 밸브나 비례 유압제어 밸브, 피드백 신호를 만들기 위한 연속적으로 작동되는 센서, 전자적인 폐회로 증폭기 등이 사용되는 시스템이다. 역시 기준 값에 대해서는 전기적인 기계 제어시스템의 신호가 이용될 수 있다. 그림 11.10에서는 폐회로 제어시스템의 구성을 보여준다.

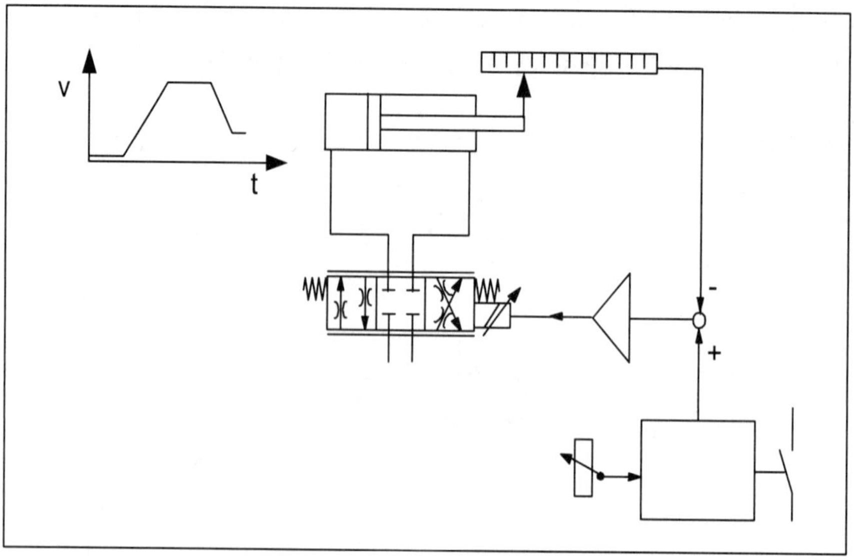

그림 11.10 폐회로 제어시스템

서보 밸브는 방향제어밸브와 가변 오리피스의 조합으로 생각할 수 있다. 서보 밸브는 방향제어밸브를 동작시키는 솔레노이드 대신에 토크 모터에 의해서 동작된다. 토크 모터는 직류 신호를 받아서 그에 비례하는 기계적 운동으로 출력시켜 주는 전기 장치이다. 토크 모터로부터 출력된 기계적 운동은 서보 밸브의 스풀 또는 플래퍼(flapper)를 이동시키는데 사용된다. 솔레노이드와 토크 모터의 기능상 차이점은 솔레노이드가 전기적 신호의 on/off에 의해서 두 개의 제어위치를 갖게 만들지만 토크 모터는 전기 신호에 비례하여 제어위치가 정해진다는 것이다.

솔레노이드의 플런저는 완전히 열리거나 닫혀서 밸브 스풀이 완전히 이동되거나 전혀 이동되지 않도록 만드는데 반하여 토크 모터의 기계 출력 요소의 변위는 신호의 크기에 종속된다. 따라서 밸브의 스풀은 비례적으로 이동된다. 서보 밸브가 비례 장치라는 사실은 서보 시스템의 커다란 장점이다. 실린더의 운동은 서보 밸브 스풀의 이동 방향과 제어량에 따라서 유량까지도 제어될 수 있다는 것이다. 서보 밸브에서 스풀의 랜드를 지나는 유량은 유량제어밸브의 보상 피스톤 랜드에 의해서 교축되는 것과 같은 방법으로 교축된다. 서보 밸브를 이용하면 시스템을 보다 빠르고 정밀하게 제어할 수 있다.

이와 같은 서보 밸브를 이용하는 제어시스템을 서보 제어시스템 또는 폐회로 제어시스템이라고 하는데, 폐회로 제어시스템은 출력신호가 측정 장치에 의하여 연속적으로 모니터 하고 이것이 기준 값과 비교된다. 기준 값과 피드백 신호를 비교하여 오차가 발생되면 연속적으로 오차를 수정하기 위하여 제어장치에서 처리된 수정된 신호가 유압 실린더나 유압 모터와 같은 작업요소로 전달된다. 폐회로 제어시스템이 효율적으로 제어되지 않으면 기준 값과 피드백 신호 사이의 아주 작은 편차도 큰 값으로 증폭되어 시스템의 불안정성이 발생된다. 따라서 폐회로 제어시스템이 최적의 상태에서 작동될 수 있도록 정확한 게인(gain) 값과 시간 응답성이 계산되어야 한다.

12 배관과 조인트

유압장치에서 배관은 펌프와 밸브 및 액추에이터를 연결하여 유압 에너지를 수송하는 역할을 한다. 배관이나 이음의 선택을 잘못하면 유압 에너지의 손실이 커지고 유압 작동유가 오염되어 유압장치의 고장 원인이 되며 특히 고압의 경우 배관의 이음 부위에 누유가 생기면 고압의 유압 작동유가 분출되어 작업환경의 오염, 운전불능은 물론 작업자에게 치명적인 해를 가져올 수 있다. 그러므로 관이나 관이음의 적절한 선택은 물론 배관공사에 있어서도 정밀한 시공에 유의하지 않으면 안 된다. 또한 먼지 같은 불순물이 유압 작동유에 혼입되지 않도록 하고 진동에 의하여 이음이나 관이 파손되지 않도록 관을 지지할 필요가 있다.

유압장치에서 배관에 필요한 부속품들을 커넥터라고 한다. 유압기기가 아무리 우수하다고 하더라도 배관이 제대로 설치하지 못하면 소기의 기능을 발휘할 수 없게 된다. 커넥터도 다른 유압기기와 마찬가지로 유압장치의 중요한 구성요소이다. 유압장치에 사용되는 커넥터는 유압 시스템 최대 압력에서도 누설이 없어야 하고 특수한 공구를 사용하지 않고도 짧은 시간 내에 조립, 분해하기가 쉬워야 하고 유압 작동유가 흐르는 단면적에 심한 변화를 일으키지 않아야 하며 커넥터를 통하여 흐르는 유압 작동유의 압력손실이 최소가 되어야 한다.

12.1 배관경의 계산

호스와 파이프의 유량 단면적은 배관 내의 압력손실에 영향을 미치고 이는 유압시스템의 효율에 연관된다는 것을 뜻한다. 파이프 배관, 엘보우(elbow), 밴드(bend), 엘보우 커넥터에서의 압력손실이 커지면 안 되므로 어떠한 제한치 이내로 설계를 하여야 한다. 따라서 배관 내에서의 유량속도는 다음 기준치를 참조한다.

압력관　　5 MPa까지 : 4.0 m/s
10 MPa까지 : 4.5 m/s
15 MPa까지 : 5.0 m/s
20 MPa까지 : 5.5 m/s
30 MPa까지 : 6.0 m/s
30 MPa 이상 : 6.5 m/s

흡입관 : 1.5 m/s
복귀관 : 2.0 m/s

배관의 단면적은 다음 식에 의해서 구할 수 있다.

$$A = \frac{Q}{v}, \qquad A = \frac{\pi \cdot d^2}{4}$$

여기에서　　A : 배관 단면적(m^2)
Q : 유량(m^3/s)
v : 유체의 속도(m/s)
d : 배관 직경(m)

12.2 배관 내의 저항

유체가 흐를 때의 내부마찰이나 배관 벽에서의 마찰은 저항으로 나타나게 되며 이는 압력강하 형태로 측정되거나 계산될 수 있다. 유속은 이러한 모든 것에 의하여 영향을 받게 되며 따라서 표준치가 초과되지 않도록 한다.

곡관, T연결, 분기관 또는 지관(branch) 등에서는 압력강하에 따라 유체의 흐름이 달라진다. 여기에서의 저항은 유량과 관의 기하학적 형상에 따라 달라진다. 이와 같은 압력손실은 통상 사용되는 배관에서 실험을 통해 얻어진 손실계수를 이용하여 계산한다.

유압호스는 이동식 유압장치의 배관에서 주로 사용되며 고정식 유압장치에서도 많이 사용된다. 호스에서의 압력강하는 호스의 크기에 따라 달라진다.

12.3 배관의 선정

배관의 치수는 항상 사용압력에 대한 안전성과 관의 압력손실을 고려하여 결정하여야 한다. 관의 압력손실이 최소가 되는 유체속도는 유압 작동유 점성계수나 관의 길이에 따라 다르기는 하지만 일반적으로 펌프 흡입 측에서는 0.5~1.5 m/s, 펌프 토출 측에서는 2~5 m/s가 되도록 관의 안지름을 선택하는 것이 좋다.

사용압력에 대한 관의 두께는 보통 Barlow의 식을 사용하여 구한다.

$$t = \frac{p \cdot D}{2 \cdot \sigma}$$

여기에서 t : 관 두께(m)

p : 사용압력(Pa)

D : 관의 바깥지름(m)

σ : 허용응력(N/m^2 : 인장강도÷안전계수)

안전계수 : 일반적으로 4를 택함

허용응력은 대개 인장강도의 1/4(안전계수 = 4)을 택하고 있으나, 최근에는 재료의 신뢰성이 높아져 상온 항복점의 2/3까지 허용하기도 한다.

12.4 배관의 종류

유압 시스템에 사용되는 관은 금속관과 고무호스로 대별되고, 관을 사용할 때 가장 주의하지 않으면 안 되는 것은 관의 치수와 내압강도이다. 금속관은 관의 재질에 따라 강관, 스테인리스 강관, 동관, 알루미늄관 등으로 나누고 사용하는 압력에 따라 일반배관용, 압력배관용, 고압배관용으로 나눈다.

12.4.1 강관

유압배관용 강관의 선정은 내압강도, 치수, 시공시의 가공방법 등이 고려되어야 하나 그 중에서도 내압강도는 가장 중요하게 고려해야 할 사항이다. 압력배관용 강관, 고압배관용 강관은 제조 후 어닐링(annealing)하여 관을 구부리던가, 관 끝을 플레어(flare) 가공하기에 적합하도록 제조한 강관이다. 강관은 진동에 대한 저항이 약하고, 석유계 유압 작동유에 대하여 기름의 산화작용을 촉매 하는 역할을 하므로 배관에 사용할 때에는 내부를 카드뮴 또는 니켈 도금을 하여 사용하면 좋다.

12.4.2 스테인리스 강관

내식성 또는 고온용으로 사용되며 어닐링하여 관의 굽힘 가공, 플레어 가공에 적합하도록 처리되어 있다.

12.4.3 동관 및 알루미늄관

동관은 주로 2MPa 이하의 저압 배관에 사용되며 어닐링하여 상온에서도 플레어, 굽힘 등의 가공이 용이하다. 그러나 재료의 특성상 석유계 유압 작동유의 산화작용을 촉진하는 촉매 역할을 하므로 유압배관에 사용할 경우에는 내부 도금(plating)을 해서 사용하는 것이 좋다.

알루미늄 관은 동관과 마찬가지로 굽힘 가공 및 플레어 가공이 용이하여 비교적 적은 압력으로 작동되는 부분의 배관에 이용된다.

12.4.4 호스

호스는 탄성물질이나 고무, 플라스틱 등을 합성하여 만들어지는데 호스가 주로 사용되는 곳은 금속관으로는 곤란한 장소, 두 금속관의 중심선이 일치하지 않는 곳이나 이동하는 배관과 고정배관을 연결할 때, 상대위치가 변하는 곳 등이며 진동을 흡수하기 위하여 사용될 때도 있다.

호스의 사용온도 범위는 대략 -40~100 ℃ 정도이지만 특수한 것은 150 ℃ 정도의 온도에서 견디는 것도 있다. 고무호스의 사용압력은 파열압에 대하여 안전계수를 고려한 값인데 보통은 안전계수를 5 이상으로 하도록 정하고 있다. 고무호스를 접속할 때 극단적으로 비틀거나 굽힐 경우, 굽힘 반지름을 고무호스에서 규정한 최소 굽힘 반지름보다 작게 하지 않도록 주의해야 한다. 호스는 그림 12.1에 나타낸 바와 같이 여러 층으로 구성되어 있다.

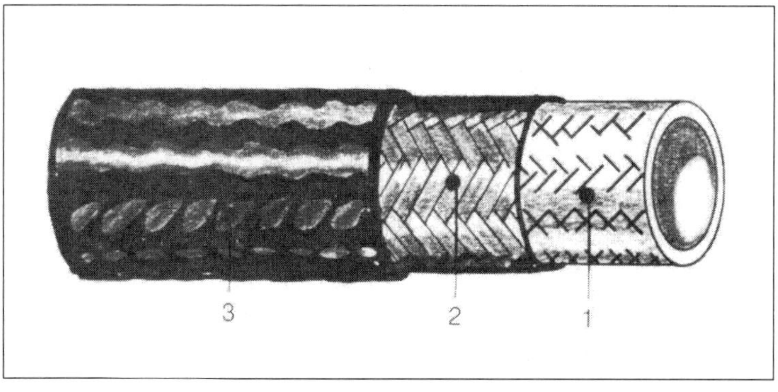

그림 12.1 호스

내측 튜브(1)은 합성고무, 테프론(teflon), 폴리에스터(polyester-elastomer), 퍼부넌(perbunan), 네오프렌(neoprene) 등으로 만들어지며 강선, 폴리에스터, 레이온(rayon) 등의 층이 함께 짜여져 있다. 직조 부분(2)는 내마모 고무, 폴리에스터, 폴리우레탄 등의 재질로 만들어진다. 그 이외에 외부로부터의 기계적 손상을 방지하기 위하여 겉 부분(3)에 보호막을 입혀준다.

호스의 사용압력은 세분되어 있으나 일반적으로 고압용으로서 10～20 MPa, 중압용으로 5～10 MPa, 저압용으로 3.5～5 MPa 정도의 호스가 사용되고 강도와 가요성의 감소 사이에 상관관계가 있으므로 관지름이 큰 호스는 제작하기 어렵다. 또한 호스의 호칭지름에 따라 사용압력이 작용할 때 구부릴 수 있는 최소 반경도 참조하여야 한다.

유압호스를 선택할 경우에는 사용될 곳의 기능과 여러 요인을 고려해야 한다. 호스는 열, 화학적, 기계적 영향을 받으므로 작동압력을 명시하는 것과 함께 압력이 정적인지, 동적인지도 고려해야 한다. 밸브의 급격한 스위칭으로 발생되는 압력은 계산된 압력의 몇 배에 해당될 수도 있다. 제조사의 사양에는 호스의 공칭경, 부하, 압력, 열, 화학, 저항 등의 기술적 자료가 정의되어 있다. 제조사의 사양에서 사용되고 있는 용어의 정의는 다음과 같다.

▌ 최대 허용 작동압력(maximum permissible operating pressure)

제조사에서 정적 및 동적 작동압력을 명시해 놓고 있다. 정적 작동압력은 안전계수 4가 고려된 값이다. 즉 작동압력은 파열압력의 1/4이다.

▌ 파열압력(bursting pressure)

이 값은 오직 실험값으로 정해진다. 호스는 이 압력 이하에서 파열되거나 누유되지 않는다.

▌ 시험압력(test pressure)

최소 30초에서 최대 60초까지 작동압력의 2배의 압력을 받는다.

▌ 길이 변화(change in length)

모든 호스는 작동압력 하에서 어떤 범위로 길이가 변화한다. 길이의 변화는 사용된 호스의 재질에 따라 결정되지만 2% 이상, -4% 이하로 변화되어서는 안 된다.

▌ 굽힘 반경(bending radius)

지정된 최소 굽힘 반경은 최대 작동압력 하에서 안정된 상태로 굽힐 수 있는 반경을 뜻한다. 안전상의 이유로 이 값 이내로 호스를 굽히면 안 된다.

▌ 작동온도(operating temperature)

지정된 온도는 호스를 통과하는 유압 작동유의 온도이다. 이 온도보다 유압 작동유의 온도가 높게 되면 호스의 내구수명을 상당히 경감시키게 된다.

유압호스를 설치할 때 가장 중요한 것은 올바른 길이의 호스를 사용하는 것이다. 호스가 압력이 걸린 상태에서 연결된 유압부품이 움직일 수 있어야 한다. 또한 굽힘 반경도 충분히 커야 한다. 그림 12.2는 기본적인 호스의 설치 예를 예시한 것이다.

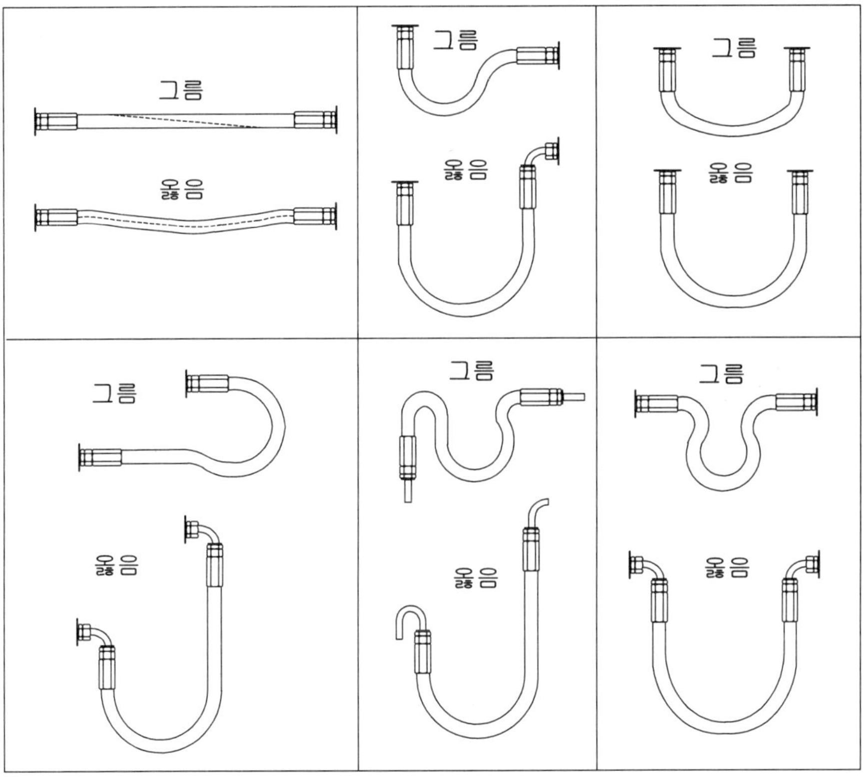

그림 12.2 호스의 설치

표 12.1 호스의 호칭경과 허용 굽힘 반경

호칭경		최소 허용 굽힘 반지름(예)	비고(mm)
NG	인치(inch)		
6	$\frac{1}{8}$	100	3.175
8	$\frac{1}{4}$	140	6.35
10	$\frac{3}{8}$	220	9.525
15	$\frac{1}{2}$	270	12.7
20	$\frac{3}{4}$	350	19.05
25	1	440	25.4
32	$1\frac{1}{4}$	570	31.75
40	$1\frac{1}{2}$		38.1
50	2		50.8
65	$2\frac{1}{2}$		63.5
80	3		76.2
90	$3\frac{1}{2}$		88.9
100	4		101.6

12.5 나선과 배관경

배관의 바깥지름과 배관의 나사부는 그림 12.3과 같이 정의되고 표 12.2와 같은 관계를 가지고 있다.

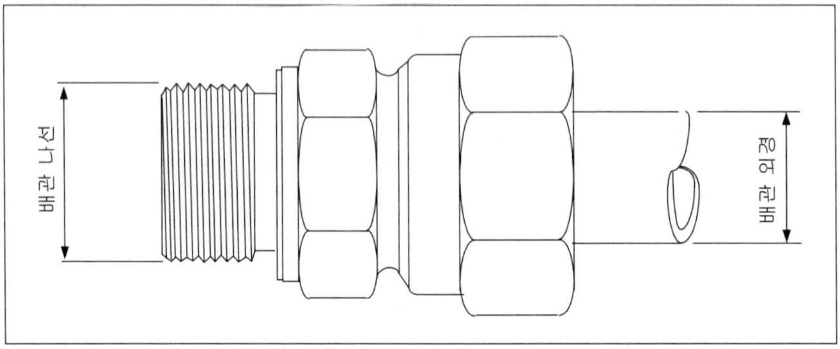

그림 12.3 나선과 배관경

표 12.2 배관 외경과 나선

배관의 바깥지름(mm)	Whitworth 배관 나선	미터법 가는 나선
6	R $\frac{1}{4}''$	M 12×1.5
8	R $\frac{1}{4}''$	M 14×1.5
10	R $\frac{3}{8}''$	M 16×1.5
12	R $\frac{3}{8}''$	M 18×1.5
14	R $\frac{1}{2}''$	M 20×1.5
16	R $\frac{1}{2}''$	M 22×1.5
20	R $\frac{3}{4}''$	M 27×2
25	R 1$''$	M 33×2
30	R $1\frac{1}{4}''$	M 42×2
38	R $1\frac{1}{2}''$	M 48×2

13 어큐뮬레이터

어큐뮬레이터(accumulator; 축압기)는 용기 내에 고압의 유압 작동유를 저장한 장치로서 필요에 따라 고압의 유압 작동유를 공급할 목적으로 고안되었으며 그 구조가 비교적 간단하여 여러 가지 용도로 사용된다.

유압 프레스와 같이 작업이 간헐적으로 이루어지는 기계에서는 다음 작업이 준비되는 동안 펌프에서 공급된 유압 에너지를 축적함으로써 펌프를 소형화할 수 있고, 정전이나 고장으로 인한 비상 동력원으로 사용되기도 한다. 특히 항공기나 탱크 등에서는 어큐뮬레이터를 설치하여 비상 동력원으로 대비하고 있다. 유압 펌프에서 발생하는 맥동 압력을 흡수하여 유압회로 내의 압력을 일정하게 유지하거나 밸브를 개폐할 때 발생하는 유격(oil hammer)이나 서지 압력(surge pressure)을 제거하여 충격 압력에 의한 계기류, 배관, 밸브류의 파손이나 누설을 방지할 목적으로도 사용한다. 이 밖에도 특별한 용도로 독성이 있거나 유해물질 및 부식성이 있는 액체를 유동시킬 때에도 사용된다.

13.1 어큐뮬레이터의 기능

어큐뮬레이터는 유압 에너지의 저장, 유압 펌프 고장 시 비상 에너지원, 누유 보상, 충격파 및 진동의 흡수, 압력 및 온도 변화에 따른 체적 보상, 차의 서스펜션(suspension) 등에 사용된다.

▌보조 에너지원

펌프에서 토출되는 유압 에너지를 저장하여 간헐적이거나 순간적으로 운동이 필요할 때 저장된 어큐뮬레이터의 압력을 이용한다. 펌프 대신으로 저장된 유압 에너지를 이용하여 유압 에너지원으로써 단독으로 이용하기도 한다.

▌ 대용량의 순간적 공급

작업 중 잠깐 동안 많은 유량의 유압 작동유가 필요한 경우에 큰 용량의 펌프를 사용하면 동력 손실이 많아지게 된다. 이러한 경우에 어큐뮬레이터를 제2의 에너지원으로 사용하면 작은 펌프를 사용하여도 되고, 작은 펌프를 구동시키는 구동장치도 작아져서 비용을 절감할 수 있다. 그림 13.1은 어큐뮬레이터가 많은 유량을 보상하기 위하여 사용된 예이다.

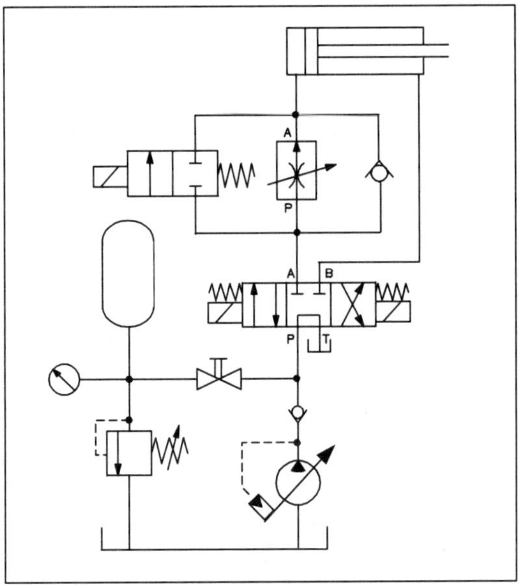

그림 13.1 많은 유량의 보상

▌ 일정 압력 유지

어큐뮬레이터를 사용하여 일정 시간 동안 압력을 유지시킬 수 있다. 그림 13.2에서는 클램핑 압력을 유지시켜 주는 회로를 보여준다. 이 때의 어큐뮬레이터는 압력 유지뿐만 아니라 누유도 보상한다.

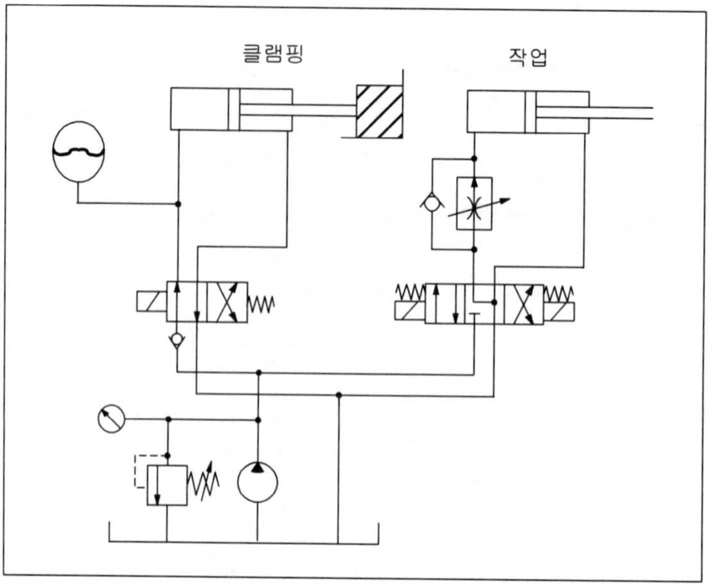

그림 13.2 일정 압력 유지

▌ 맥동 방지

유압 펌프에서는 일반적으로 토출 압력이 맥동(fluctuation) 현상을 나타낸다. 피스톤 펌프인 경우 피스톤의 수와 펌프의 회전수에 따라 맥동 현상이 달라진다. 피스톤의 수가 많을수록 맥동은 적다. 펌프의 맥동 압력을 흡수하여 펌프의 토출압력을 일정하게 유지할 필요가 있을 때 어큐뮬레이터를 설치한다. 이러한 경우에는 될 수 있는 대로 맥동원이 되는 펌프 가까운 곳에 설치하는 것이 효과적이다. 일반적으로 맥동 방지형 어큐뮬레이터로는 격판식 어큐뮬레이터가 많이 사용된다.

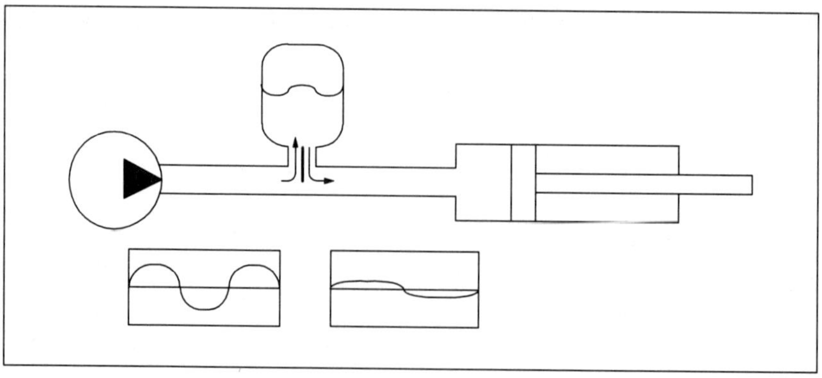

그림 13.3 맥동 방지

■ 현가장치

자동차의 현가장치(suspension)에 사용되어 승차감을 좋게 하는 데에도 어큐뮬레이터가 사용되며 이러한 사용은 증가 추세에 있다. 그림 13.4는 자동차의 현가 시스템의 예를 보여준다.

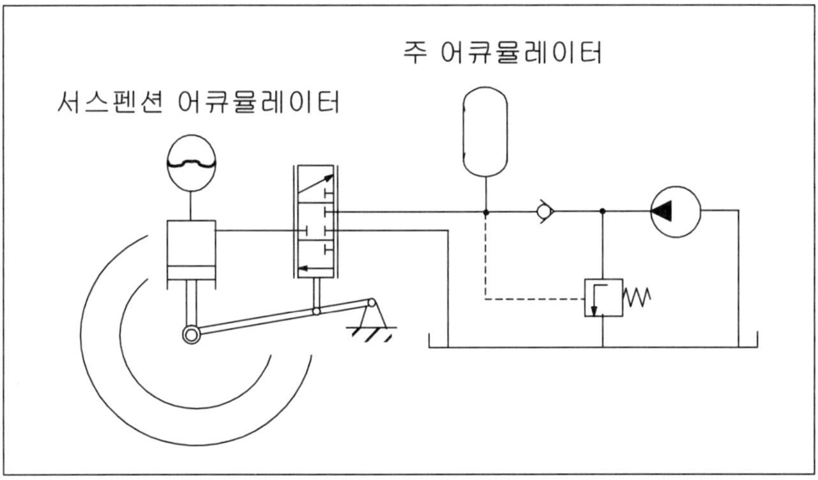

그림 13.4 현가장치

이외에도 펌프 고장 시 작업 사이클을 완성시키기 위한 비상 에너지원이나, 압력 및 온도 변화로 인한 체적 변화에 대한 보충, 피크 압력의 감소를 위해서도 어큐뮬레이터가 사용된다.

13.2 어큐뮬레이터의 종류

어큐뮬레이터는 구조적으로 저장된 유압 작동유와 봉입된 기체가 직접 접촉하는 직접형과 유압 작동유와 기체가 접촉되지 않도록 한 분리형으로 구분할 수 있으며 유압 작동유에 압력을 가하는 방법으로 기체의 압력을 이용하는 기체식과 스프링이나 무게추를 이용하는 기계식이 있다.

13.2.1 중추식 어큐뮬레이터

어큐뮬레이터의 초기 형태는 중추식 어큐뮬레이터(weight-loaded accumulator)였다. 실린더에 설치한 램의 상단에 무게추를 가하여 실린더 하단의 유압 작동유가 압력을 유지하도록 만든 장치이다. 유압 작동유가 중량에 따른 압력을 항상 일정하게 유지하면서 작동하므로 어큐뮬레이터로서는 이상적이나 고압 대용량이 되면 추가 커지게 되어 사용의 제한이 따른다. 중추식 어큐뮬레이터는 많은 용량이 필요치 않으면서 일정한 압력이 요구되는 곳에 사용된다. 그림 13.5에는 중추식 어큐뮬레이터의 구조를 보여준다.

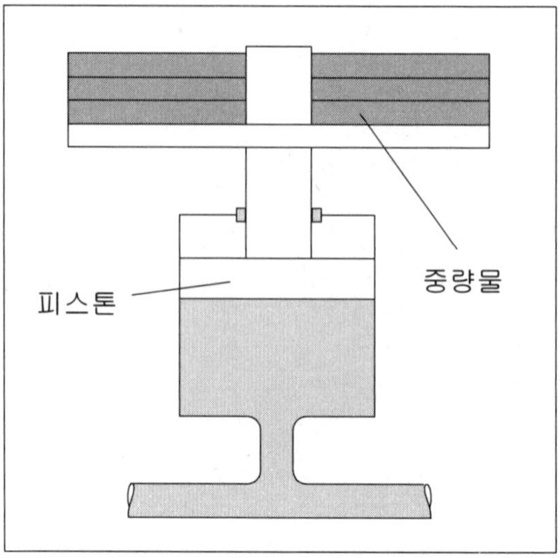

그림 13.5 중추식 어큐뮬레이터

13.2.2 스프링식 어큐뮬레이터

스프링식 어큐뮬레이터(spring-loaded accumulator)는 실린더 속의 유압에 의하여 피스톤을 밀어 올리는 힘과 스프링 힘이 평형을 이루게 하는 형식으로 구조가 간단하고 보수도 용이하다. 스프링은 압력 변동을 흡수하는 좋은 특성이 있으므로 소형, 중 · 저압용으로 제작되어 건설 차량 등에 많이 이용된다. 스프링식 어큐뮬레이터에서 생성되는 압력은 스프링 힘을 피스톤 면적으로 나눈 값으로 유압 작동유가 배출됨에 따라 배출압력은 감소하게 된다. 그림 13.6에는 스프링식 어큐뮬레이터의 구조를 보여준다.

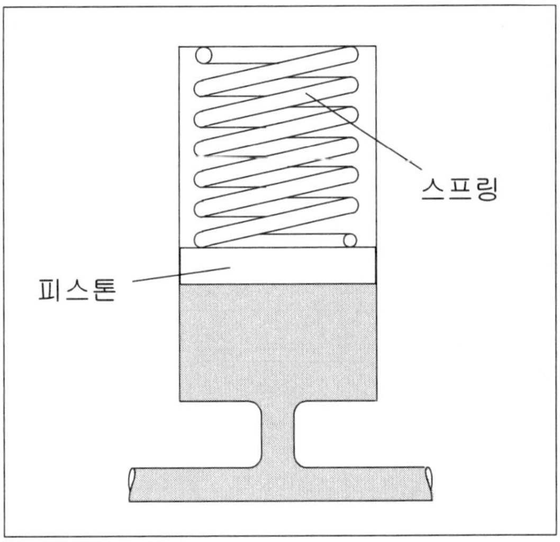

그림 13.6 스프링식 어큐뮬레이터

13.2.3 기체식 어큐뮬레이터

기체식 어큐뮬레이터는 유압 시스템에서 가장 일반적으로 사용되는 어큐뮬레이터로서 용기에 비활성 가스인 질소 가스를 예입하여 사용한다. 기본적인 원리는 상부에 기체가 채워져 있는 용기의 하부에 유압 펌프로부터 토출된 고압의 유압 작동유를 밀어 넣어 기체가 압축되면서 유압 작동유가 저장되고, 유압 작동유를 필요한 장소에 공급할 때에는 상부에 있는 압축된 기체의 팽창에 의하여 공급된다. 기체식 어큐뮬레이터에는 격판형, 피스톤형, 블래더형이 있다.

▮ 격판형(diaphragm type) 어큐뮬레이터

격판형 어큐뮬레이터는 격판이 압력 용기 사이에 고정되어 있다. 용기의 상부에는 질소 가스가 충진되어 있다. 펌프로부터 유압 작동유가 토출되면 고압의 유압 작동유가 차단 버튼을 열고 질소 가스를 압축시키면서 유압 작동유가 저장된다. 유압 작동유가 필요한 장소에 공급될 때에는 상부에 있는 압축된 기체가 팽창하면서 저장된 유압 작동유를 유압 시스템에 공급한다. 이용 가능한 유압 작동유의 양은 작업상태에 따라 다르지만 어큐뮬레이터 용량의 $\frac{1}{4}$ ~ $\frac{3}{4}$ 정도이다. 만약 이 범위를 벗어나게 되면 격판이 찌그러들거나 늘어나서 손상을 입게 되어 어큐뮬레이터의 수명이 단축된다. 그림 13.7에 격판형 어큐뮬레이터의 구조가 나와 있는데, 그림에서 스크루 플러그는 질소 가스의 압력을 확인하거나 질소 가스의 충전 시 사용된다. 격판형 어큐뮬레이터는 작동 중에 관성력이나 마찰력이 거의 없어 맥동 흡수나 급격한 압력이나 유량 변화가 있는 곳에 사용된다.

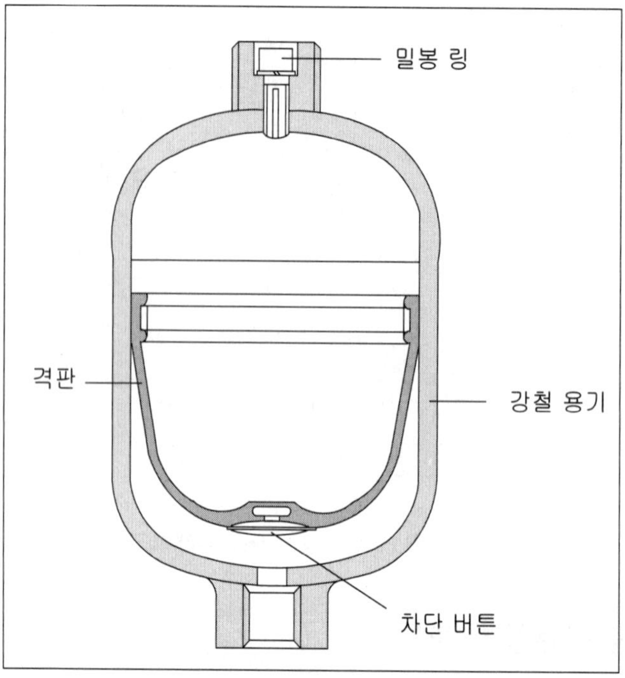

그림 13.7 격판형 어큐뮬레이터

■ 블래더형(bladder type) 어큐뮬레이터

블래더형 어큐뮬레이터는 압력용기의 상부에 탄성이 풍부한 합성고무 주머니인 블래더를 설치하여 압축된 기체와 유압 작동유가 격리되도록 한 형식으로 구성되어 있다. 블래더 내부에는 격판형 어큐뮬레이터와 마찬가지로 질소가 충진되어 있으며, 용기 상부에 설치된 밸브를 통하여 질소를 주입시키면 블래더가 팽창하였다가 어큐뮬레이터 하부로 유압 작동유가 들어오면 질소가스가 압축되면서 유압 작동유를 축적하게 된다. 저장된 유압 작동유가 방출될 때에는 어큐뮬레이터 하부에 설치되어 있는 밸브가 열려 있어 유압 시스템으로 유압 작동유가 원활히 공급될 수 있다. 블래더형의 어큐뮬레이터는 유압 시스템에서 가장 많이 사용되고 있다. 그림 13.8에는 블래더형 어큐뮬레이터의 구조가 나와 있다.

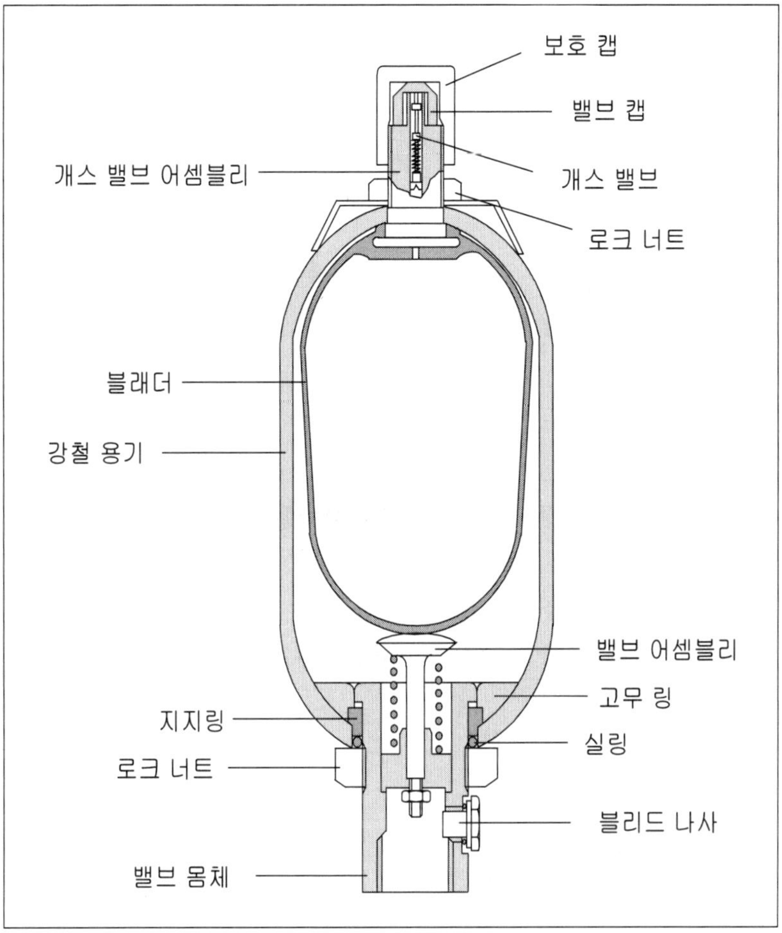

그림 13.8 블래더형 어큐뮬레이터

▌ 피스톤형(piston type) 어큐뮬레이터

피스톤형 어큐뮬레이터는 유압 작동유와 충진 가스를 분리하는 격판이나 블래더 대신에 실린더 속에서 자유롭게 움직이는 피스톤을 삽입시켜 질소 가스와 유압 작동유를 격리시켜 놓은 어큐뮬레이터로서 피스톤의 형태는 기밀 유지를 위하여 패킹이 되어 있다. 그림 13.9에는 피스톤형 어큐뮬레이터의 구조가 나와 있는데, 실린더 내면은 높은 정밀도를 필요로 하고 크롬 도금 등으로 미끄럼 면을 보호하면서 적당한 패킹으로 밀봉을 유지한다. 피스톤형 어큐뮬레이터는 비교적 구조가 간단하고 사용 유압 작동유의 온도 범위가 블래더형에 비하여 넓으나 피스톤의 중량이나 마찰 저항 때문에 맥동 압력의 흡수용으로는 성능이 뒤떨어진다. 장착 면적에 비하여 유압 작동유의 축적 용량이 크고, 보수관리가 쉬우므로 이용되는 범위가 넓다.

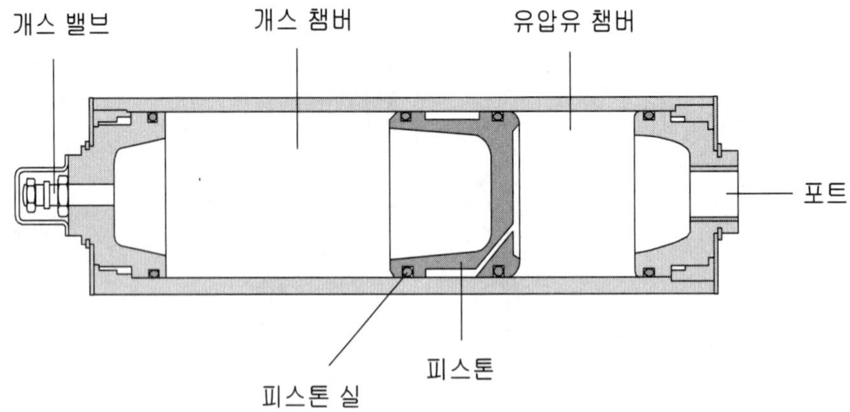

그림 13.9 피스톤형 어큐뮬레이터

어큐뮬레이터로부터 유압 작동유가 방출되는 양(ΔV)은 어큐뮬레이터 용량(V_1)의 50~70 % 정도이다. 따라서 다음의 식이 가이드라인이 된다.

$$V_1 = (1.5 \sim 2) \times \Delta V$$

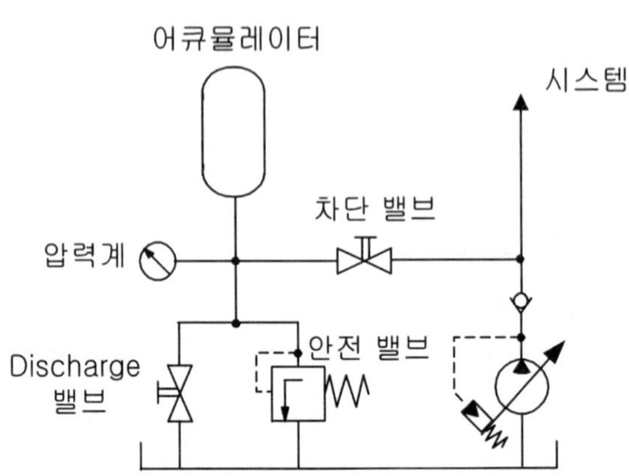

그림 13.10 어큐뮬레이터 장치

13.3 어큐뮬레이터 장착 시 주의 사항

어큐뮬레이터는 고압 용기이므로 장착과 취급에 각별한 주의가 요망되며 특히 다음 사항에 주의하여야 한다.

- 접근하기 쉬운 장소에 설치하여 보수, 관리가 용이하여야 한다.
- 어큐뮬레이터와 회로 배관 사이에는 차단 밸브를 설치하여 회로압이 봉입가스 압력보다 낮을 때에 용기 내의 유압 작동유가 회로로 방출되지 않도록 해야 하고, 펌프와 어큐뮬레이터 사이에는 체크 밸브를 설치하여 유압 작동유가 펌프 쪽으로 역류되지 않도록 한다.
- 진동이 심한 곳에서는 충분한 지지구로 완전히 고정시켜야 하지만 용기 몸체에 구멍을 뚫거나 용접 등의 가공을 해서는 안 된다.
- 가스의 봉입 압력은 평균 회로 압력의 60% 정도로 하는 것이 좋다.
- 가스의 봉입 시 우선 어큐뮬레이터 안에 소량의 압유를 넣어 놓고 가스를 압입하여 압입한 가스압으로 블래더가 팽창하였을 때 흠이 나지 않도록 유의해야 한다. 봉입가스 압력은 정기적으로 점검하고 어큐뮬레이터 보수 또는 제거 시에는 가스를 빼낸 후에 작업을 한다.
- 어큐뮬레이터를 설치할 때에는 유압 시스템의 압력이 제거된 상태에서 수행되어야 한다.

어큐뮬레이터는 고압의 유압 작동유가 충진되는 유압기기이다. 따라서 어큐뮬레이터에는 안전을 위하여 압력 릴리프 밸브가 설치되어 있어야 하고 어큐뮬레이터에 유압 공급을 담당하는 밸브 및 사용하지 않을 때 유압 작동유를 드레인 시킬 수 있는 밸브가 설치된다. 이 밸브는 어큐뮬레이터의 점검과 보수를 위하여도 반드시 필요하다. 어큐뮬레이터를 설치하고 사용할 때 일반적인 주의 사항은 다음과 같다.

- 어큐뮬레이터는 수직으로 설치한다.
- 어큐뮬레이터에 질소가스를 일정 압력으로 충진하기 전에 유압을 연결하지 않아야 한다.
- 어큐뮬레이터를 설치할 때 용접하지 않는다. 용접은 블래더의 손상 혹은 용기의 재질을 약화시킬 수 있다.
- 어큐뮬레이터를 사용하지 않을 때에는 충진된 가스를 제거한다.
- 어큐뮬레이터를 처음 설치하였을 때 설치 후 7일 이내에 가스의 누설을 확인하고 6개월에 한 번씩 점검한다.
- 에너지 저장용으로 사용하는 경우 밸브 앞에 설치하여야 한다.
- 서지 압력 흡수용으로 사용할 경우 서지압 발생원 가까이 설치한다.
- 펌프 맥동 흡수용으로 사용할 경우 펌프 토출 측 가까이 설치한다.

14 전기 스위치

전기 에너지는 전기적인 기구에 의해서 제어장치 및 작업요소에 공급된다. 이러한 전기적인 기구들을 전기회로도에 나타낼 수 있도록 간단명료하게 기호로 표시하고 이러한 기호들을 이용하여 제어 장치를 설계하거나 보수할 수 있다.

그러나 단순히 회로도나 설비에 있는 기호를 이해하는 것만으로는 최적의 제어계를 설치하는 데는 충분하지 못하다. 따라서 제어계를 설계하려는 전문가들은 전기공학에서 사용되는 모든 요소들의 기호, 작동원리 및 내부 구조들에 대해서도 잘 알고 있어야 한다.

14.1 접점의 종류

전기 신호 입력 장치는 제어계 내의 여러 지점에서 발생되는 신호를 신호처리 영역에 보내주는 역할을 한다. 전기적 접점의 개폐를 이용하면 접점 제어(contact control)라 하고, 그 외의 경우는 무접점 제어(contactless control) 혹은 전자제어(electronic control)라 부른다. 이들 요소를 기능에 의하여 분류하면 정상 상태 열림(normally open), 정상 상태 닫힘(normally closed), 전환(change-over) 등이 있다.

이 접점들은 작동된 상태에서, 정상 상태 열림 접점은 회로를 연결시키고, 정상 상태 닫힘 접점은 회로를 차단하며, 전환 접점은 위의 두 용도에 모두 사용이 가능하다. 즉, 전환 접점은 정상 상태 열림 접점과 정상 상태 닫힘 접점의 조합이라고 할 수 있으나 동시에 두 가지 기능을 수행하지는 못한다.

이 요소들은 다시 수동 작동, 기계적 작동 또는 원격 조정 등으로 분류가 가능하다.

제어회로도에서는 모든 부품을 표준화된 기호로서만 표시하게 되어 있다. 제어회로도에서 사용하고 있는 기호는 크게 국제전기표준회의(IEC : International Electrotechnical Commission)에서 정한 방식과 생산 현장에서 많이 사용하고 있는 래더(ladder) 방식이 있다. 한국산업규격(KS)에서 제정한 전기 기호는 전기용 기호 KS C 0103와 옥내 배선용 기호 KS C 0301이 있다.

전기용 기호는 전기 회로의 접속 관계를 나타내는 도면에 사용되는 기호를 정한 것으로서, 일반적으로 전개 접속도에 사용되는 기기 및 장치를 그림 기호, 문자 기호, 기구 번호 등으로 구분하여 사용한다. 참고로 IEC 기호와 래더 기호가 모두 표준으로 정해져 있다.

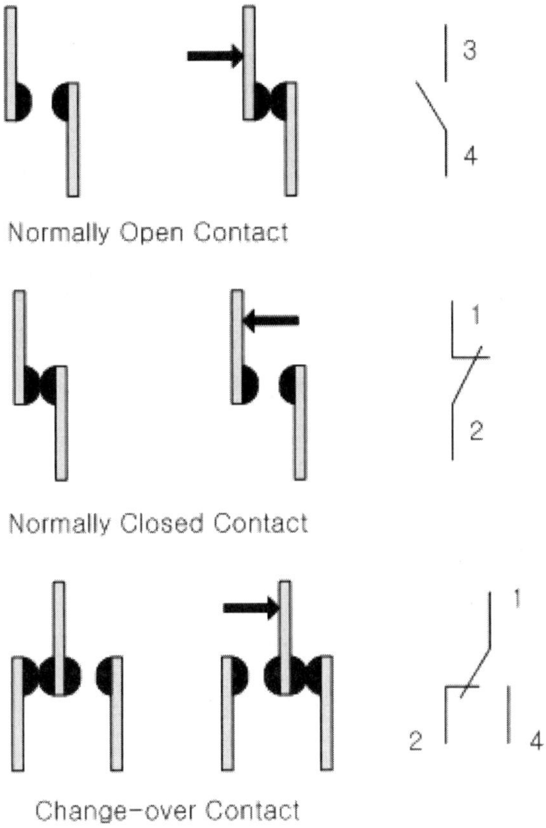

그림 14.1 여러 가지 접점

14.2 푸시버튼 스위치

▮ a 접점 푸시버튼 스위치

a 접점 푸시버튼 스위치는 외력이 작용하지 않는 평상시에는 접점이 열려 있기 때문에 정상 상태 열림형 접점(normally open contact, N/O)을 갖는다. 그리고 접점에 외력이 작용하지 않는 상태에서는 접점이 열려 있어 전기가 통할 수 없기 때문에 접점을 통하여 전기 신호를 전달하지 못한다. 그러나 푸시버튼을 작동시켜 스위치가 작동되면 접점이 연결되어 전기 신호를 전달할 수 있게 된다. 이와 같은 기능의 접점을 arbeit contact라고 하며 이를 약하여 a 접점이라고

한다. 그림 14.2는 대표적인 a 접점 푸시버튼 스위치의 구조를 나타낸다.

IEC 방식과 래더 방식은 기호에 대한 표현 방법의 차이일 뿐이지 사용되는 부품은 마찬가지이다. a 접점은 IEC 방식에서 접점 번호 (3, 4)로 표시되나 래더 방식에서는 특별한 접점 번호가 없다. 그림 14.3은 a 접점 푸시버튼 스위치의 기호를 나타낸다.

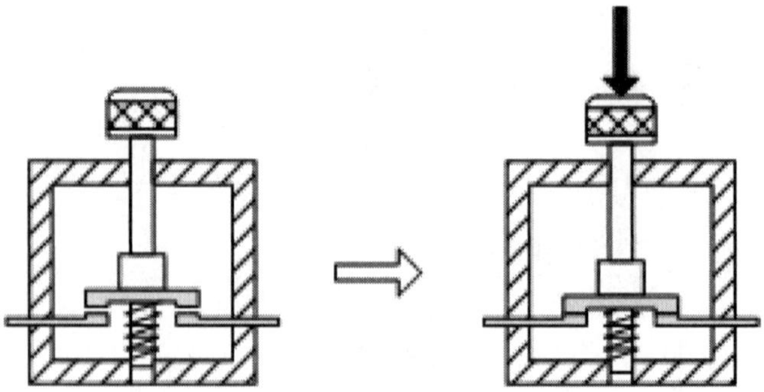

그림 14.2 a 접점 푸시버튼 스위치

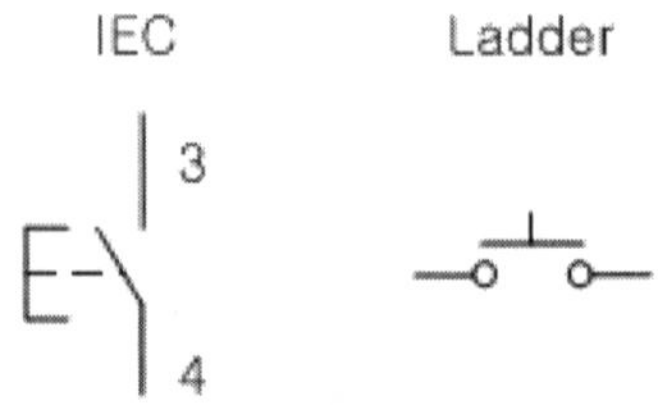

그림 14.3 a 접점 푸시버튼 스위치의 기호

▮ b 접점 푸시버튼 스위치

b 접점 푸시버튼 스위치는 외력이 작용하지 않는 평상시에는 접점이 닫혀져 있기 때문에 정상 상태 닫힘형 접점(normally closed contact, N/C)을 갖는다. 그리고 접점에 외력이 작용하지 않는 상태에서는 접점이 닫혀 있어 전기가 통할 수 있는 상태이므로 접점을 통하여 전기 신호가 전달될 수 있다. 그러나 푸시버튼을 작동시켜 스위치가 작동되면 접점이 열려서 전기 신호가 차단된다. 이와 같은 기능의 접점을 break contact라고 하며 이를 약하여 b 접점이라고 한다. 그림 14.4는 대표적인 b 접점 푸시버튼 스위치의 구조를 나타낸다.

b 접점은 IEC 방식에서 접점 번호 (1, 2)로 표시되나 래더 방식에서는 특별한 접점 번호가 없다. 그림 14.5는 b 접점 푸시버튼 스위치의 기호를 나타낸다.

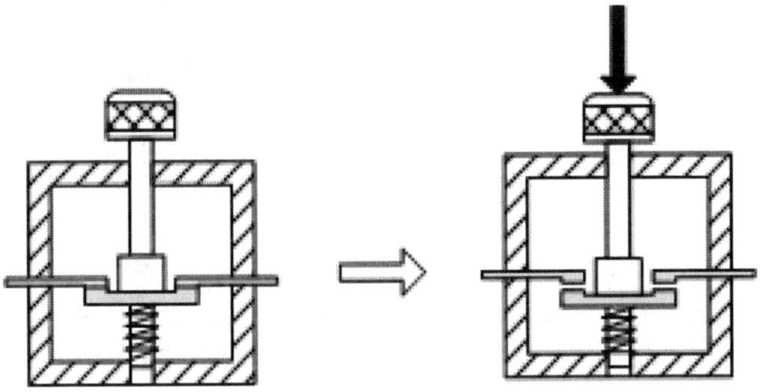

그림 14.4 b 접점 푸시버튼 스위치

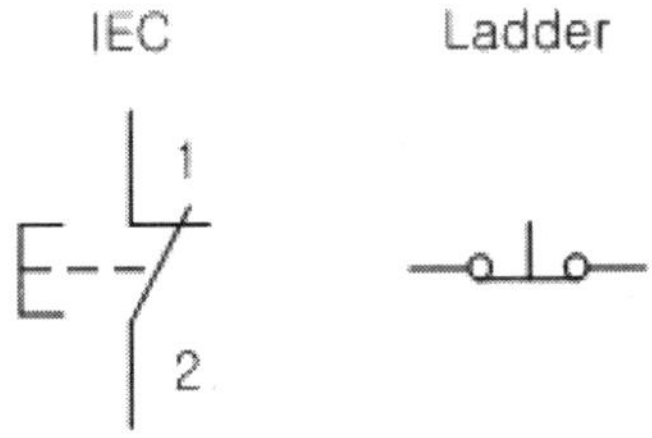

그림 14.5 b 접점 푸시버튼 스위치의 기호

▮ c 접점 푸시버튼 스위치

c 접점 스위치는 하나의 스위치를 a 접점이나 b 접점으로 사용이 가능한 스위치이다. 이 스위치가 작동되면 접점의 전환(change-over)이 일어나기 때문에 c 접점이라고 한다. 실제로 대부분의 전기 스위치는 c 접점 형태로 제작되어 있어 사용하기에 따라 a 접점 또는 b 접점으로 사용이 가능하다. 그러나 c 접점은 전기적으로 독립이 되어있지 않기 때문에 a 접점이나 b 접점 중 하나의 기능을 선택하여 사용하여야 한다. 그림 14.6은 대표적인 c 접점 푸시버튼 스위치의 구조를 나타내며 그림 14.7은 c 접점 스위치의 기호를 나타낸다.

a 접점은 IEC 방식에서 접점 번호 (3, 4)로 표시되고, b 접점은 접점 번호 (1, 2)로 표시되는데 c 접점에서는 공동으로 사용되는 단자가 존재하기 때문에 a 접점은 (1, 4)로, b 접점은 (1, 2)로 표시한다. 이때 a 접점과 b 접점에서 공동으로 사용되는 단자를 COM 단자라고 한다.

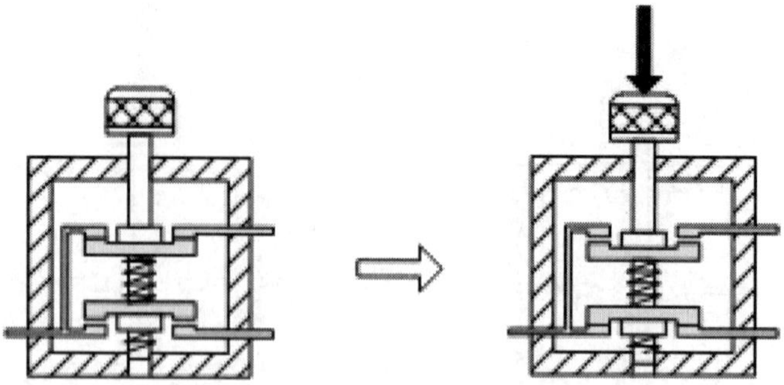

그림 14.6 c 접점 푸시버튼 스위치

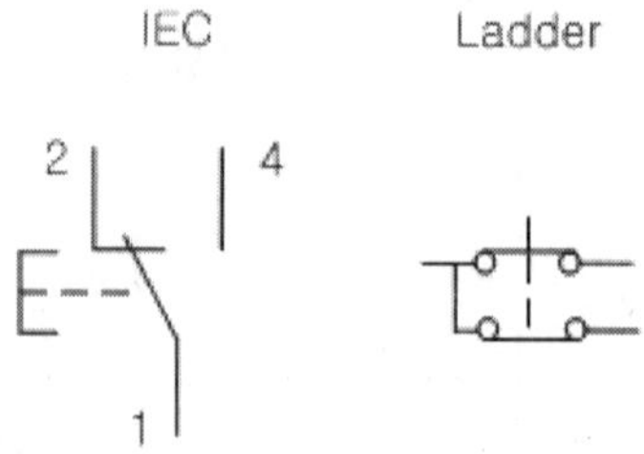

그림 14.7 c 접점 푸시버튼 스위치의 기호

▌ 다접점 푸시버튼 스위치

다접점 스위치는 하나의 스위치가 여러 개의 독립된 접점을 갖고 있다. 즉, 하나의 스위치를 작동시키게 되면 여러 개의 접점이 동시에 on/off 된다. 독립된 접점이란 여러 개의 접점이 기계적으로는 연결되어 있어 같이 작동되지만 전기적으로는 완전히 독립되어 있다는 것을 의미한다. 각각의 접점에 상이한 전압을 사용하여도 각 접점 간에는 충분히 절연되어 있기 때문에 아무런 문제가 발생되지 않는다.

a 접점이 3개, b 접점이 1개인 스위치가 있다면 이를 3a-1b형이라 부르며 a 접점이 2개, b 접점이 2개인 스위치가 있다면 이는 2a-2b형이 된다. 그림 14.8은 3a-1b형 푸시버튼 스위치의 기호를 나타낸다. IEC 기호에서 (13, 14)는 첫 번째 접점이 a 접점, (23, 24)는 두 번째 a 접점, (33, 34)는 세 번째 a 접점, (41, 42)는 네 번째 b 접점을 나타낸다. 즉, 첫 번째 숫자는 접점의 순서를 나타내고 두 번째 숫자는 접점의 기능을 나타낸다. 그리고 c 접점을 여러 개 갖고 있는 스위치를 사용하는 경우에는 일반적으로 a 접점을 앞에서부터, b 접점은 뒤에서부터 사용한다.

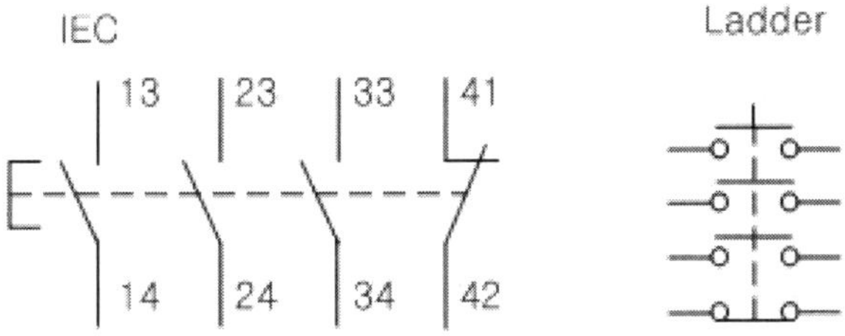

그림 14.8 3a-1b형 푸시버튼 스위치의 기호

그림 14.8에서 점선은 기계적 연동을 뜻한다.

그림 14.9에서는 1a-1b형의 푸시버튼 스위치의 구조를 보여준다.

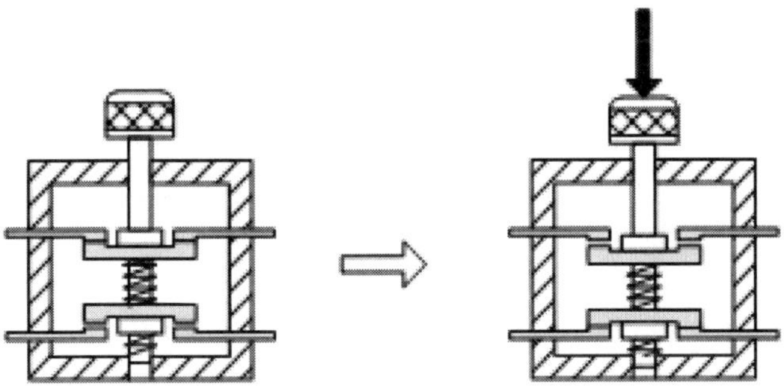

그림 14.9 1a-1b형 푸시버튼 스위치

▌유지형 푸시버튼 스위치

앞에서 설명했던 푸시버튼 스위치는 푸시버튼을 작동시키면 스위치가 동작을 하고 푸시버튼을 놓으면 스위치가 원위치 된다. 이러한 푸시버튼 스위치를 복귀형 푸시버튼 스위치라고 한다. 반면에 유지형 푸시버튼 스위치는 푸시버튼을 작동시키면 스위치가 동작을 하고 푸시버튼을 놓아도 그 상태를 유지한다. 다시 한 번 푸시버튼을 작동시키면 스위치가 원래 상태로 돌아온다. 이러한 형태의 푸시버튼 스위치를 유지형 푸시버튼 스위치라고 하고 접점의 동작은 복귀형 푸시버튼 스위치와 동일하다. 그림 14.10에서 유지형 푸시버튼 스위치의 기호를 보여주고 있다. 그림에서 꺾음 표시는 유지형을 나타낸다.

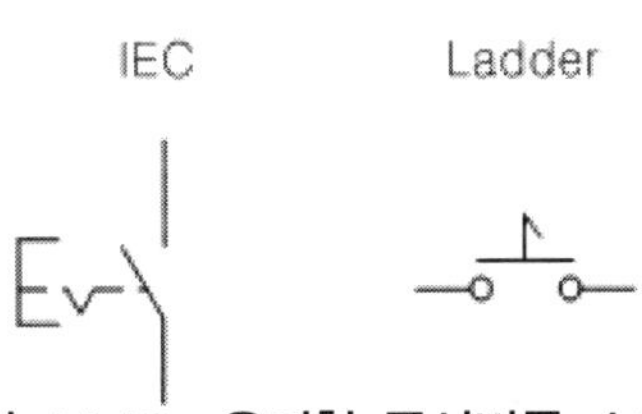

그림 14.10 유지형 푸시버튼 스위치

▌ 푸시버튼 스위치의 색상

푸시버튼 스위치에는 접점의 형식에 따라 1a-1b형에서 4a-4b형까지 표준으로 제작 판매되고 있으며, 기능별로 램프 내장형, 한시 동작형 등이 있고 모양에 따라 원형, 각형, 장방형, 버섯형 등이 있다. 또한, 색상에 따라 그 스위치의 기능을 분류하며 녹색, 황색, 적색, 백색 등이 있다. 푸시버튼 스위치의 색상에 의한 기능의 분류를 표로 작성하면 다음과 같다.

표 14.1 푸시버튼 스위치의 색상에 의한 기능의 분류

색 상	기 능	적 용
녹 색	시 동	시퀀스의 기동, 전동기의 시동
적 색	정 지	전동기의 정지, 사이클 정지
	비상정지	모든 시스템의 비상 작업
황 색	리 셋	사이클 완료 후 부분적인 리셋
백 색	상기 색상에서 규정되지 않은 이외의 동작	

▌ 스위치의 작동 방법

실제 전기 회로도에서는 접점 혹은 스위치에 대한 작동 방법을 도식으로 표현하게 되는데 이를 정리하면 표 14.2와 같다.

표 14.2 스위치의 작동 방법

기 호	내 용
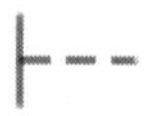	수동 조작, 일반
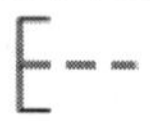	누름에 의한 수동 조작
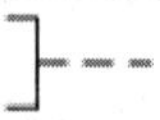	당김에 의한 수동 조작
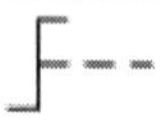	회전에 의한 수동 조작
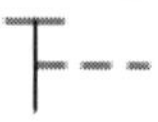	Tilting에 의한 조작
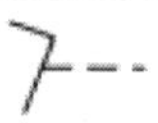	페달에 의한 조작
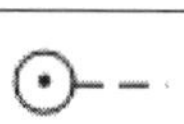	롤러 레버에 의한 조작

14.3 검출 스위치

검출 스위치는 제어 장치에서 신호 입력 요소로 사용되며 제어 대상인 위치, 레벨, 온도, 힘, 속도 등의 상태를 검출하고 제어 장치에 정보를 전달하는 중요한 역할을 하게 된다.

검출 스위치를 크게 나누면 작업 대상물과 접촉하여 신호를 검출하는 접촉식 스위치와 물체와 접촉하지 않고 동작하는 비접촉식 스위치로 분류할 수 있다. 접촉식 스위치에는 마이크로 스위치, 리밋 스위치 등이 있고 비접촉식 스위치에는 근접 스위치, 광전 스위치 등이 있다. 비접촉식 스위치를 보통 센서(sensor)라고 부르며 종류가 다양하기 때문에 따로 다루기로 한다.

▌마이크로 스위치

마이크로 스위치(micro switch)는 비교적 소형으로 성형 케이스에 접점 기구를 내장하고 밀봉되어 있지 않은 스위치로서 압력 검출, 액면 검출, 바이메탈을 이용한 온도 조절, 중량 검출, 밀링 머신의 테이블 왕복 운동 등의 여러 분야에서 사용되고 있다.

마이크로(micro) 스위치는 리밋 스위치의 한 종류로서 리밋 스위치 중에서 아주 소형인 것을 말한다. 마이크로 스위치는 조작 및 제어에 중요한 구성 요소로서 널리 사용되며 작은 형상에도 불구하고 큰 전력을 스위칭 할 수 있는 요소이다. 마이크로 스위치는 규정된 힘으로 직접 조작하여 접점의 떨어지는 속도가 조작 속도와 관계없이 스위칭을 반복한다. 또한 특정의 동작 특성을 충실히 반복하는 높은 반복 정밀도를 가지며, 작은 힘이나 움직임에도 스위치가 동작하므로 정밀 스냅 액션(snap action) 스위치 또는 센시티브 스위치(sensitive switch)라고도 불리고 있다.

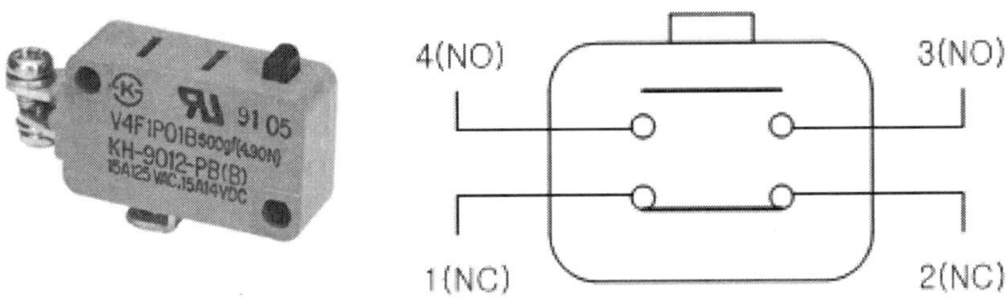

그림 14.11 마이크로 스위치와 접속 단자

▌리밋 스위치

리밋 스위치는 기계나 실린더 운동에서 특정의 위치를 확인하는데 사용된다. 리밋 스위치를 선택할 때에는 기계적 응력, 접점의 신뢰성, 개폐 점의 정확도 등을 고려하여야 한다.

리밋 스위치의 표준형은 전환 접점의 형태이지만 다른 개폐기를 합성해서 만든 것도 있다.

리밋 스위치의 분류는 접점의 방식에 따라 레버 접점이나 스프링 하중 접점으로 구분된다. 레버 접점은 레버의 작용 속도와 접점의 개폐 속도가 동일하므로 저속도 접근에 적합하다. 스프링 하중 접점의 경우 접근 속도와는 무관하게 일정 위치에 이르면 접점이 변화하므로 푸시로드나 롤러 레버와 같은 고정부분에 의하여 작동이 가능하게 된다.

리밋 스위치의 구조는 작동부와 스위치부로 구성되며, 스위치부는 마이크로 스위치가 견고한 케이스 속에 들어 있고 작동부의 형태에 따라 롤러 레버형, 포크 레버형, 로드 조절 레버형, 코일 스프링형, 롤러 플런저형이 있으며, 형태에 따라 횡형과 입형 등이 있다.

리밋 스위치를 선정할 경우에는 리밋 스위치의 고정 방법, 작동 형식, 접근 각, 오버런(overrun) 등을 고려하여야 한다.

리밋 스위치의 접점 수명은 약 1000만 회 정도에 이른다. 접점부의 허용 전류는 외관에 비해 상대적으로 큰 전력까지 스위칭이 가능하다. 또한 스냅 동작 기구에 의해 1~15 ms 범위의 빠른 스위칭 타임을 갖는다. 사용시 스위치의 보호 구조가 사용 장소의 환경에 적합한지 확인하여야 한다.

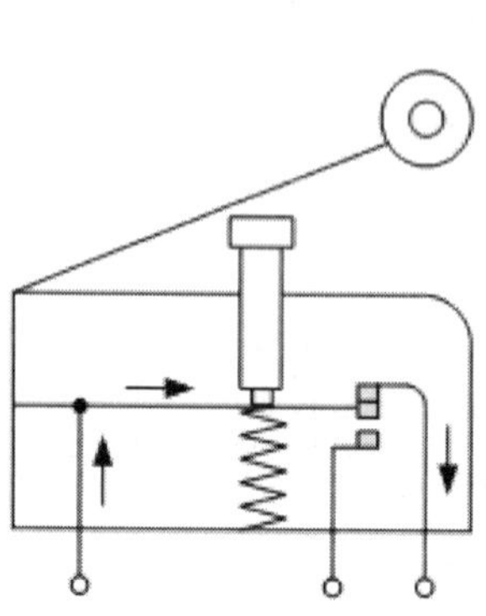

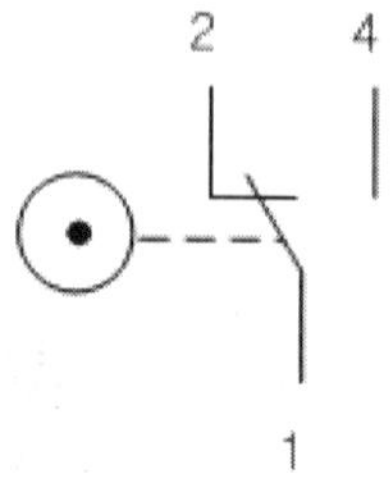

그림 14.12 리밋 스위치

리밋 스위치의 올바른 사용 방법을 정리하면 다음과 같다.

① 스위치 1개의 접점에 이극, 이종의 전극을 접속하지 않는다.
② 주위에 이상이 일어나도 전체 움직임의 최소값 혹은 동작 한도 위치의 최대값을 넘어 동작하지 않도록 설치한다.
③ 봉입형 마이크로 스위치를 기계적 스토퍼로 사용하지 않는다.
④ 액추에이터가 확실하게 스냅 백(snap-back)하도록 캠이나 도그(dog)를 설치한다.
⑤ 스위치는 견고하게 부착하고 점검이 쉬우며 교체 가능한 깨끗한 장소에 설치한다.
⑥ 도그의 설계 시에는 액추에이터의 움직임, 충격력, 반복 오차, 마모 내구력 등을 고려한다.
⑦ 레버와 도그 커트 면은 45도 이하로 한다. 이 각도가 45도를 넘으면 도그 속도가 빠른 경우에는 레버 샤프트에 가해지는 분력이 충격력으로 작용하기 때문에 스위치 헤드를 파손할 우려가 있다.

14.4 리밋 스위치의 작동상태 기호

제어 회로도에서 모든 스위치는 초기 시동조건 상태로 표시하게 된다. 초기 시동조건이란 다음의 상태를 의미한다.

① 모든 에너지는 off 되어 있다.
② 모든 수동조작 스위치는 off 되어 있다.
③ 모든 구동장치는 작업 전의 원래의 위치를 유지하고 있어야 한다.
④ 작업 대상물은 존재하는 상태이다.
⑤ 가공될 재료나 원료는 준비되거나 충전되어 있는 상태이다.
⑥ 모든 안전장치들은 작업의 안전을 위해서 준비되어 있는 상태이다.

즉, 에너지를 공급하고 시동조건을 on 시키면 작업이 시작될 수 있는 상태를 의미한다. 전기 제어회로도에서 기계적으로 작동되는 리밋 스위치는 초기 상태에서 작동된 상태로 존재하는 것은 작동된 상태로, 작동되지 않은 상태는 작동되지 않은 상태로 표시되는 것이 원칙이다. 그러나 래더 제어회로도에서는 간단하게 접점의 종류만을 표시하기도 한다.

다음의 표는 각 리밋 스위치의 작동되기 전과 작동된 상태의 기호를 표시한다.

표 14.3 리밋 스위치의 작동 상태 표시 기호

IEC 기호	래더 기호	비 고
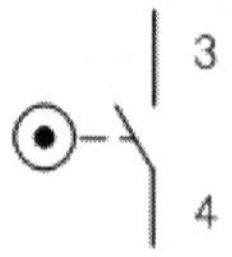	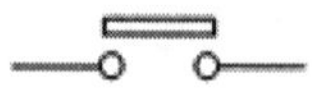	a 접점
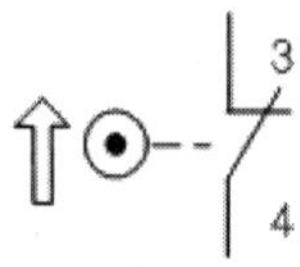		a 접점 작동된 상태
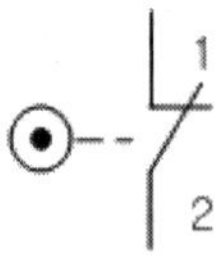		b 접점
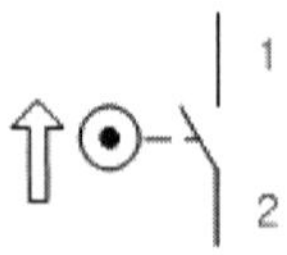		b 접점 작동된 상태

15 전기 제어용 기기

제어용 기기는 시퀀스 제어회로를 구성하는데 있어 가장 중요한 역할을 하는 유접점 소자이다. 제어용 기기는 외부로부터의 각종 입력에 따라 가지고 있는 접점의 상태를 이용하여 유연하게 제어할 수 있는 시퀀스용 기기이다. 제어용 기기로는 각종 릴레이와 전자 접촉기가 포함된다.

앞에서 살펴 본 수동조작 스위치는 여러 개의 독립된 접점을 갖고 있지만 전기 리밋 스위치나 센서는 일반적으로 하나의 독립된 접점 밖에는 없다. 그러므로 전기적으로 독립된 여러 개의 접점이 필요한 경우에는 다른 전기 소자를 이용하여 접점을 늘려 주어야 한다. 이때에 접점을 늘려주는 것이 전기 제어에서 핵심적인 역할을 수행하는 전기 릴레이(relay)이다.

전기 릴레이는 예전에 통신 분야에서 약해진 신호를 중계해 주는 증폭기 역할을 많이 담당하였으나 현재에는 통신 분야보다는 생산 자동화를 위한 제어 분야에 주로 이용되고 있다. 전기 릴레이는 전자석으로 작동되는 여러 개의 접점을 갖고 있는 전기 스위치라고 간단하게 표현할 수 있다.

15.1 릴레이의 구조

그림 15.1에서는 릴레이의 구조를 보여준다. 전기 릴레이는 자장을 형성시키기 위한 코일(coil), 전자석에 의하여 작동되는 접점 및 복귀 스프링으로 구성되어 있다.

전기 릴레이의 코일에 전기를 통전시키면 코일에 자장이 형성되어 릴레이의 아마추어(armature)가 코일의 코어(core)로 끌려가게 된다. 즉, 전자석에 의하여 아마추어와 기계적으로 연결된 여러 개의 접점이 작동되어 개폐된다. 그리고 코일에 통하는 전류를 차단하게 되면 자장이 사라지게 되므로 각 접점은 복귀 스프링에 의하여 원상태로 복귀된다.

전기 릴레이는 전기적으로 독립된 여러 개의 접점을 갖고 있다. 즉, 릴레이의 각 접점은 전기적으로 충분히 절연되어 있기 때문에 각 접점에는 서로 상이한 전압을 이용하여도 아무런 문제가 발생되지 않는다.

24 V용 전기 릴레이란 릴레이를 작동시키기 위한 코일이 24 V용이란 뜻이다. 그러므로 24 V용 릴레이라 할지라도 각 접점에는 110 V, 220 V 등의 상이한 접점을 사용하여도 무방하다.

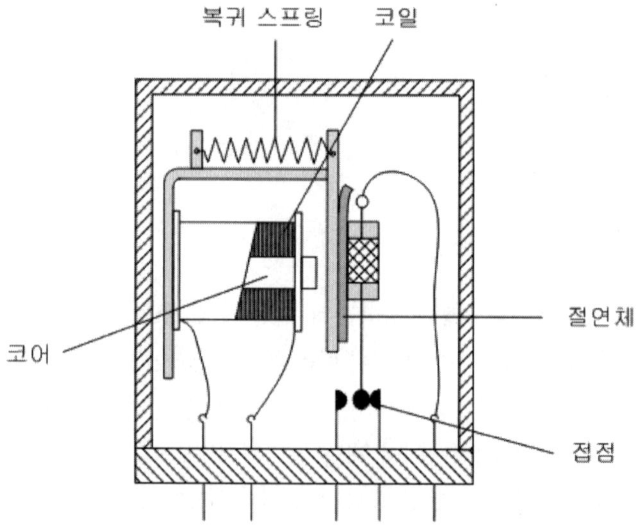

그림 15.1 릴레이의 구조

15.2 범용 릴레이

릴레이란 소량의 에너지를 이용하여 스위치 개폐나 제어에 이용되는 요소로서 주로 신호 처리에 사용된다. 이는 특수 개폐 능력을 가진 전기 스위치로 생각할 수 있다.

신호 처리 요소로서 릴레이가 갖추어야 할 요건은 다음과 같다.

- 거의 정비를 요하지 않을 것
- 많은 독립 회로를 개폐할 수 있을 것
- 여러 동작 전압, 고전류에 쉽게 사용 가능할 것
- 개폐 시간이 짧을 것

일반적으로 릴레이를 호칭할 경우에는 릴레이를 갖고 있는 접점을 이용한다. 즉, a 접점을 3개, b 접점을 1개 갖고 있는 릴레이는 3a-1b형, a 접점이 2개, b 접점이 2개인 릴레이는 2a-2b형 릴레이라고 부른다. 그러나 많은 경우 2c, 4c 등과 같이 c 접점으로 구성되어 있어 사용자가 a 접점이나 b 접점으로 사용하도록 되어 있다.

제어회로도에서 릴레이도 역시 표준화된 기호로서만 표시되어야 한다. 릴레이의 표시 기호에는 IEC 방식과 래더 방식이 있다. IEC 방식에서 릴레이는 K라는 약호로 표시되고 래더에서는 R(Relay) 또는 CR(Control Relay)로 표시한다.

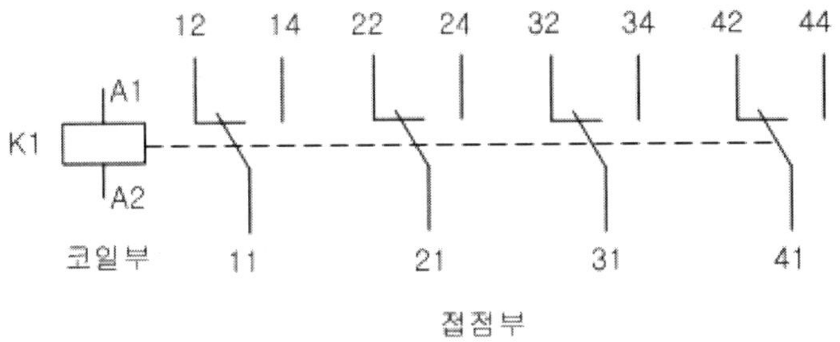

그림 15.2 4c 접점을 갖는 릴레이 기호(IEC)

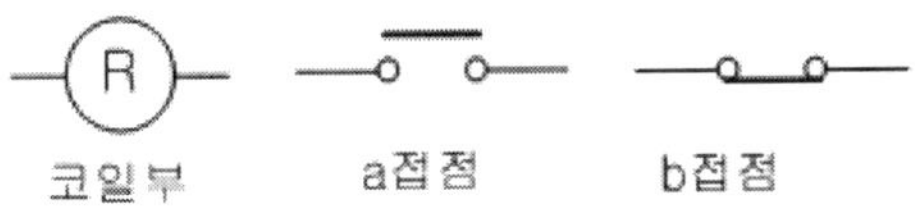

그림 15.3 릴레이 기호(래더)

IEC 방식에서 (A1, A2)는 릴레이의 코일을 나타내고 (11, 14)는 첫 번째 a 접점을, (41, 42)는 네 번째 b 접점을 나타낸다. 즉, 첫 번째 숫자는 접점의 순서를 나타내고 두 번째 숫자는 접점의 상태를 표시한다. (1, 2)는 b 접점을 나타내고 (3, 4)는 a 접점을 나타낸다. 그런데 c 접점의 경우에는 COM 단자를 사용하므로 a 접점을 (1, 4)로 표시하게 되는 것이다. 래더에서는 각 접점을 표시하는 특별한 방식이 없다.

제어회로도에서는 위와 같이 접점을 표시하지만 실제 소형 릴레이의 단자 배치도를 보면 다음과 같다.

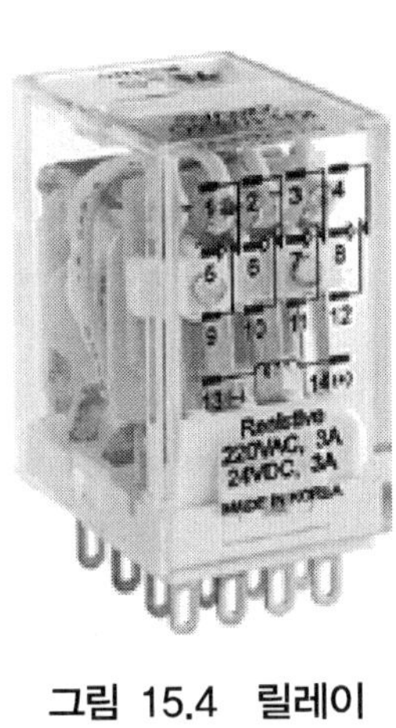

그림 15.4 릴레이

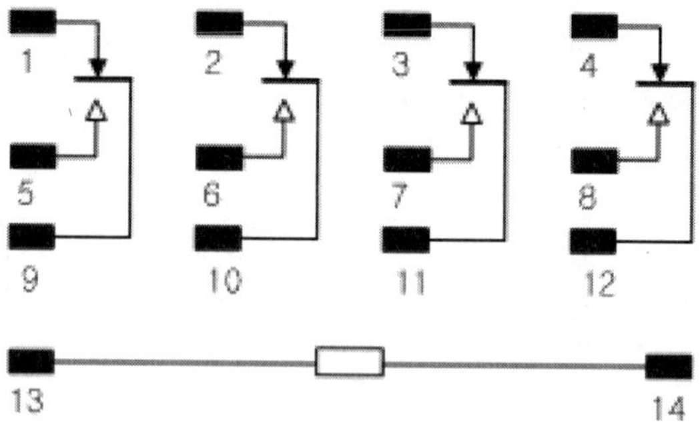

그림 15.5 릴레이의 단자 배치도 예

릴레이를 사용할 때의 장점은 다음과 같다.

- 여러 동작 전압에 쉽게 적용된다.
- 주위 온도의 영향을 많이 받지 않는다. 릴레이는 약 353 K(80 ℃)~233 K(-40 ℃)의 온도에서도 확실하게 작동된다.
- 개방 상태에 있는 접점은 상대적으로 고저항이다.
- 여러 독립 회로를 개폐할 수 있다.
- 제어회로와 주회로 사이에 금속 절연이 있다.

릴레이를 사용할 때의 단점은 다음과 같다.

- 상시 개방 접점은 아크 및 산화에 의해 마모가 발생된다.
- 트랜지스터에 비해 큰 공간을 요한다.
- 개폐를 하는 동안 잡음이 발생한다.
- 개폐 시간이 3~17 ms로 제한되어 있다.
- 접점은 오염(먼지 등)에 의하여 영향을 받는다.

릴레이를 선택할 때는 릴레이의 특성에 대해서 알고 있어야 하는데 다음은 릴레이의 전류, 전압, 스위칭 횟수 등의 기술적 데이터를 표시한 것이다.

표 15.1 릴레이의 기술적 데이터

항 목	내 용
응답 시간	약 8~22 ms
여자 풀림 시간	2~20 ms
최대 개폐 사이클 수	약 15/초
동작 전압	3, 6, 12, 24, 36, 48, 60, 110, 220, 240 V AC 3, 4, 6, 8, 12, 16, 24, 36, 48, 60, 90, 135, 200 V AC
시험 전압	2,000 V AV rms
동작 전력	1.0~1.5 W DC / 2.0~2.2 W AC
코일의 최대 전력률	3 W / 3.4 VA
기계적인 수명	100,000,000회 이상 작동
접점	a 접점, b 접점, c 접점
최대 접촉률	220 V AC / 6 A 저항성 부하

릴레이의 기능을 정리하면 다음과 같다.

① 전달 기능 : 회로의 차단, 접속, 전환 등을 할 수 있다.
② 증폭 기능 : 작은 입력으로 큰 출력을 얻을 수 있다(보통 1~1,000배).
③ 변환 기능 : 전자 코일은 직류, 접점은 교류로 직·교류 모두 사용할 수 있다. 또한 접점 a, b를 사용하여 입력과 반대의 신호를 얻을 수 있다.
④ 연산 기능 : 접점을 직·병렬 접속하여 논리 판단과 연산 기능을 한다.

릴레이의 동작·복귀 시간은 다음과 같다.

① 동작 시간 : 코일에 전압을 가한 후 a 접점이 닫힐 때까지의 시간
② 복귀 시간 : 코일의 전압을 제거한 후 b 접점이 닫힐 때까지의 시간

15.3 타이머 릴레이

타이머는 한시 계전기라고도 하는데 시퀀스 제어 회로에서 미리 정해진 시간이 경과한 후에 회로를 전기적으로 개폐하는 접점을 가진 계전기를 말하며 일반적으로 타이머(timer)라 한다.

타이머를 구조에 의하여 분류하면 다음과 같다.

▮ ON–Delay 타이머

ON-delay 타이머는 간단히 ON 타이머라고도 하며 한시 동작, 순시 복귀를 하는 동작 특성을 보인다. 즉, 타이머 코일이 여자되면 일정 시간 후에 동작되고 소자되면 순시 복귀하는 타이머이다.

여기에서 간단히 타이머 개폐 동작에 대한 설명을 하면 다음과 같다.

- 한시 동작 : 시간의 차이를 두고 개폐되는 동작
- 순시 동작 : 시간의 차이 없이 순간적으로 개폐되는 동작
- 한시 복귀 : 시간의 차이를 두고 복귀하는 동작
- 순시 복귀 : 시간의 차이 없이 순간적으로 복귀하는 동작

그림 15.6에서 푸시 버튼 PBS가 작동했을 때 가변저항 R1을 통하여 전류가 흐르게 되고 이 전류는 릴레이 K1의 b 접점을 통하여 콘덴서 C를 충전시킨다. 콘덴서가 여자 전압에 이르게 되면 릴레이 K1을 작동시키게 된다.

시간은 가변저항 R1에 의해서 조절되며 릴레이 K1이 작동하게 되면 회로는 a 접점을 통하여 연결된다. 따라서 콘덴서는 저항 R2를 통해서 방전된다.

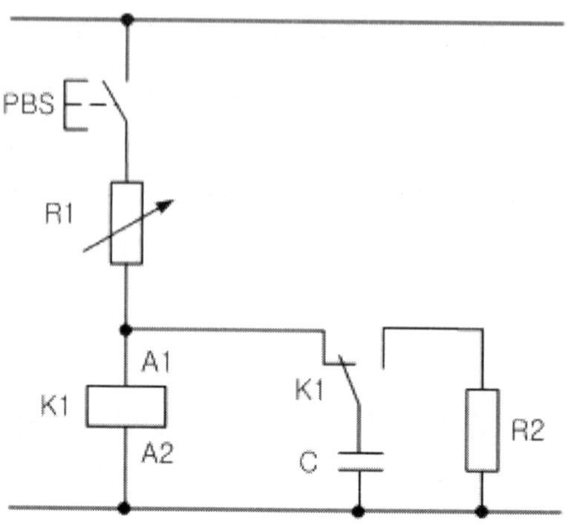

그림 15.6 ON–Delay 타이머의 구조

On-delay 타이머의 기호를 정리하면 그림 15.7과 같다.

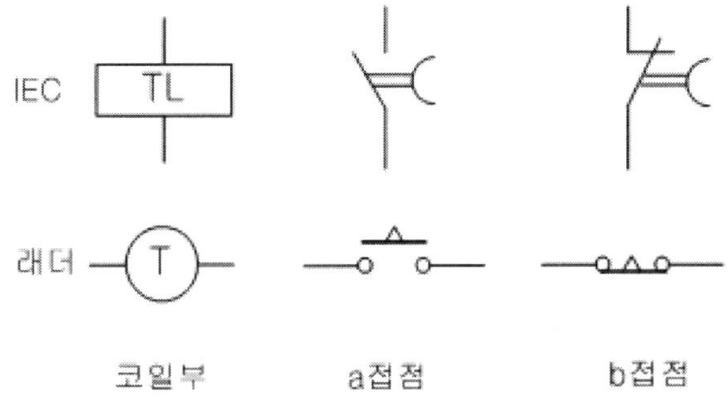

그림 15.7 ON-Delay 타이머의 기호

On-delay 타이머의 동작 특성을 정리하면 그림 15.8과 같다.

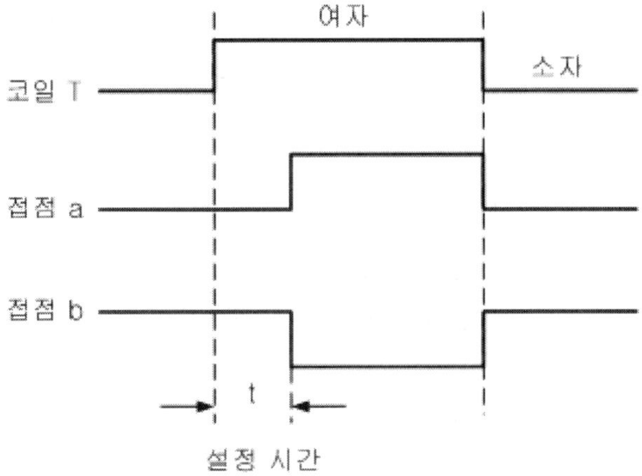

그림 15.8 ON-Delay 타이머의 동작 특성

그림 15.9에는 타이머의 내부 구조를 예로 들어 보여준다. 내부 구조에서 보듯이 타이머는 타이머 접점뿐만 아니라 일반 접점도 갖고 있다.

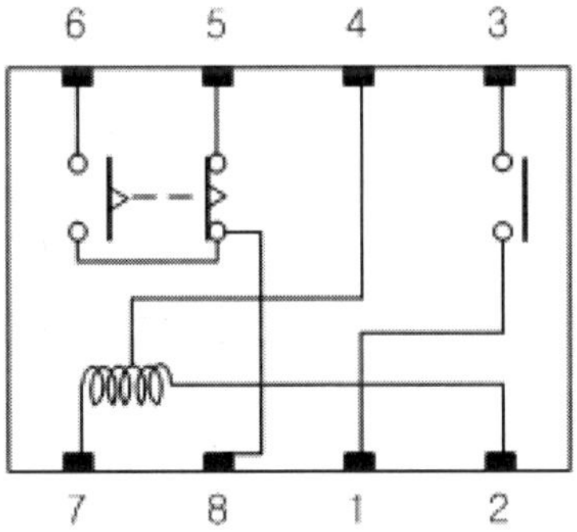

그림 15.9 타이머의 내부 구조

▌OFF-Delay 타이머

Off-delay 타이머는 간단히 OFF 타이머라고도 하며 순시 동작, 한시 복귀를 하는 동작 특성을 보인다. 즉, 타이머 코일이 여자되면 순시 동작하고 소자되면 일정 시간 후에 복귀하는 타이머이다.

그림 15.10에서 푸시 버튼 PBS가 작동했을 때 릴레이 K1이 작동하고 즉시 출력이 나오게 된다. 저항 R2에 의해서 이미 충전되어 있던 콘덴서 C는 저항 R1과 접점 K1을 통해서 연결된다.

푸시 버튼 PBS가 개방될 때까지 이 상태가 계속 유지되고 푸시 버튼 PBS가 개방되면 콘덴서 C는 가변저항 R1을 통하여 방전된다. 따라서 방전이 다 될 때까지 K1이 작동된 상태를 그래도 유지하게 된다.

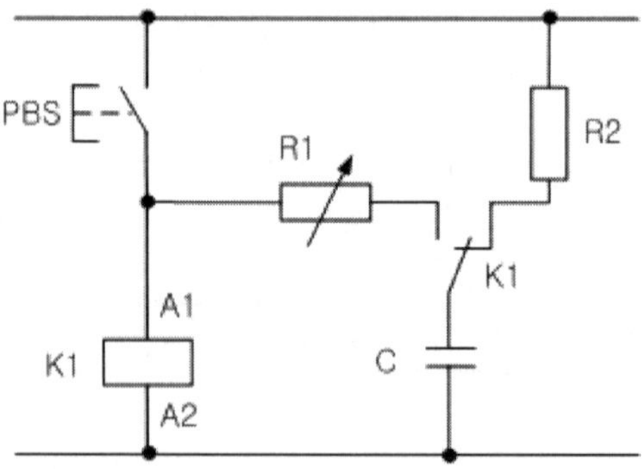

그림 15.10 OFF-Delay 타이머의 구조

Off-delay 타이머의 기호를 정리하면 그림 15.11과 같다.

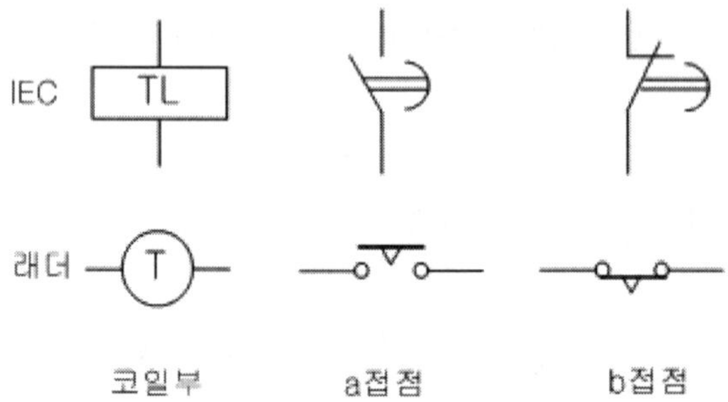

그림 15.11 OFF-Delay 타이머의 기호

Off-delay 타이머의 동작 특성을 정리하면 그림 15.12와 같다.

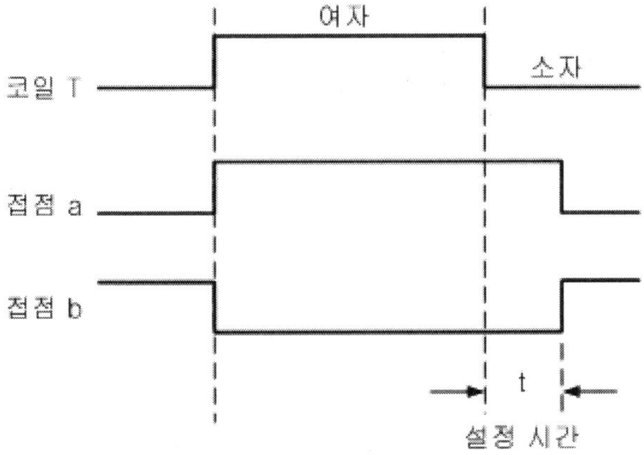

그림 15.12 OFF-Delay 타이머의 동작 특성

16 기본 전기 제어회로

작업 요소로 유압 모터나 유압 실린더가 사용되고 제어는 전기를 이용할 때에는 솔레노이드 밸브가 사용된다. 여기에서는 솔레노이드를 이용하여 유압 실린더를 구동하는 기본적인 전기 회로도를 다룬다. 또한 전기 제어에서 사용되는 다양한 기본적인 회로를 소개한다.

16.1 단동 실린더의 제어

푸시버튼을 누르면 단동 실린더가 전진운동을 하고, 푸시버튼을 놓으면 후진운동을 한다.

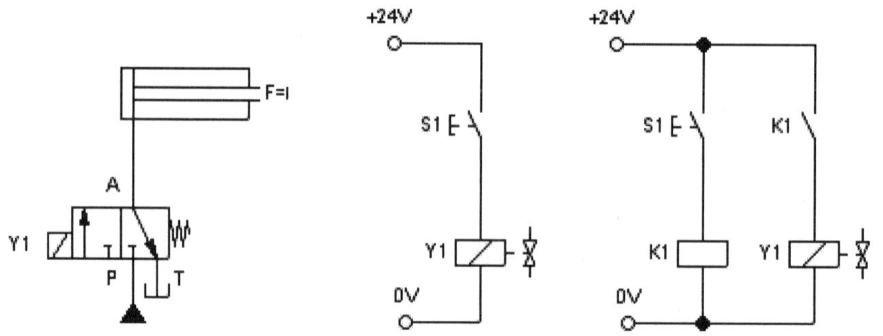

그림 16.1 단동 실린더의 제어

그림 16.1의 왼쪽 전기 회로도에서 푸시버튼 S1을 누르면 솔레노이드 코일 Y1이 여자되고 밸브의 제어위치가 전환되어 유압유가 P에서 A로 통과하여 실린더로 들어가서 피스톤이 전진운동을 한다.

푸시버튼 S1을 놓으면 솔레노이드 코일 Y1이 소자되고 3/2-way 밸브의 제어위치가 스프링에 의하여 원위치로 돌아가 피스톤은 외력에 의하여 후진운동을 한다.

그림 16.1의 오른쪽 전기 회로도에서 푸시버튼 S1을 누르면 릴레이 K1이 여자되고, K1의

상시개방 접점을 통하여 솔레노이드 코일 Y1이 여자된다. 푸시버튼 S1을 놓으면 릴레이 K1이 소자되고 K1의 상시개방 접점이 떨어져서 솔레노이드 코일 Y1이 소자되고 3/2-way 밸브의 제어위치가 스프링에 의하여 원위치로 돌아가 피스톤이 외력에 의하여 후진운동을 한다.

이 방법의 장점은 릴레이를 사용함으로써 푸시버튼 S1의 개폐 용량이 코일 Y1을 여자하기에 충분하지 않거나, 다른 전압을 필요로 할 때 사용 가능하다.

이 외에 릴레이를 사용하면 개폐기의 조합이나 인터록이 가능하다. 여러 개의 릴레이 K1, K2, K3, … 등이 사용되는 제어 시스템에서는 상시개방 접점과 상시폐쇄 접점이 단순히 표시되어 오류를 찾아내는 것이 쉬워진다.

16.2 복동 실린더의 제어

푸시버튼을 누르면 복동 실린더가 전진운동을 하고 푸시버튼을 놓으면 후진운동을 한다.

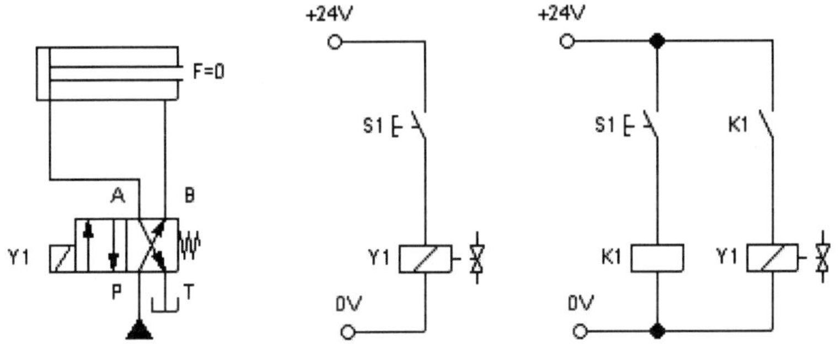

그림 16.2 복동 실린더의 제어

4/2-way 밸브를 사용하여 복동 실린더를 제어한다.

그림 16.2의 왼쪽 전기 회로도에서 푸시버튼 S1을 누르면 솔레노이드 코일 Y1이 여자되고 밸브의 제어위치가 전환되어 유압유가 P에서 A로 통과하여 실린더로 들어가서 피스톤이 전진운동을 한다.

푸시버튼 S1을 놓으면 솔레노이드 코일 Y1이 소자되고 4/2-way 밸브의 제어위치가 스프링에 의하여 원위치로 돌아가 피스톤이 후진운동을 한다.

그림 16.2의 오른쪽 전기 회로도에서는 릴레이를 사용하여 복동 실린더를 제어한다. 동작은 16.1항의 단동 실린더의 제어와 동일하다.

16.3 OR 회로

실린더는 초기위치에서 후진되어 있다. 두 개의 푸시버튼 중에서 어느 하나를 누르면 실린더가 전진운동을 한다. 물론 두 개의 푸시버튼을 모두 눌러도 실린더는 전진운동을 한다. 두 개의 푸시버튼이 모두 작동되지 않은 상태가 되면 실린더는 후진운동을 하게 된다.

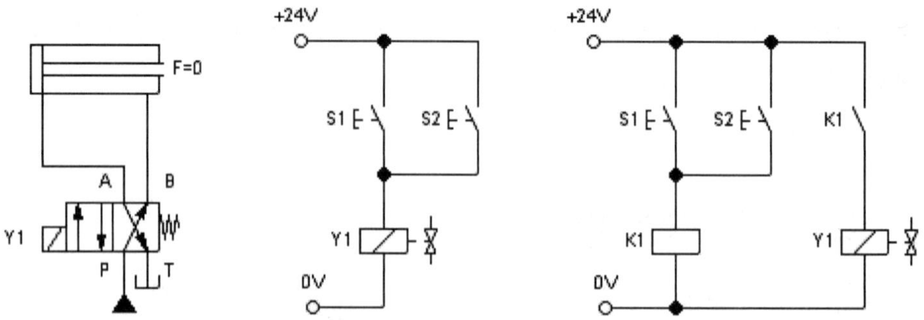

그림 16.3 OR 회로

푸시버튼 S1이나 S2를 누르면 솔레노이드 코일 Y1이 여자되고 방향제어밸브의 제어위치가 전환되어 피스톤이 전진운동을 한다.

푸시버튼에서 손을 떼면 솔레노이드 코일 Y1이 소자되고 제어위치가 원위치되어 실린더가 후진운동을 하게 된다.

두 개의 푸시버튼을 모두 누르면 당연히 실린더가 전진운동을 한다. 그러나 후진운동이 되기 위해서는 두 개의 푸시버튼 모두를 놓아야 한다.

오른쪽 회로도는 릴레이를 사용하여 제어 회로를 구성한 것이다.

16.4 AND 회로

실린더는 초기 위치에서 후진되어 있다.

두 개의 푸시버튼을 모두 눌러야만 실린더가 전진운동을 한다. 푸시버튼을 놓으면 AND 조건이 해제되어 실린더는 후진운동을 하게 된다.

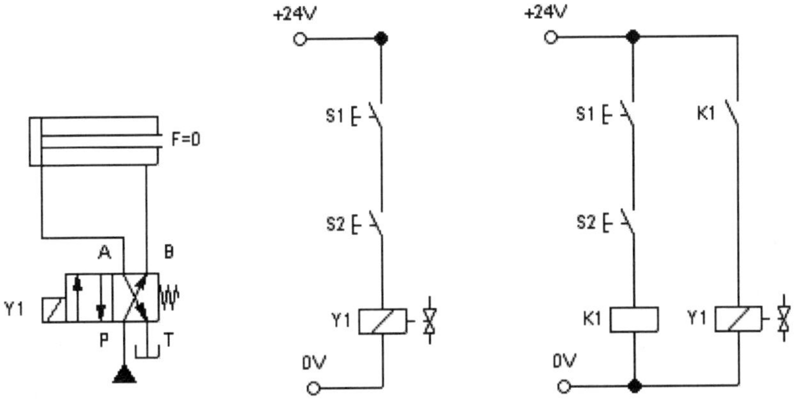

그림 16.4 AND 회로

푸시버튼 S1과 S2를 모두 작동시키면 회로가 폐로되어 솔레노이드 코일 Y1이 여자된다. 밸브의 제어위치가 전환되고 피스톤이 전진운동을 한다.

푸시버튼 S1이나 S2가 풀리면 솔레노이드 코일 Y1이 소자되고 밸브가 원위치로 돌아와 피스톤이 후진운동을 하게 된다.

오른쪽 회로도는 릴레이를 사용하여 제어 회로를 구성한 것이다.

16.5 양솔레노이드 밸브를 이용한 실린더의 전진 · 후진운동

복동 실린더는 4/2-way 양솔레노이드 밸브로 제어된다. 양솔레노이드 밸브는 상대편 솔레노이드에 신호가 가해질 때까지는 현재의 제어위치를 유지하게 된다. 이러한 이유로 양솔레노이드 밸브는 메모리 기능을 갖고 있다고 한다(중립위치를 갖는 4/3-way 밸브는 해당되지 않음).

푸시버튼 S1을 누르면 피스톤이 전진운동을 한다. 푸시버튼 S2를 누르기 전까지는 후진운동을 하지 않는다. 푸시버튼 S2를 누르면 후진운동을 한다. 그러나 유압에서는 많이 사용되는 방법이 아니다.

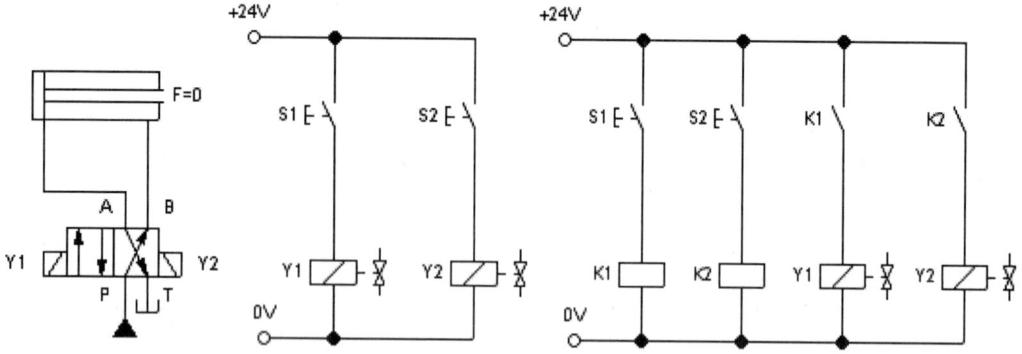

그림 16.5 양솔레노이드 밸브를 이용한 실린더의 전 · 후진운동

푸시버튼 S1을 누르면 솔레노이드 코일 Y1이 여자되고 밸브의 제어위치가 전환된다. 피스톤이 전진운동을 하게 되고, 이 과정 중에 푸시버튼 S1을 놓아도 밸브의 제어위치는 그 상태를 유지하기 때문에 실린더는 전진운동을 계속하게 된다. 즉, 푸시버튼 S2를 통하여 솔레노이드 코일 Y2가 여자되기 전까지는 그 상태를 유지한다.

푸시버튼 S2가 눌려 솔레노이드 코일 Y2가 여자되면 밸브의 제어위치가 전환되고 실린더는 후진운동을 하게 된다. 이때에도 마찬가지로 푸시버튼 S2를 놓아도 밸브의 제어위치는 변하지 않으므로 계속해서 후진운동을 하게 된다.

16.6 실린더의 자동 후진

푸시버튼 S1을 누르면 실린더가 전진운동을 하고, 전진운동이 완료되면 리밋 스위치 S2가 눌리고 이 신호를 받아 실린더는 자동으로 후진운동을 한다. 이 방법 역시 유압에서는 많이 사용되는 방법이 아니다.

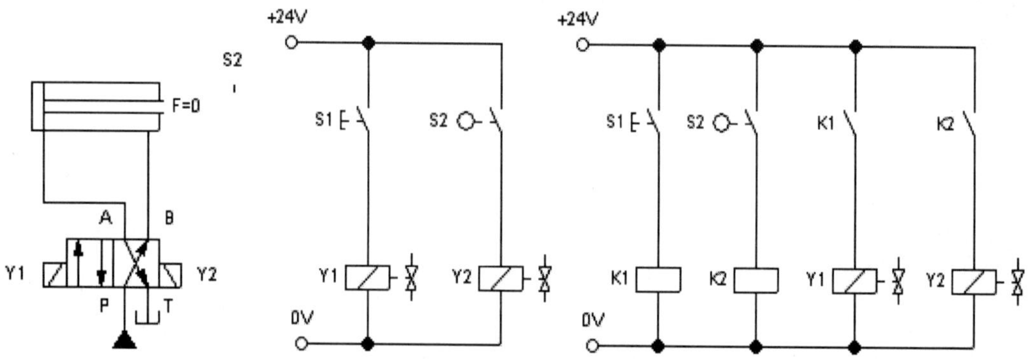

그림 16.6 실린더의 자동 후진

푸시버튼 S1을 누르면 솔레노이드 코일 Y1이 여자되고 피스톤은 전진운동을 한다. 피스톤이 전진운동을 완료하고 리밋 스위치 S2를 작동시키면 리밋 스위치 S2는 솔레노이드 코일 Y2를 여자시키고 피스톤은 후진운동을 하여 처음 상태로 돌아온다. 이때 푸시버튼 S1은 이미 풀어진 상태에 있어야 한다.

16.7 실린더의 왕복 운동

시동 스위치 ST를 작동시키면 시동 스위치 ST가 풀릴 때까지 실린더가 전후진 왕복운동을 한다. 피스톤의 최종 위치는 처음 위치가 된다.

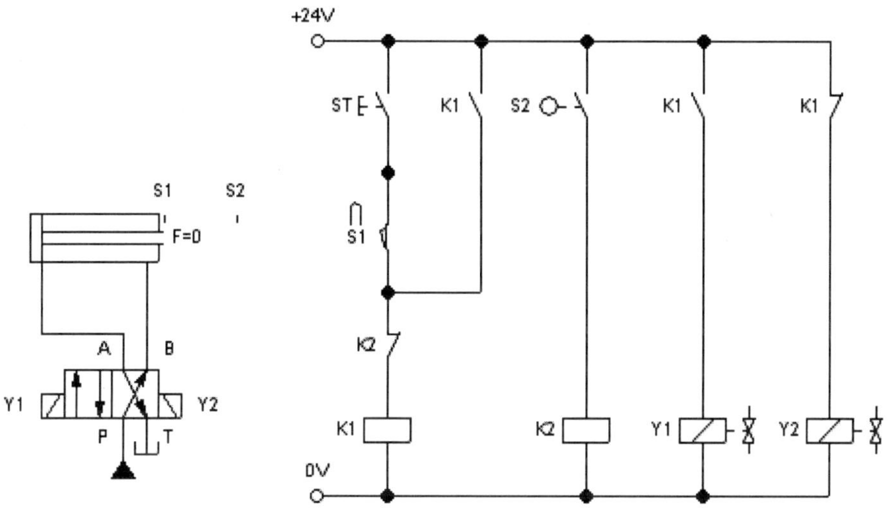

그림 16.7 실린더의 왕복 운동

두 개의 전기 리밋 스위치 S1과 S2는 피스톤의 전후진 완료 위치에 설치된다. 실린더의 초기 상태에서 리밋 스위치 S1은 눌린 상태로 표시된다. 시동 스위치 ST를 누르면 시동 스위치 ST가 풀릴 때까지 피스톤이 전후진운동을 하게 된다. 시동 스위치 ST를 놓으면 솔레노이드 코일 Y1에 신호가 전달되지 않으므로 피스톤은 후진위치에서 머무르게 된다.

16.8 자기유지회로를 이용한 제어

전기-유압 시스템에서는 전기 신호를 기억하기 위하여 자기유지회로가 필요하게 된다. 자기유지회로(self holding circuit)를 구성하여 전기 신호를 기억하여 두면 스프링이 내장된 편솔레노이드 밸브를 사용할 수 있다.

자기유지회로에는 ON 우선회로(Dominant ON)와 OFF 우선회로(Dominant OFF)의 두 가지가 있다.

자기유지회로의 동작을 설명하면 다음과 같다.

ON 푸시버튼을 누르면 릴레이 K1이 여자되고 병렬 연결된 상시개방 접점 K1이 폐로되어 ON 푸시버튼에서 손을 떼어도 K1은 계속 여자된 상태로 남아 있다. OFF 푸시버튼을 누르면 K1 릴레이에 공급되던 전기가 끊겨 릴레이 K1이 소자되고 상시개방 접점 K1이 열리고 자기유지회로는 해제된다.

ON 우선회로에서는 OFF 푸시버튼이 K1의 상시개방 접점과 직렬로 연결되어 있다.

OFF 우선회로의 자기유지회로에서는 ON 우선회로처럼 K1의 상시개방 접점이 병렬로 연결되어 자기유지 기능을 한다. 이 경우에는 OFF 푸시버튼이 ON 푸시버튼과 직렬로 연결되어 있어서 OFF 푸시버튼이 상태를 좌우한다.

만약 OFF 푸시버튼이 상시개방 접점과 직렬로 연결되어 있으면 ON 푸시버튼과 OFF 푸시버튼을 같이 동작시켰을 때 ON 신호가 항상 우선한다. 따라서 ON 우선회로가 된다.

만약 OFF 푸시버튼이 ON 푸시버튼과 직렬로 연결되어 있으면 ON 푸시버튼과 OFF 푸시버튼을 같이 동작시켰을 때 OFF 신호가 항상 우선한다. 따라서 OFF 우선회로가 된다.

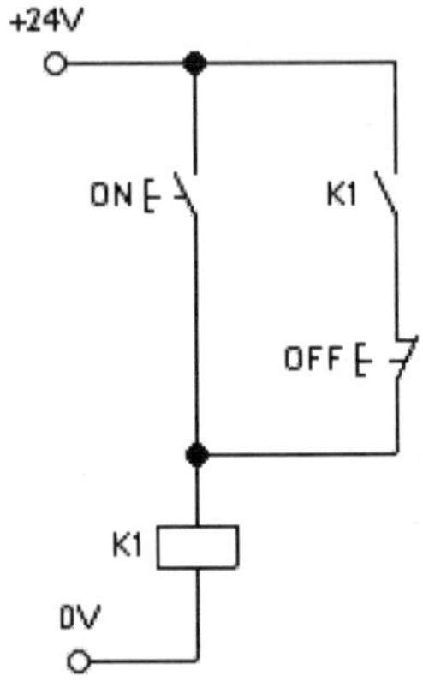

그림 16.8 ON 우선회로

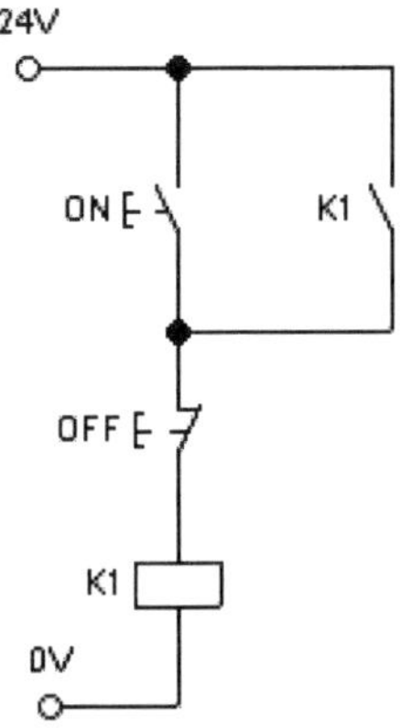

그림 16.9 OFF 우선회로

16.8.1 자기유지회로를 이용한 실린더의 제어

복동 실린더를 구동하는 밸브는 4/2-way 편솔레노이드 밸브가 사용된다.

S1-ON 스위치를 누르면 실린더는 전진운동을 한다. S2-OFF 스위치를 누르면 실린더는 후진운동을 한다.

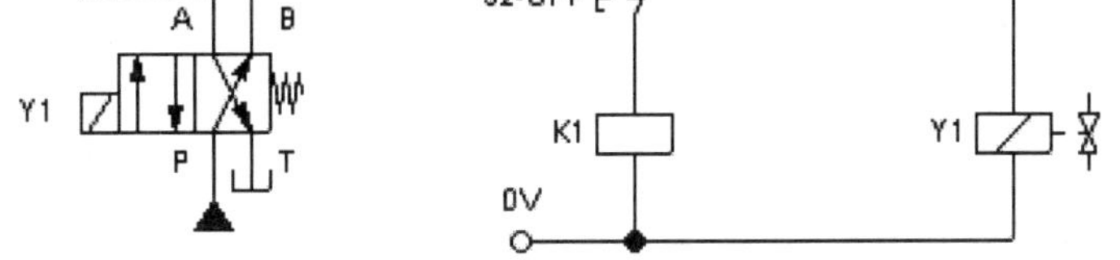

그림 16.10 자기유지회로를 이용한 실린더의 제어

푸시버튼 S1-ON을 누르면 릴레이 K1이 여자되고 병렬 연결된 K1의 상시개방 접점을 통하여 릴레이 K1이 여자된 상태를 유지한다. K1의 두 번째 상시개방 접점이 폐로되어 솔레노이드 코일 Y1을 여자시키고 피스톤은 전진운동을 한다.

푸시버튼 S2-OFF를 누르면 릴레이 K1의 자기유지회로가 해제되어 모든 기능이 원상태로 바뀌고 솔레노이드 코일 Y1은 소자된다. 방향제어밸브의 내장된 스프링에 의하여 제어위치가 원위치로 돌아오면 피스톤이 후진운동을 한다.

16.8.2 리밋 스위치에 의한 자동후진

푸시버튼 S1이 눌리면 피스톤이 전진운동을 한 후, 리밋 스위치 S2를 작동시키고 자동적으로 후진운동이 일어나도록 한다. 이때 물론 S1 푸시버튼 스위치는 풀어진 상태이다.

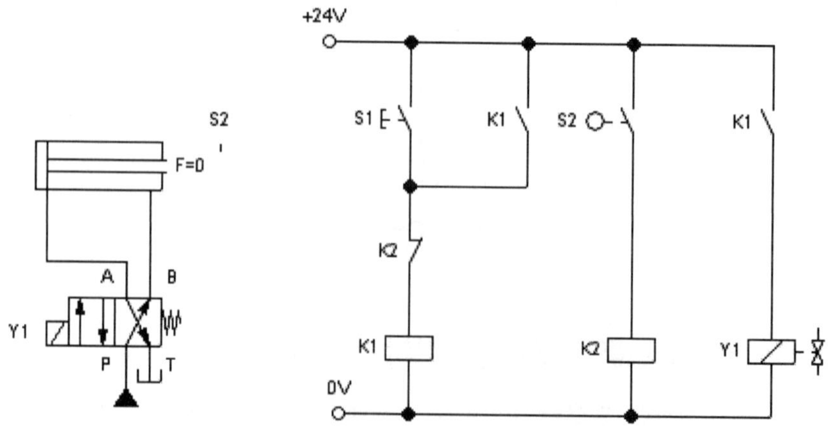

그림 16.11 리밋 스위치에 의한 자동 후진

푸시버튼 S1을 누르면 릴레이 K1이 여자되고 병렬 연결된 K1의 상시개방 접점을 통하여 릴레이 K1이 여자된 상태를 유지한다. K1의 두 번째 상시개방 접점이 폐로되어 솔레노이드 코일 Y1을 여자시키고 피스톤은 전진운동을 한다.

푸시버튼 S1이 더 이상 눌려지지 않은 상태에서 피스톤이 리밋 스위치 S2를 작동시키면 자기유지회로가 해제되어 릴레이 K1이 소자되고 상시개방 접점 K1이 떨어져서 솔레노이드 코일 Y1을 소자시킨다. 4/2-way 밸브의 제어위치가 전환되어 피스톤이 후진운동을 한다.

16.9 타이머 제어회로

제어계에서 시간 지연이 필요한 경우에는 시간 지연 릴레이가 필요하다. 시간을 고려한 제어계에는 단순히 시간만을 고려하는 방식과 시간과 작업 상황을 모두 고려하는 방식 등 두 가지가 있다.

오늘날 이용되고 있는 시간 지연 릴레이는 주로 전자식인데 이에는 ON-Delay 방식과 OFF-Delay 방식이 있다.

16.9.1 ON-Delay 타이머

ON-Delay 타이머의 동작 특성을 정리하면 그림 16.12와 같다.

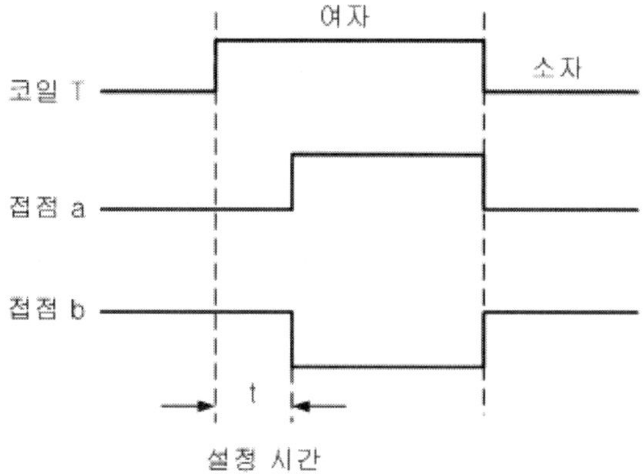

그림 16.12 ON-Delay 타이머의 동작 특성

16.9.2 ON-Delay 타이머를 이용한 실린더의 제어

푸시버튼 S1을 누르면 피스톤이 전진운동을 하고 리밋 스위치 S2로 전진운동을 확인한다. 전진운동이 완료된 후 정해진 시간이 경과하면 자동적으로 후진운동을 한다.

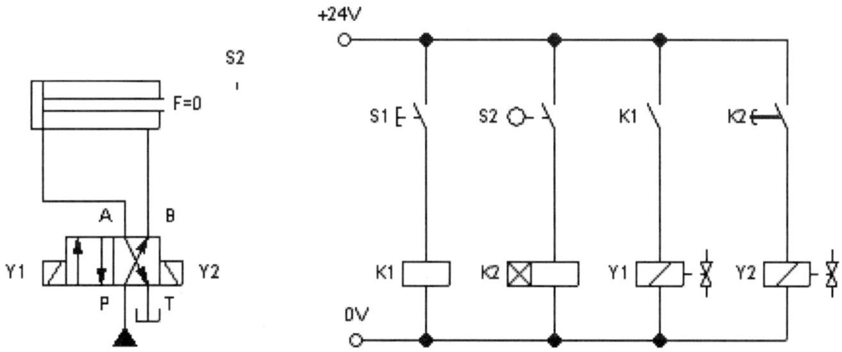

그림 16.13 ON-Delay 타이머를 이용한 실린더의 제어

수동 푸시버튼 S1을 누르면 릴레이 K1이 여자되고 K1의 상시개방 접점이 폐로되어 솔레노이드 코일 Y1이 여자된다. 밸브의 제어위치가 전환되고 실린더가 전진운동을 한다. 전진운동된 상태에서 리밋 스위치 S2를 작동시키면 ON-Delay 타이머 K2가 정해진 시간 후에 여자되어 상시개방 접점 K2를 폐로시킨다. 이를 통하여 솔레노이드 코일 Y2가 여자되고 밸브의 제어위

치가 전환되어 실린더가 후진운동을 한다. 실린더가 후진운동을 시작하면 리밋 스위치 S2가 풀리고 즉시 ON-Delay 타이머 K2가 소자된다. 실린더는 수동 푸시버튼 S1 신호가 입력될 때까지 후진위치에 머무른다.

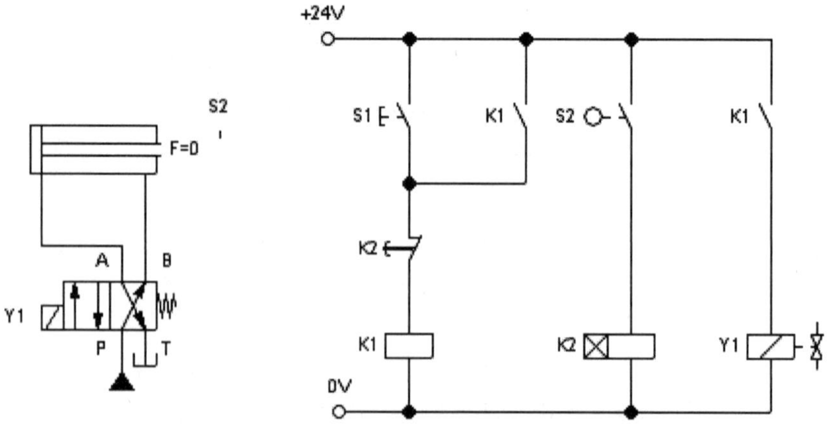

그림 16.14 자기유지회로의 이용

그림 16.14의 회로에서는 복동 실린더가 4/2-way 편솔레노이드 밸브로 구동되므로 자기유지회로가 필요하다. 회로의 동작은 같은 방식으로 이루어진다.

16.9.3 OFF-Delay 타이머

OFF-Delay 타이머의 동작 특성을 정리하면 그림 16.15와 같다.

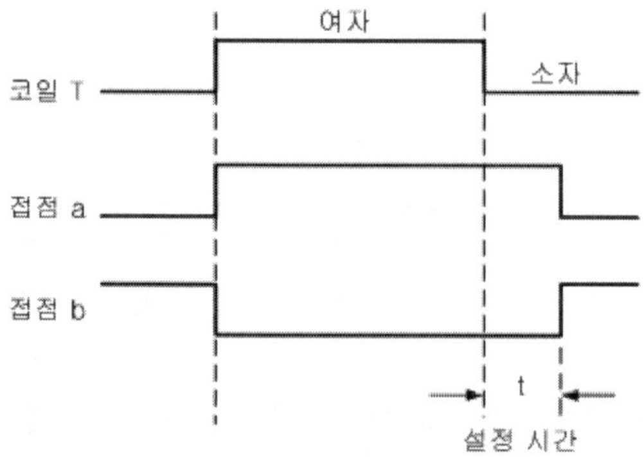

그림 16.15 OFF-Delay 타이머의 동작 특성

16.9.4 OFF-Delay 타이머를 이용한 실린더의 제어

푸시버튼 S1을 누르면 피스톤이 전진운동을 하고 리밋 스위치 S2로 전진운동을 확인한다. 전진운동이 완료된 후 정해진 시간이 경과하면 자동적으로 후진운동을 한다.

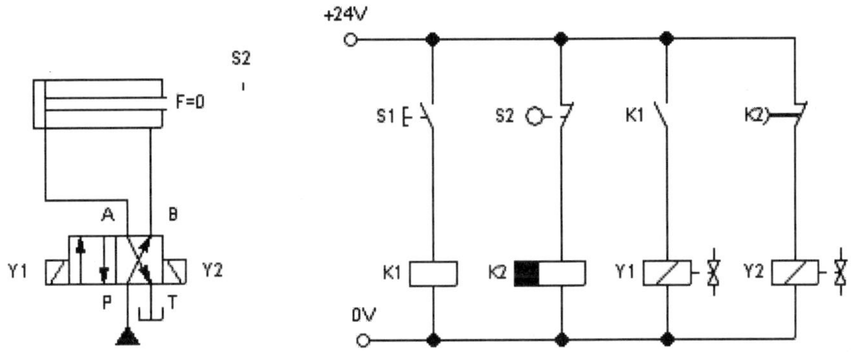

그림 16.16 OFF-Delay 타이머를 이용한 실린더의 제어

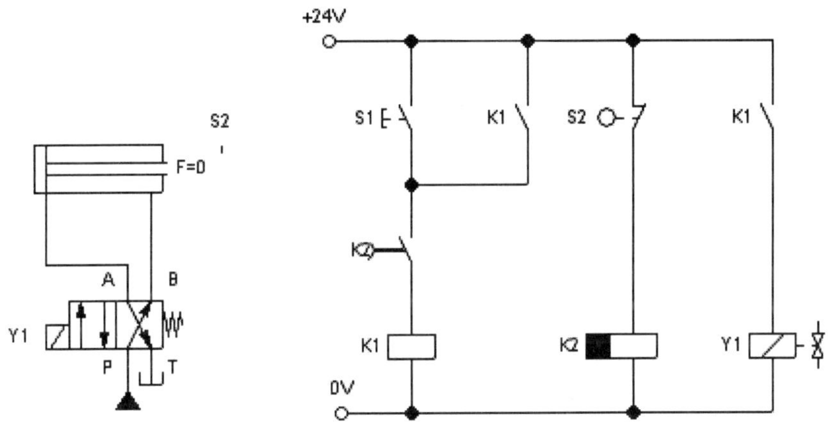

그림 16.17 자기유지회로의 이용

솔레노이드 밸브 Y1은 내장된 스프링에 의하여 원위치 되어 있다.

시동 스위치 S1을 누르면 릴레이 K1이 여자되고 자기유지회로는 K1의 상시개방 접점에 의하여 구성된다. 두 번째 K1 접점을 통하여 솔레노이드 코일 Y1이 여자되고 실린더는 전진운동을 한다. 리밋 스위치 S2가 작동하면 K2의 상시개방 접점은 지정된 시간 후에 자기유지회로를 해제한다. 그러면 실린더는 후진운동을 하게 된다.

16.10 인터록 회로

인터록(interlock) 회로는 우선되는 회로가 닫혔을 때 다른 회로가 동작하지 않도록 하는 회로이다. 이를 위하여 두 개 이상의 릴레이나 전자 접촉기가 동시에 동작하지 않도록 회로를 구성한다. 인터록 회로는 기기와 장치의 보호, 조작자의 안전 등을 목적으로 한다.

16.10.1 푸시버튼을 이용한 인터록 회로

인터록 회로를 구성하는 가장 간단한 방법 중의 하나는 다접점 푸시버튼 스위치를 이용하여 구성하는 것이다. 그림 16.18에서와 같이 다접점 푸시버튼 스위치를 이용하여 회로를 구성하면, PB1을 동작시켰을 때 PB1의 a 접점을 통하여 K1 릴레이는 살고 PB1의 b 접점은 열려서 K2 릴레이는 동작될 수 없는 상태가 된다. 따라서 K1이 살게 되면 인위적으로 K2는 살 수 없게 된다. PB2를 동작시켰을 때도 마찬가지로 K2는 살고 K1은 살 수 없게 된다. PB1과 PB2를 모두 동작시키게 되면 K1 릴레이와 K2 릴레이 모두 살 수 없게 된다.

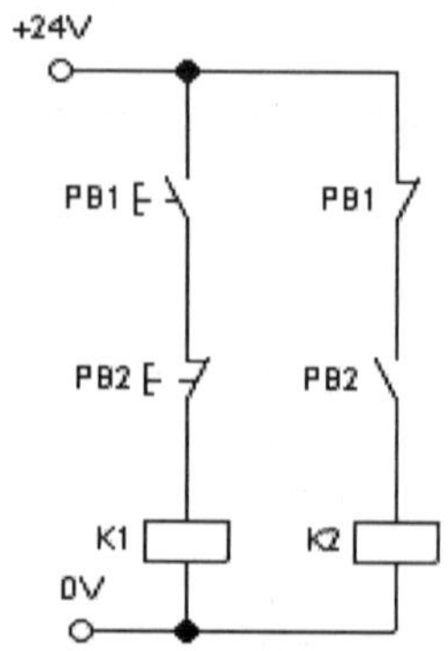

그림 16.18 푸시버튼 스위치를 이용한 인터록 회로

16.10.2 릴레이 접점을 이용한 인터록 회로

인터록 회로를 구성하는 또 하나의 간단한 방법은 릴레이 접점을 이용하여 회로를 구성하는 것이다. 그림 16.19의 회로도에서 PB1을 작동시키면 K1 릴레이는 살게 되고 K1의 b 접점은 열리게 되므로 PB2를 작동시켰을 때 K2는 살 수 없게 된다. 같은 방법으로 PB2를 작동시키면 K1이 살 수 없게 된다.

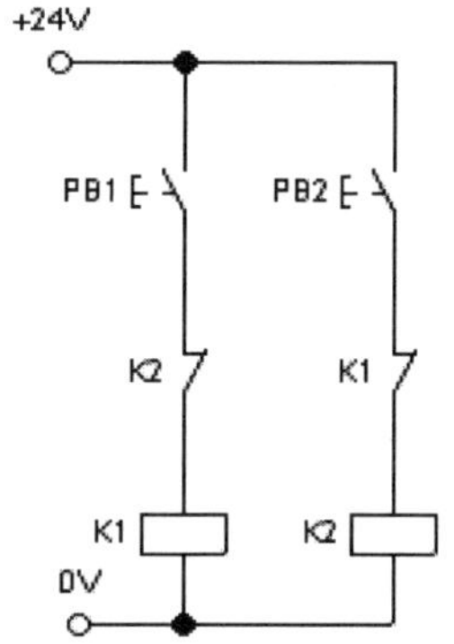

그림 16.19 릴레이 접점을 이용한 인터록 회로

16.10.3 2중 인터록 회로

2중 인터록 회로는 다접점 푸시버튼 스위치와 릴레이 접점을 이용하여 2중으로 인터록 회로를 구성하는 것이다. 이 방법을 사용하면 만약에 있을지도 모르는 다접점 푸시버튼 스위치나 릴레이 접점의 이상으로 발생될 수 있는 인터록 회로의 이상을 방지할 수 있다. 모터의 정역전 회로에서는 안전을 위하여 대부분 2중 인터록 회로를 사용한다. 그림 16.20의 회로도에서 PB1을 작동시키면 PB1의 b 접점과 K1의 b 접점이 모두 열려 2중으로 K2를 살 수 없게 만든다. 따라서 PB1의 b 접점이나 K1의 b 접점에 이상이 생기는 경우에도 K2가 살 수 없게 된다.

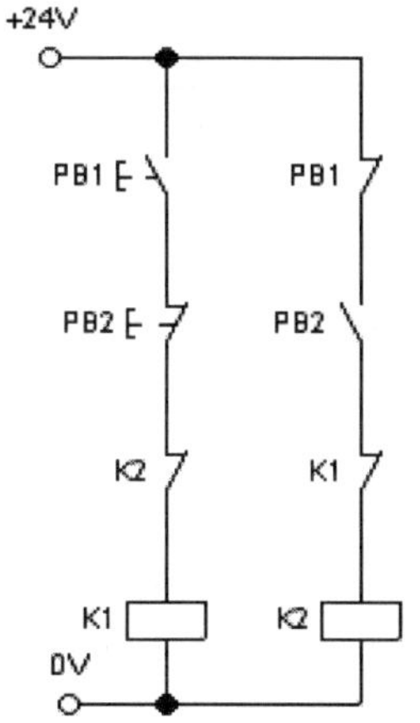

그림 16.20 2중 인터록 회로

17 실전 예제

17.1 리프팅 스테이션(Lifting station)

컨베이어 벨트로 이송되는 상자가 리프팅 테이블에 의해서 포장 벨트 높이로 들어 올려져야 한다. 리프팅 테이블의 상승과 하강은 유압 단동 실린더에 의해서 제어된다. 실린더의 전진운동 속도를 조절하기 위해서 일방향 유량제어밸브가 사용된다.

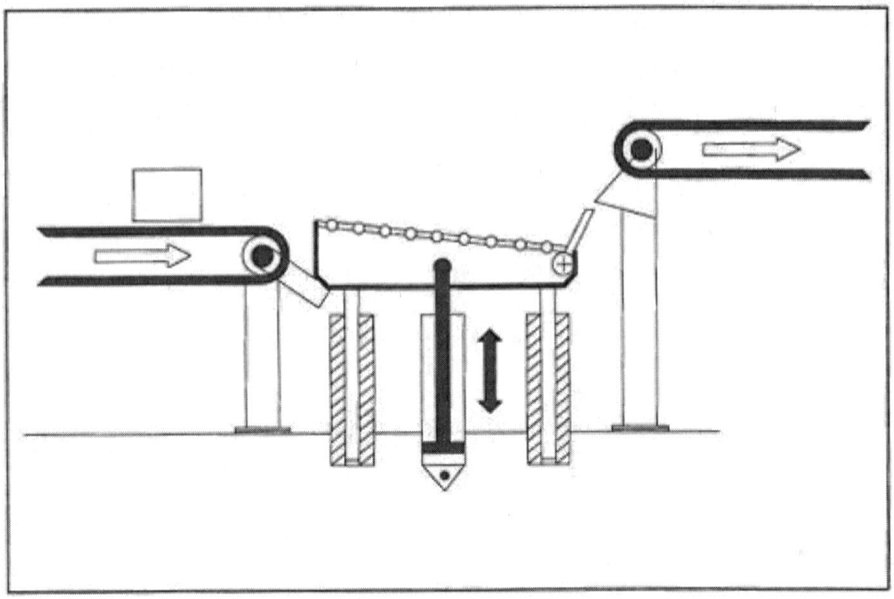

그림 17.1 리프팅 스테이션의 위치도

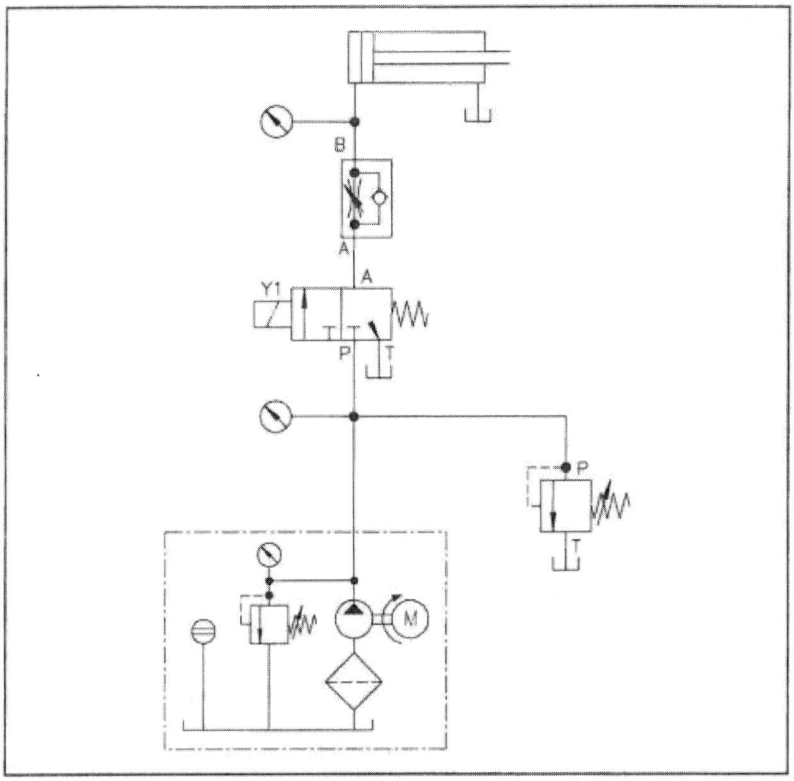

그림 17.2 리프팅 스테이션의 유압 회로도

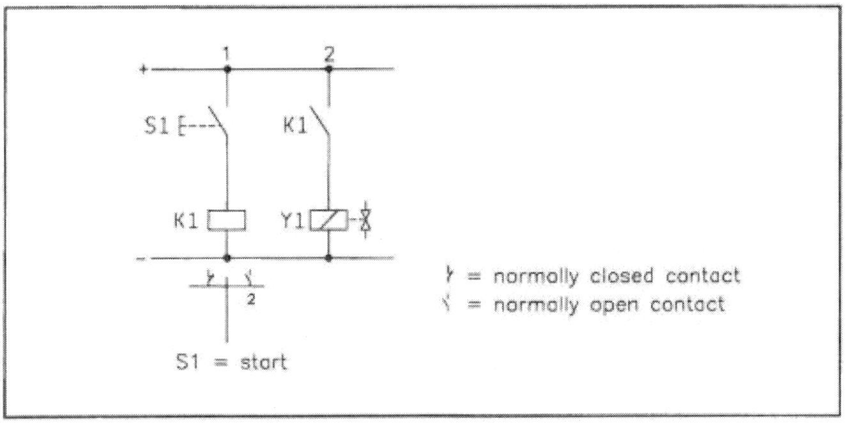

그림 17.3 리프팅 스테이션의 전기 회로도

17.2 컨베이어 벨트(Conveyor belt)

첫 번째 컨베이어 벨트로 이송되는 제품을 유압 실린더를 이용하여 두 번째 컨베이어로 밀어내려고 한다. 유압 실린더의 전진운동 속도는 유량제어밸브를 사용하여 조절 가능해야 하며 이 때문에 후진운동 속도가 영향을 받지 않아야 한다.

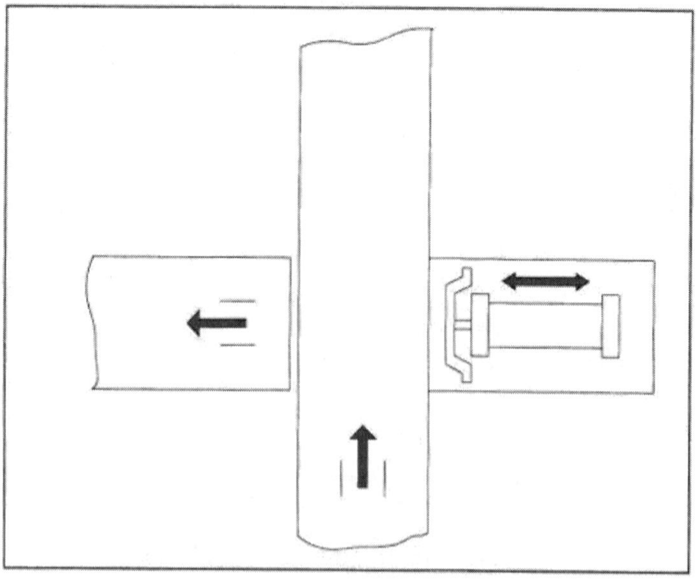

그림 17.4 컨베이어 벨트의 위치도

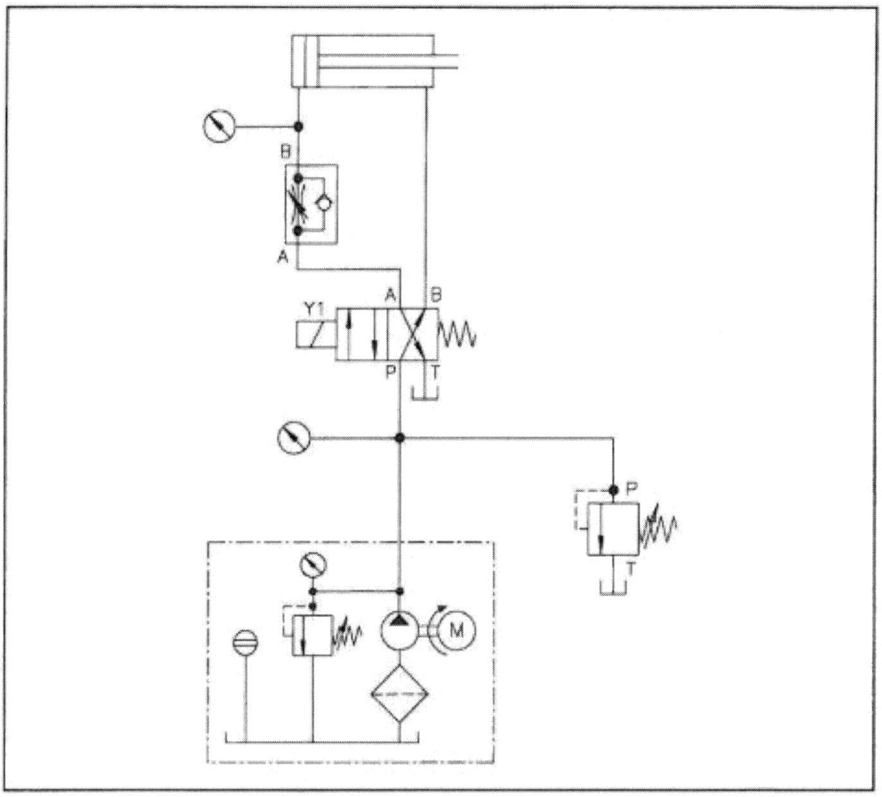

그림 17.5 컨베이어 벨트의 유압 회로도

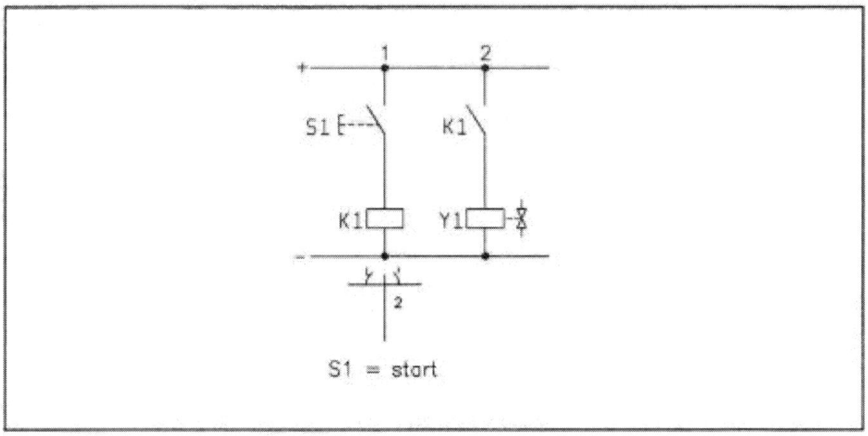

그림 17.6 컨베이어 벨트의 전기 회로도

17.3 벤딩 장치(Bending device)

벤딩 장치에서 유압 복동 실린더를 이용하여 U형태로 금속판을 굽히려고 한다. 이 장치를 시동시키기 위해서 수동 푸시버튼이 사용된다. 금속판이 굽혀진 후에 두 번째 수동 푸시버튼을 동작시키면 복동 실린더는 처음 위치로 돌아오게 된다. 일반 산업현장에서 요구되는 안전장치는 이 예제에서 고려하지 않기로 한다. 전진운동 속도와 후진운동 속도가 천천히 이루어져야 하며 조절 가능해야 한다. 이 때 한 개의 유량조절밸브를 사용하여 속도조절이 되도록 한다. 부하와 관계없이 속도가 조절되려면 어떠한 유량제어밸브를 사용하는 것이 적당한가?

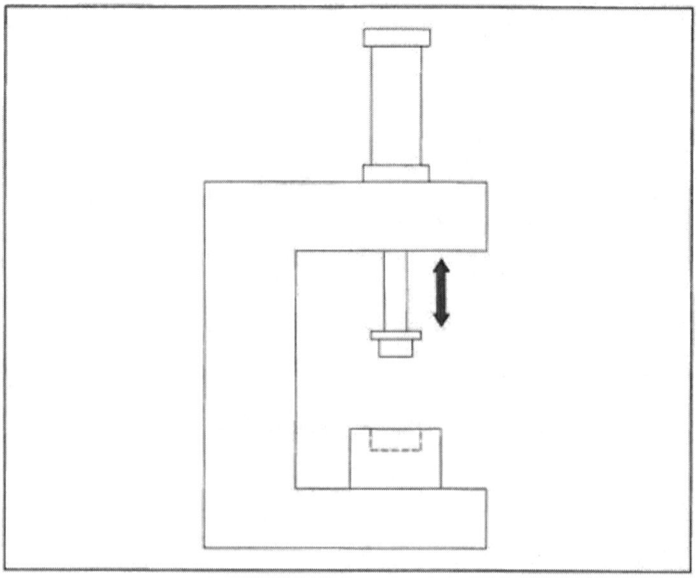

그림 17.7 벤딩 장치의 위치도

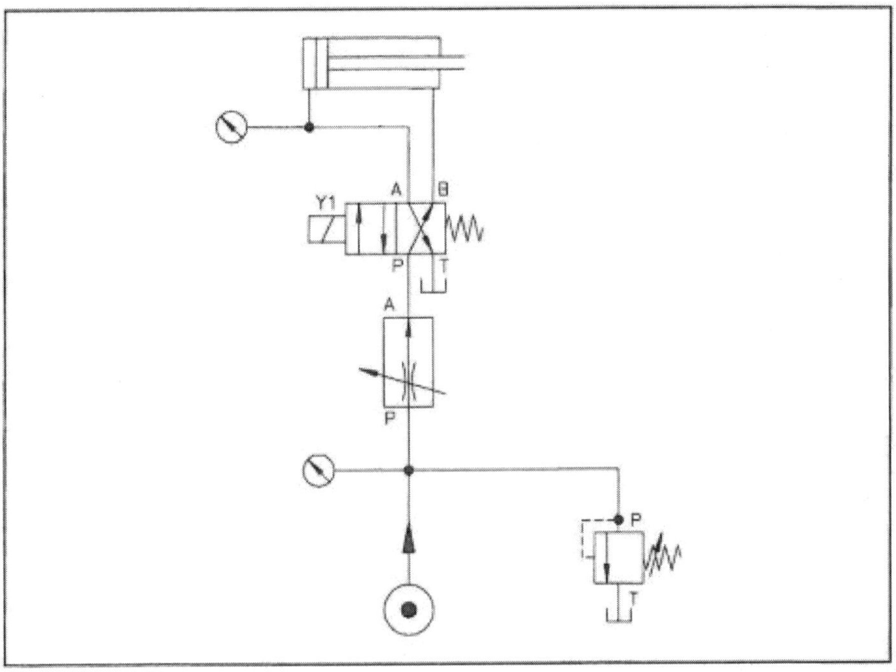

그림 17.8 벤딩 장치의 유압 회로도

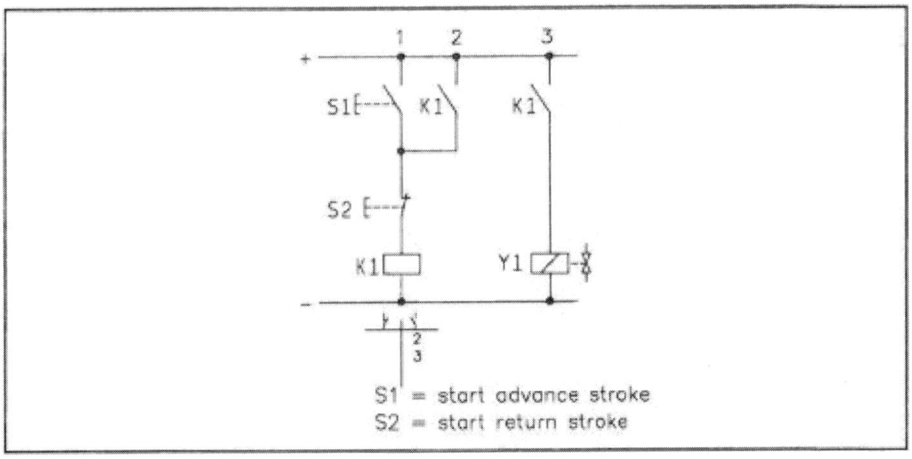

그림 17.9 벤딩 장치의 전기 회로도

17.4 프레스 장치(Pressing device)

프레스 장치를 이용하여 부품을 조립하는데 사용하려고 한다. 만약 정해진 압력 30 bar가 초과되면, 예를 들어 부품이 기울어져 공급되었을 경우처럼, 피스톤 로드는 안전상 이유로 후진되어야 한다. 정확한 프레스 작업이 이루어지는 경우에는 정해진 압력 30 bar에 도달되었을 때 후진 운동이 이루어진다. 일방향 유량제어밸브가 실린더의 공급 포트에 설치된다. 제어 시스템을 스위칭 시킨 후에 유량제어밸브 전의 압력을 조사할 때 압력 스위치가 반응하는지 설명하라. 압력의 정보를 얻는 것은 정확히 어디에서 이루어져야 하는가?

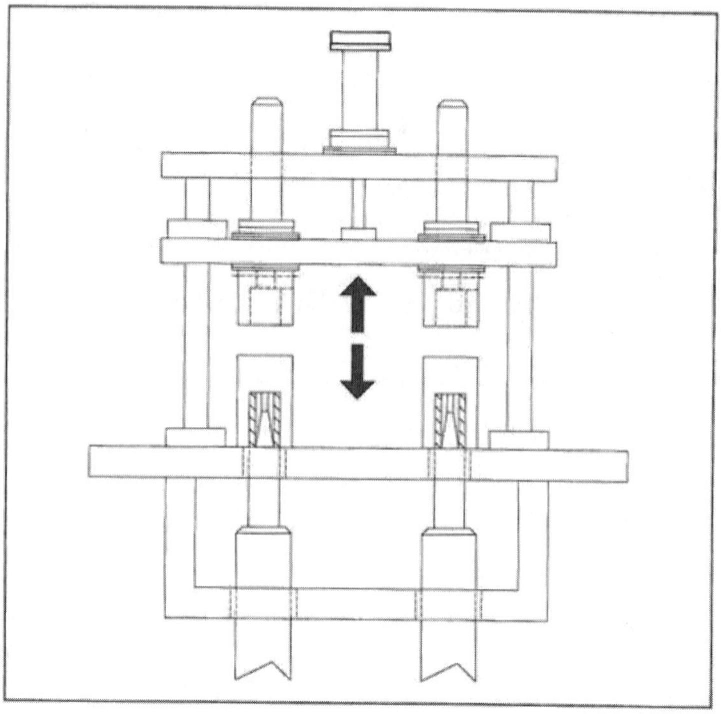

그림 17.10 프레스 장치의 위치도

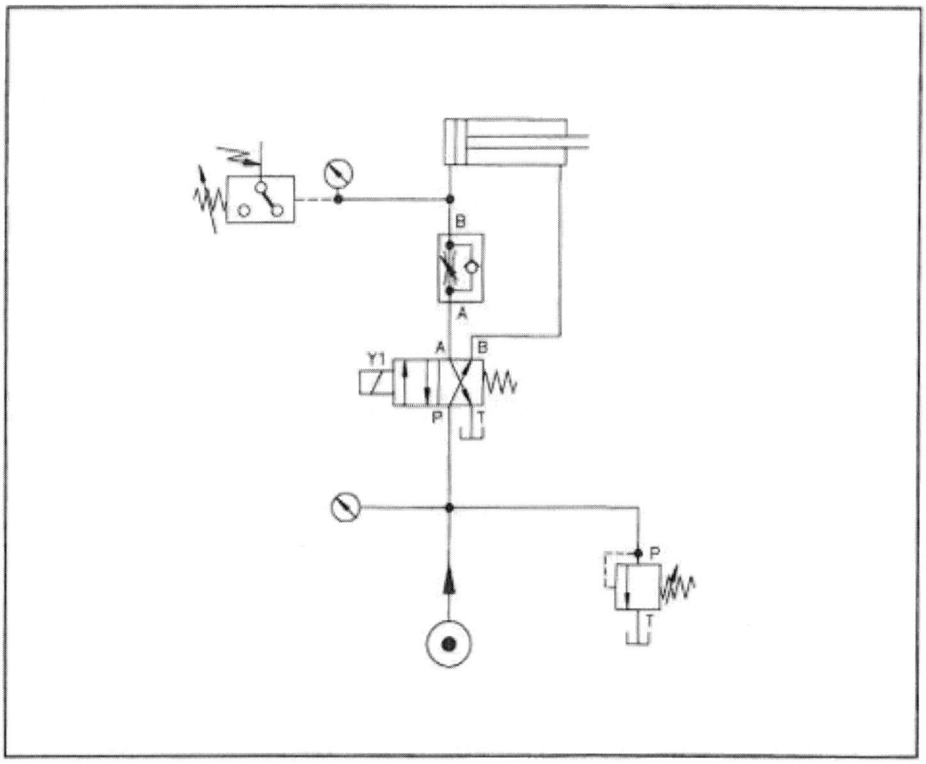

그림 17.11 프레스 장치의 유압 회로도

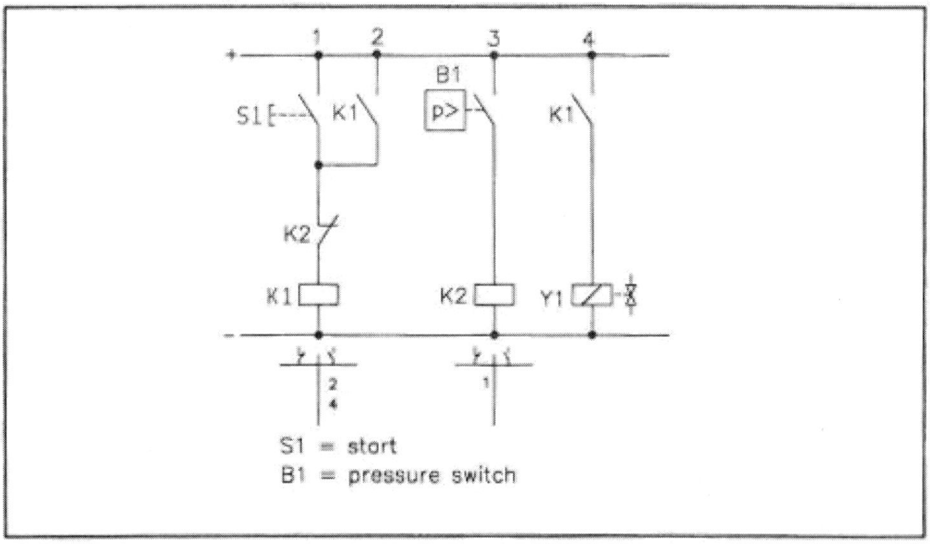

그림 17.12 프레스 장치의 전기 회로도

17.5 스탬핑 기계(Stamping machine)

유압 파워부의 펌프는 적은 토출량을 갖고 있는 상태에서 스탬핑 기계에 사용되고 있다. 적절한 회로를 구성함으로써 실린더의 전진운동 속도를 증가시키고자 한다. 유압 실린더의 힘은 충분하다고 할 때 회로를 구성하라.

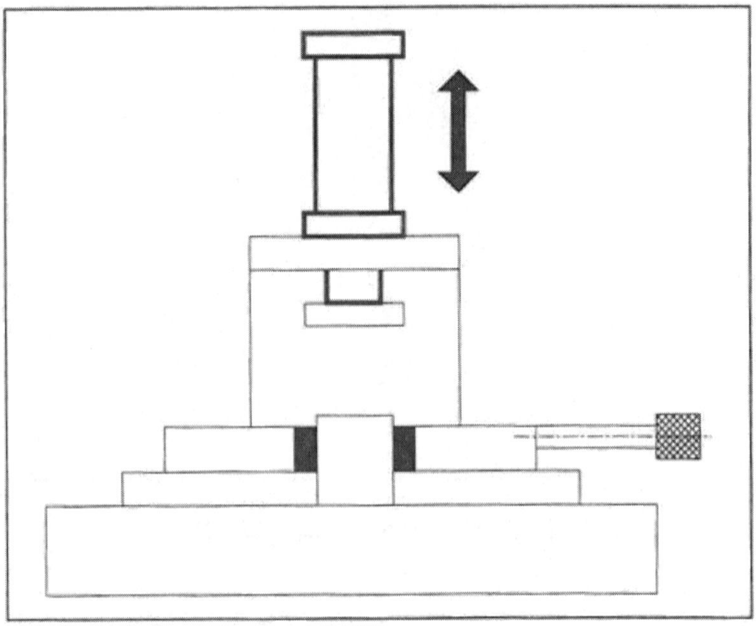

그림 17.13 스탬핑 기계의 위치도

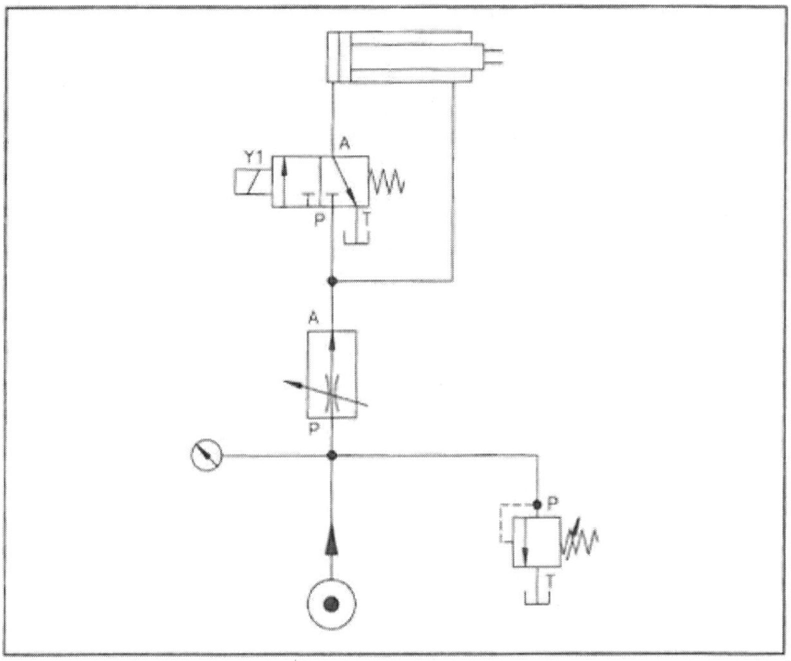

그림 17.14 스탬핑 기계의 유압 회로도

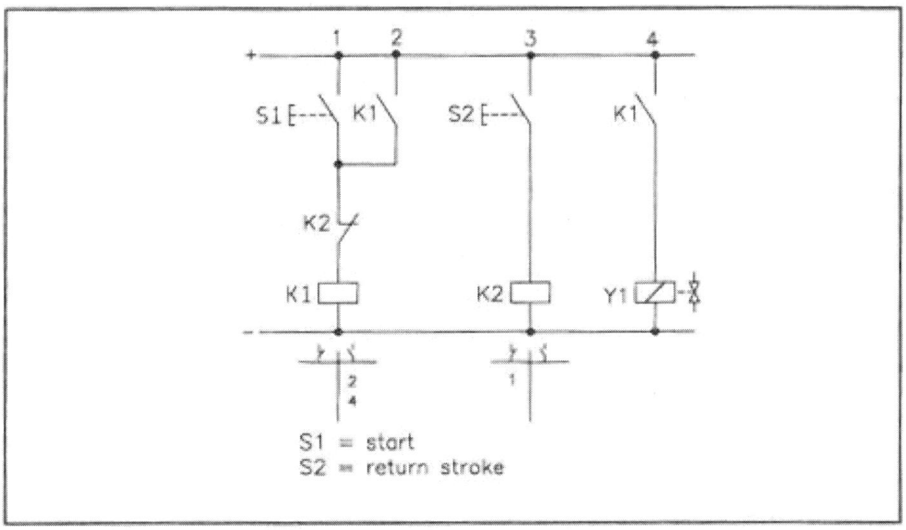

그림 17.15 스탬핑 기계의 전기 회로도

17.6 도어 제어(Door control)

복동 실린더를 이용하여 문을 개폐하려고 한다. 인칭 작업을 통하여 실린더를 중간 위치에 정지시킬 수 있어야 한다. 실린더는 중간 위치에서 유압적으로 클램핑되어야 하며 미터-아웃 방식으로 전진속도가 제어된다. 전기 회로에서는 다접점 푸시버튼 스위치를 사용하여 인터록 기능이 부가되어야 한다.

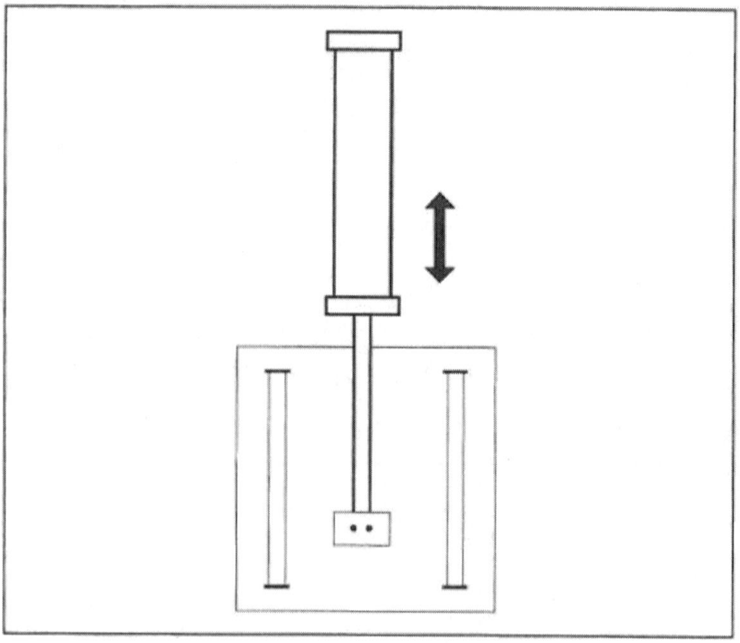

그림 17.16 도어 제어의 위치도

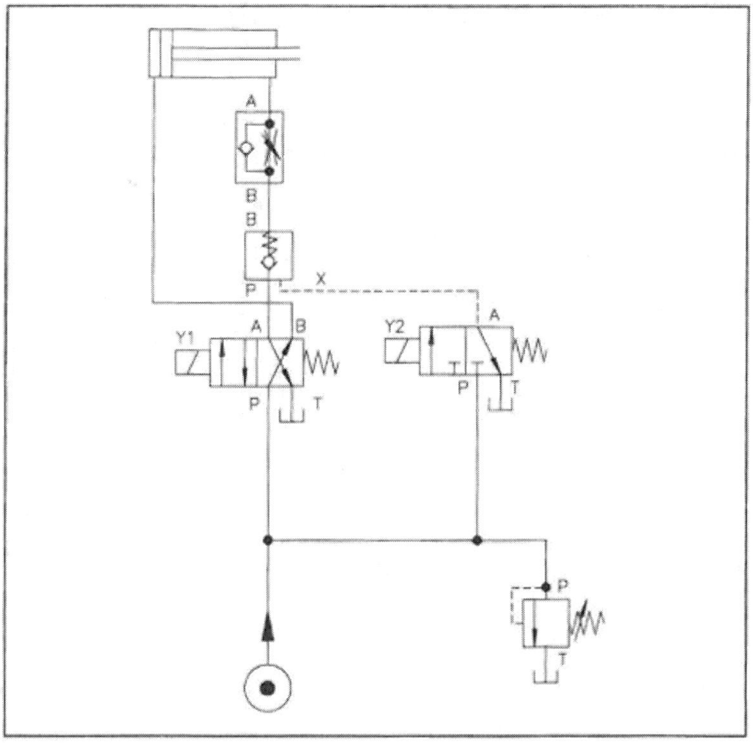

그림 17.17 도어 제어의 유압 회로도

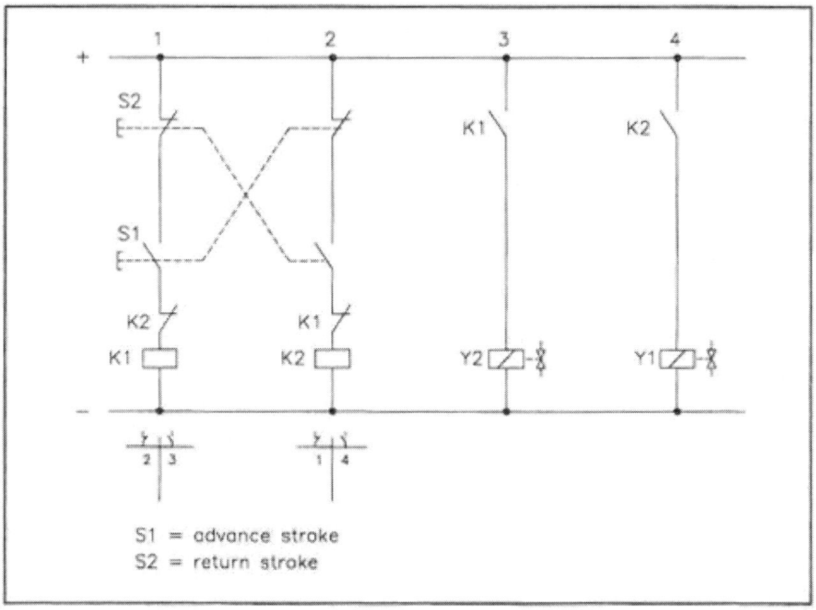

그림 17.18 도어 제어의 전기 회로도

17.7 기계가공 유닛(Machining unit)

소재의 모서리를 챔퍼링(chamfering)하려고 한다. 공구를 개선하여 모서리를 깎아내는 작업시간은 단축될 수 있다. 실린더의 이송 속도는 차동회로를 통하여 증가시킬 수 있다. 클램핑 장치는 소재를 5개까지 고정시킬 수 있다. 소재의 숫자가 5개보다 적은 경우에는 적절하게 작업 행정을 조절할 수 있다. 실린더의 후진 행정은 리밋 스위치의 적절한 위치 선정으로 조절 가능하다.

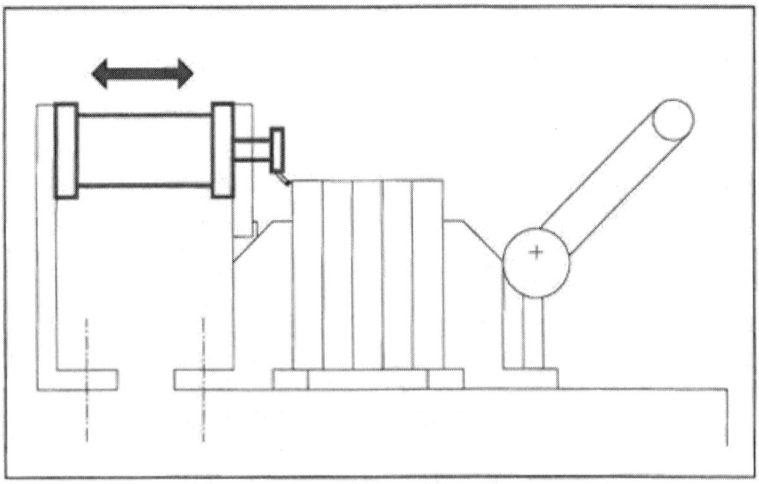

그림 17.19 기계가공 유닛의 위치도

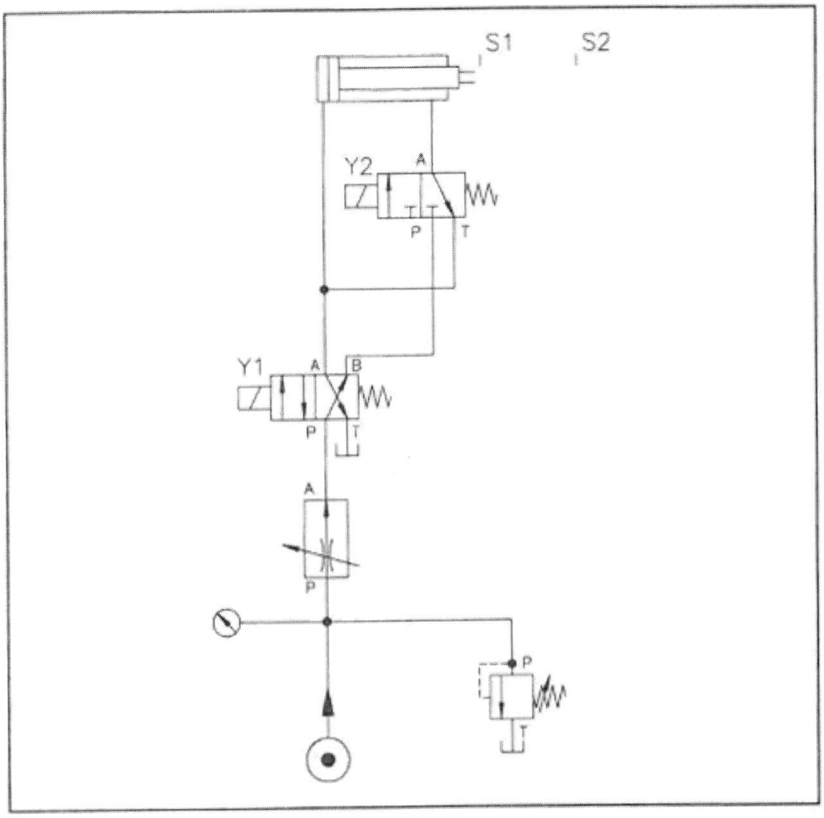

그림 17.20 기계가공 유닛의 유압 회로도

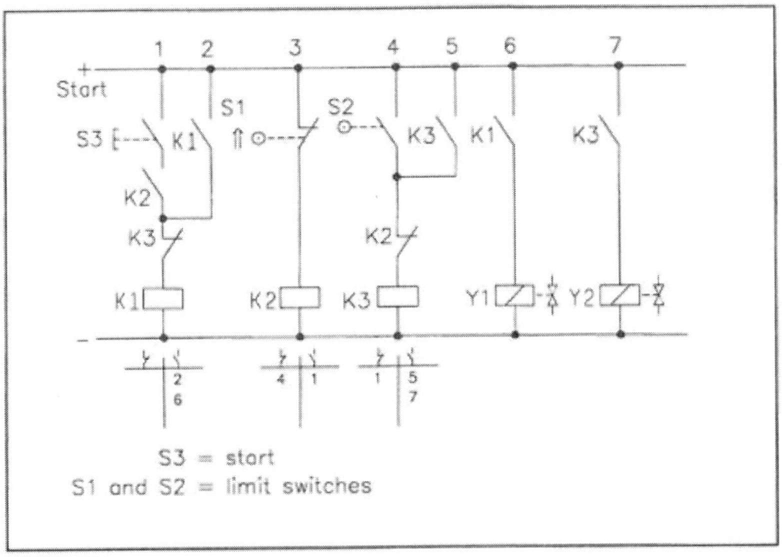

그림 17.21 기계가공 유닛의 전기 회로도

17.8 드릴링 머신의 이송 작업(Feed for drilling machine)

드릴링 머신의 이송 작업은 자동적으로 이루어진다. 큰 직경의 드릴을 사용하여 작업을 하는 경우에는 일정한 이송 속도가 필요하며 세밀하게 이송속도가 조절되어야 한다. 따라서 이러한 작업을 위해서는 유압 실린더를 이용하여 이송하는 것이 필요하다. 드릴 작업을 하는 위치까지는 빠른 이송이 이루어져야 하고 드릴 작업을 할 때에는 조절 가능한 이송속도가 필요하다. 실린더의 후진운동은 푸시버튼을 작동시킴으로써 이루어지며 이때 유량조정밸브에 병렬로 연결된 체크 밸브를 통하여 유압 작동유가 통과된다.

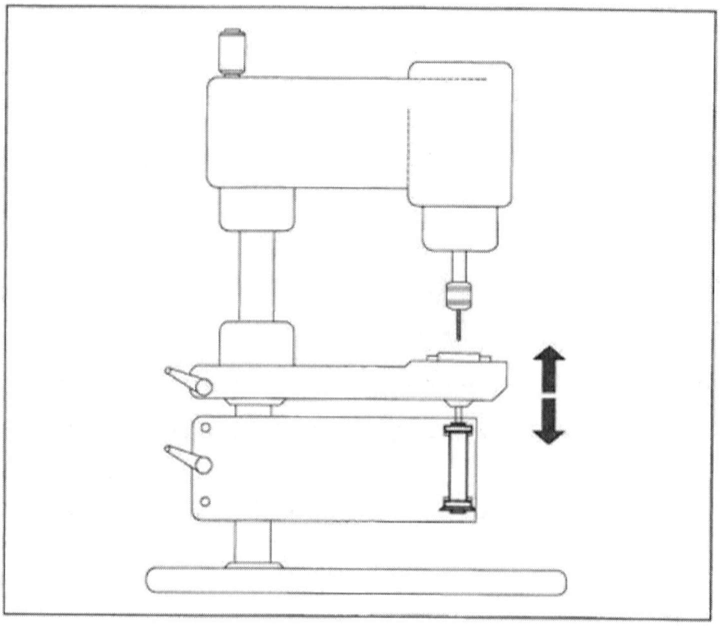

그림 17.22 드릴링 기계 이송작업의 위치도

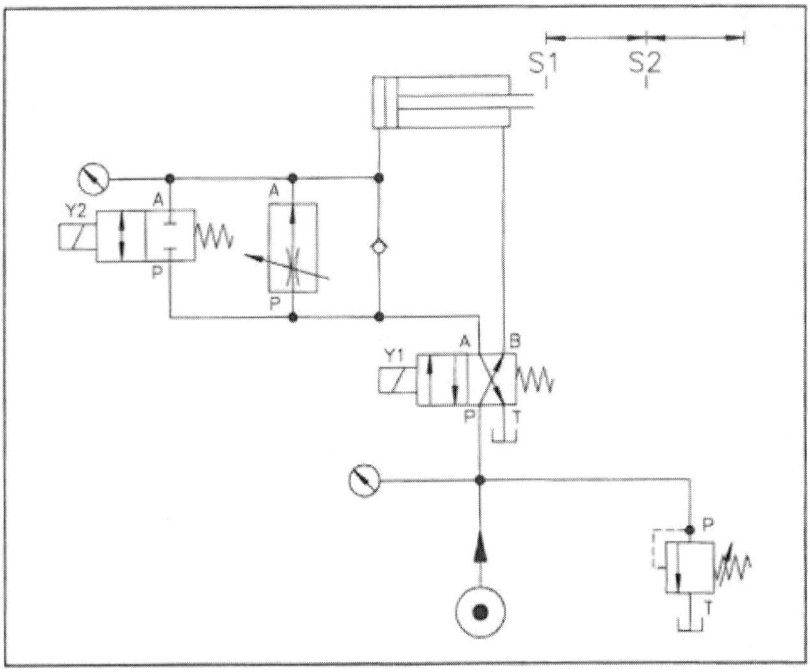

그림 17.23 드릴링 기계 이송작업의 유압 회로도

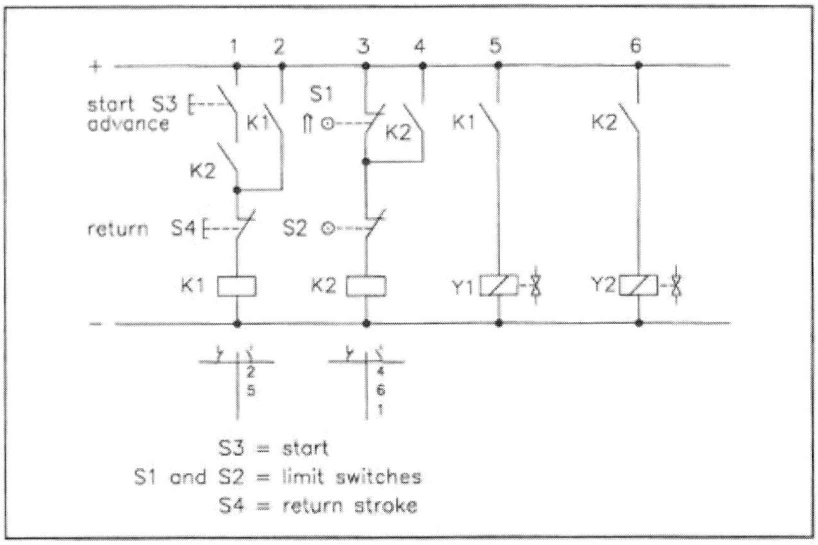

그림 17.24 드릴링 기계 이송작업의 전기 회로도

17.9 프레스(Press)

유압 실린더로 레버를 조작하여 부품을 형상가공하려고 한다. 우선 초기 압력으로 부품을 서서히 형상가공한다. 대략 100mm 정도 프레싱 작업이 이루어진 이후에는 높은 압력으로 전환된다. 프레싱 작업이 완료된 후에는 압력 스위치에 설정된 압력까지 상승한다. 이 압력에 도달하게 되면 압력 스위치가 동작하게 되고 이로 인하여 유압 실린더가 후진운동을 하게 된다. 유량조정밸브를 이용하여 유압 실린더의 전진속도와 후진속도가 함께 제어된다.

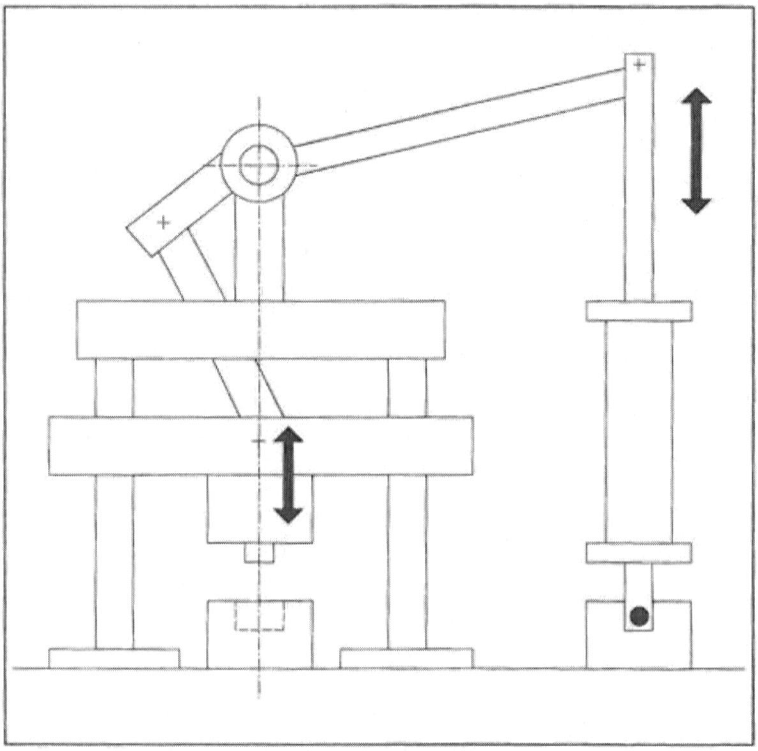

그림 17.25 프레스 작업의 위치도

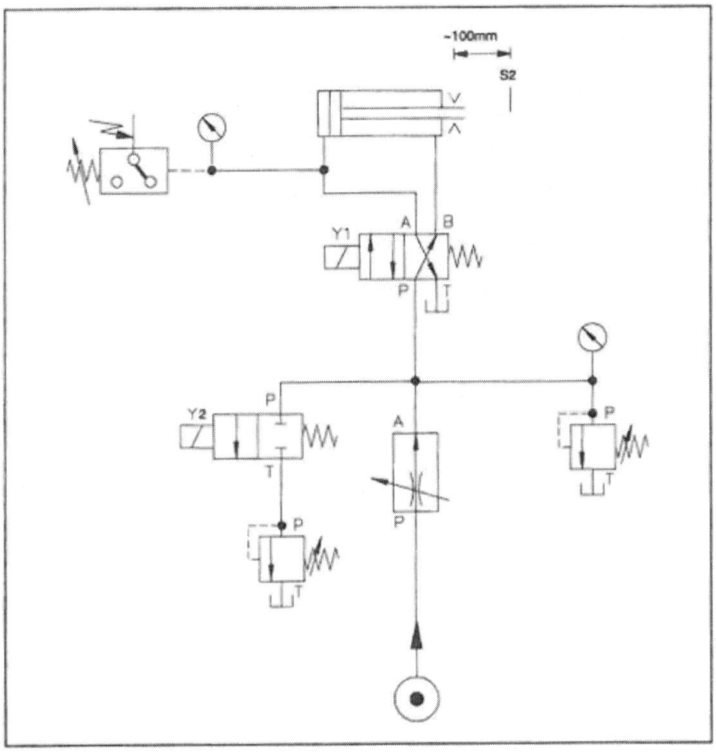

그림 17.26 프레스 작업의 유압 회로도

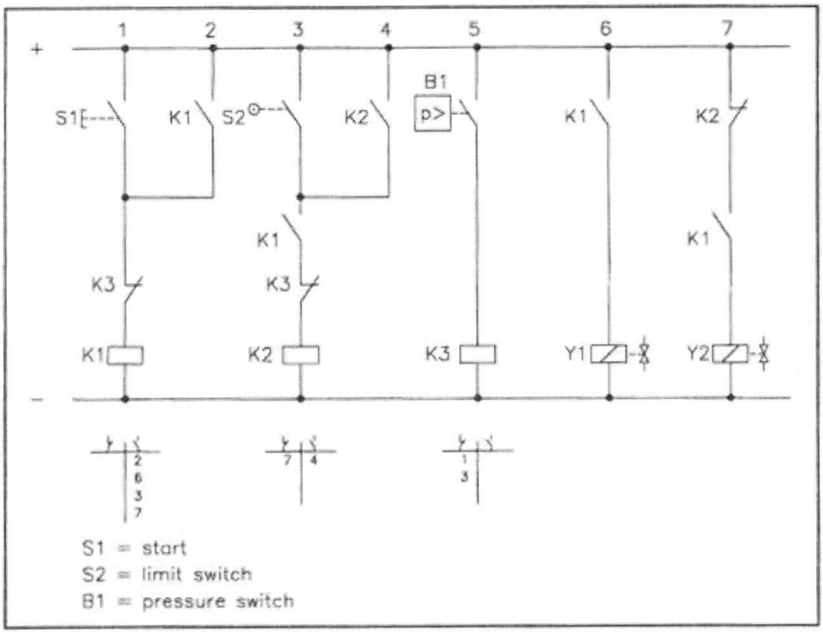

그림 17.27 프레스 작업의 전기 회로도

17.10 이송 장치(Feed device)

기계 가공 시간이 길어져서 한참 후에 부품이 상승된다. 유압 실린더가 후진 위치에 오래 머물러 있는 상태에서는 유압 작동유의 불필요한 온도 상승이 발생하기 때문에 펌프를 언로딩 시키려고 한다. 유량조정밸브를 이용하여 유압 실린더의 전진속도와 후진속도가 함께 제어된다.

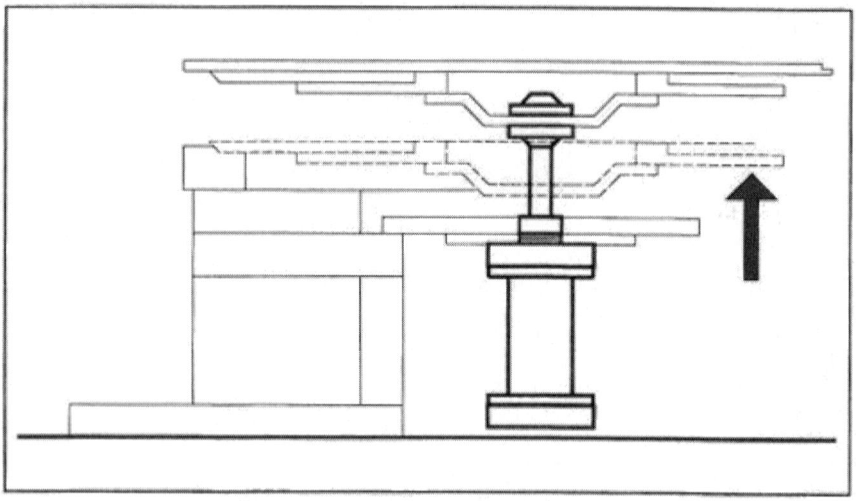

그림 17.28 이송 장치의 위치도

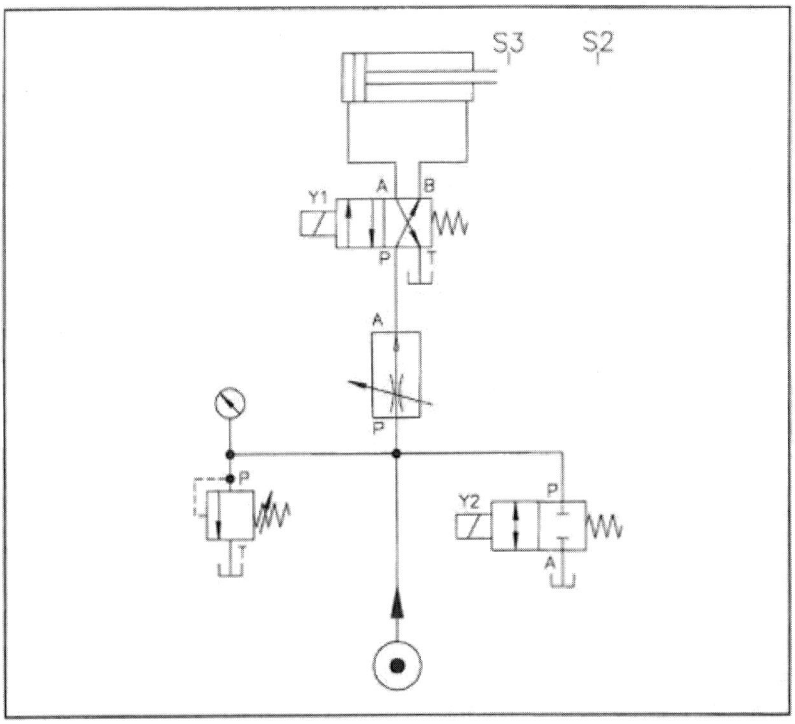

그림 17.29 이송 장치의 유압 회로도

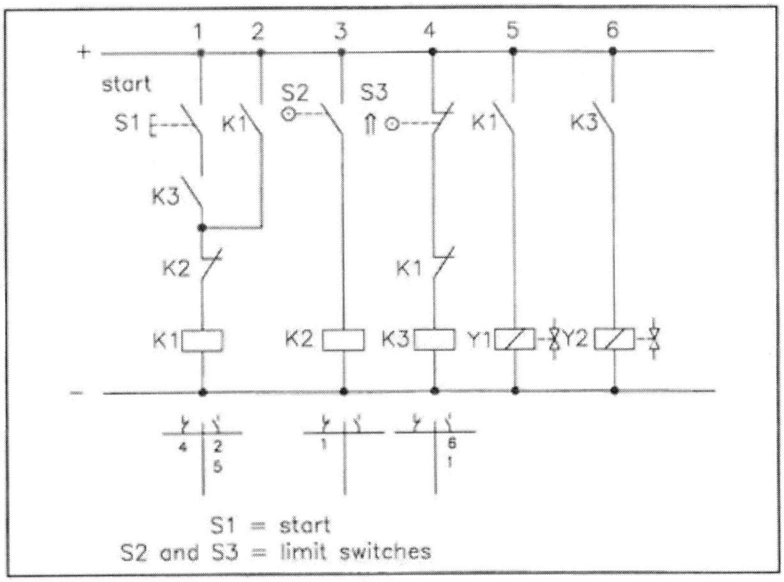

그림 17.30 이송 장치의 전기 회로도

17.11 조립 장치(Assembly device)

프레스 작업을 통하여 부품을 조립하려고 한다. 프레스 작업이 정밀하게 이루어지기 위해서 실린더 A가 설정된 압력에 도달될 때까지는 실린더 B가 전진운동이 되어서는 안 된다. 실린더 A와 실린더 B는 모두 일방향 유량제어밸브를 통하여 전진속도가 제어되는데, 실린더 A는 미터-아웃 방식으로 실린더 B는 미터-인 방식으로 이루어진다. 유압 파워부가 꺼졌을 때 실린더 A가 내려와서는 안 된다. 후진 스위치를 작동하기 전에는 두 실린더 모두 후진운동이 되지 않아야 한다. 후진 스위치는 잠금 기능이 있는 푸시버튼 스위치이고 후진 스위치가 눌려 있을 때에는 램프를 이용하여 잠금 상태를 보여 주어야 한다. 후진 스위치가 풀리기 전에는(램프가 켜져 있는 동안에는) 조립 장치가 재시동될 수 없다.

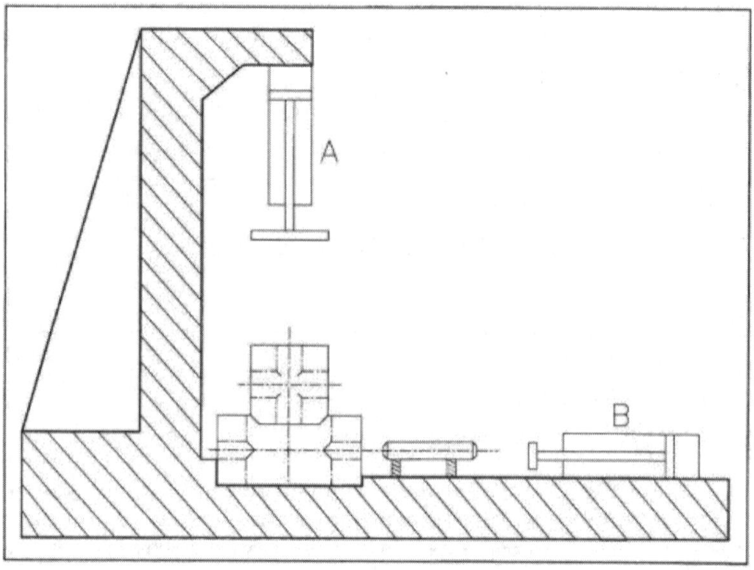

그림 17.31 조립 장치의 위치도

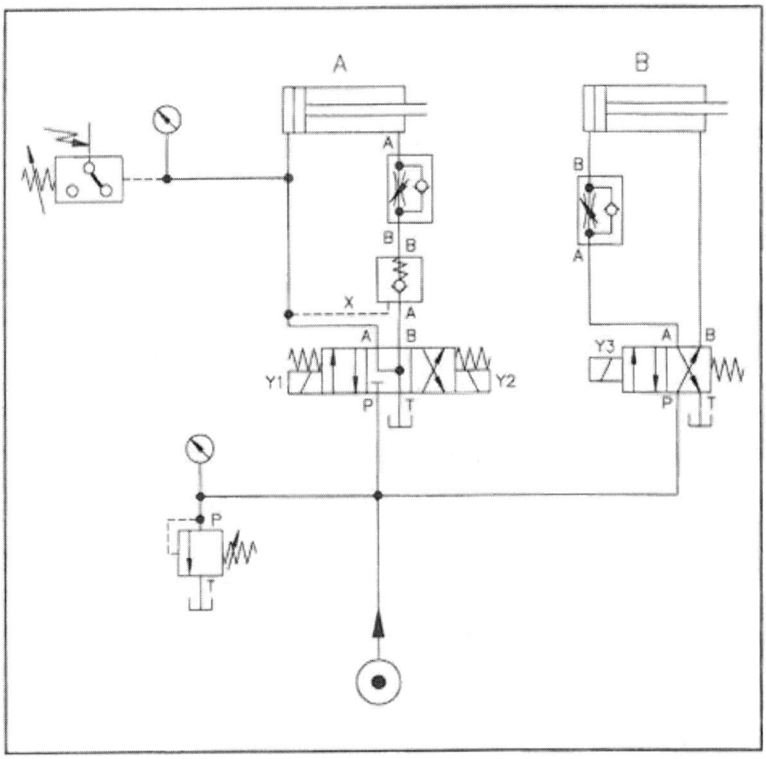

그림 17.32 조립 장치의 유압 회로도

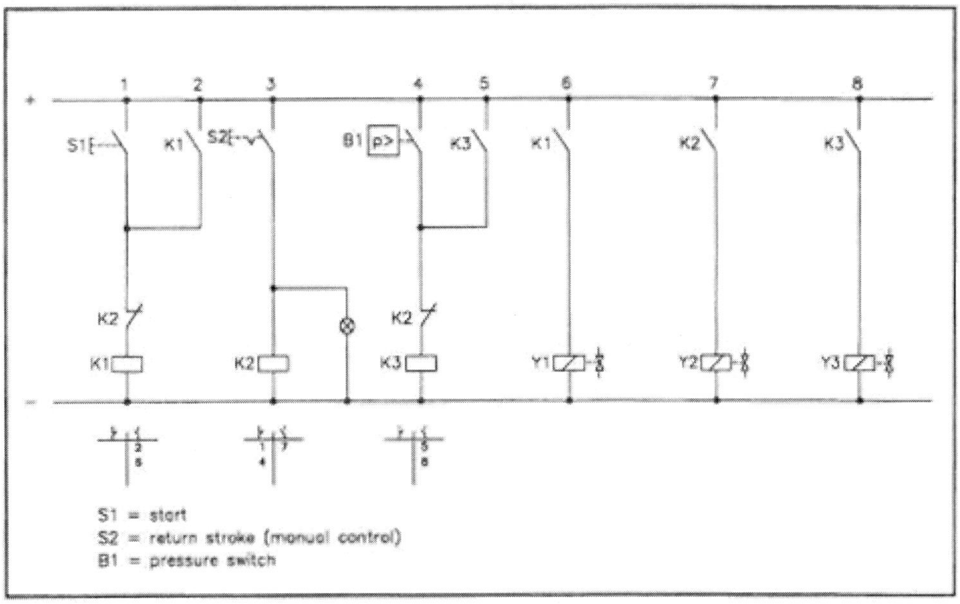

그림 17.33 이송 장치의 전기 회로도

17.12 리프팅 장치(Lifting device)

롤러 컨베이어를 이용하여 포장된 제품을 이동시키려고 한다. 실린더 A가 도착된 제품을 상승시키면 실린더 B가 두 번째 컨베이어로 제품을 밀어내게 된다. 이 작업이 끝나면 두 개의 실린더는 초기 위치로 귀환된다.

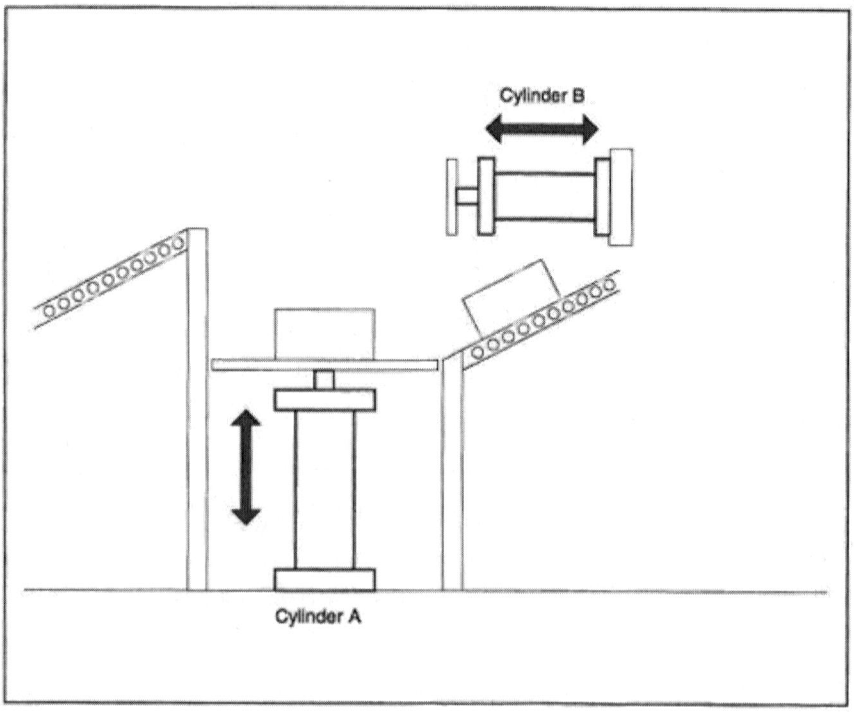

그림 17.34 리프팅 장치의 위치도

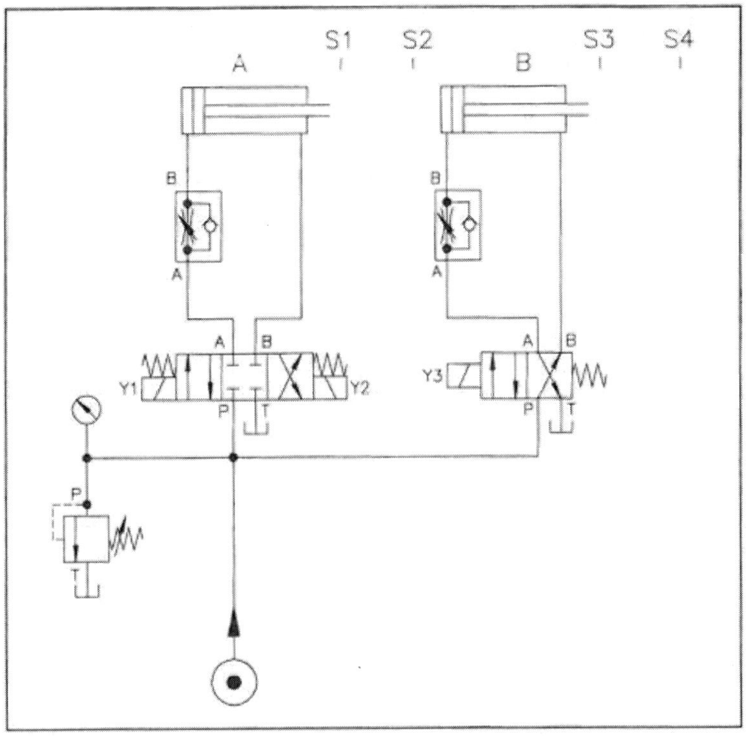

그림 17.35 조립 장치의 유압 회로도

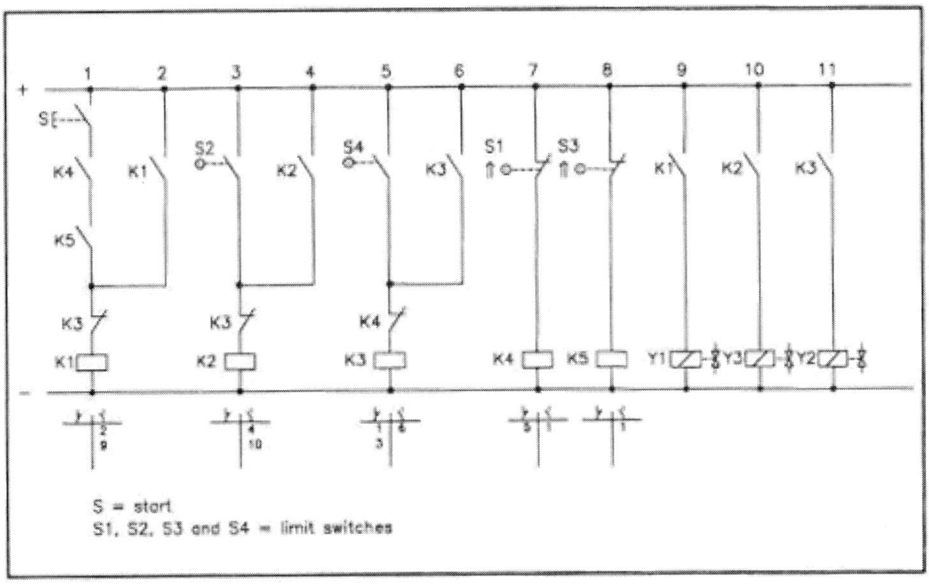

그림 17.36 조립 장치의 전기 회로도

17.13 회전 톱(Circular saw)

투 펌프 시스템(대용량 저압펌프와 소용량 고압펌프)을 이용하여 회전 톱이 빠른 속도로 작업 위치까지 도달할 수 있도록 한다. 절단 작업을 하는 경우에는 대용량 저압펌프를 언로딩시킨다. 절단 작업이 완료된 후에는 초기 위치로 귀환된다.

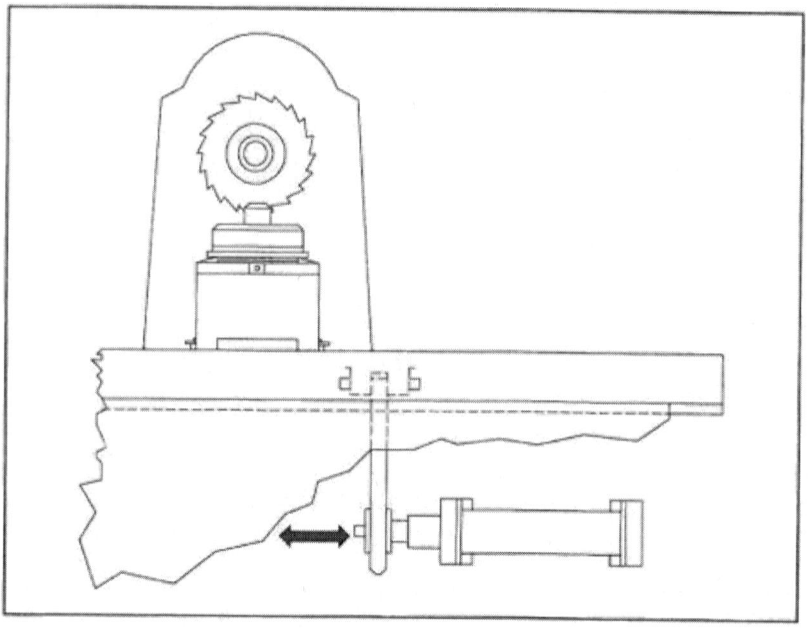

그림 17.37 리프팅 장치의 위치도

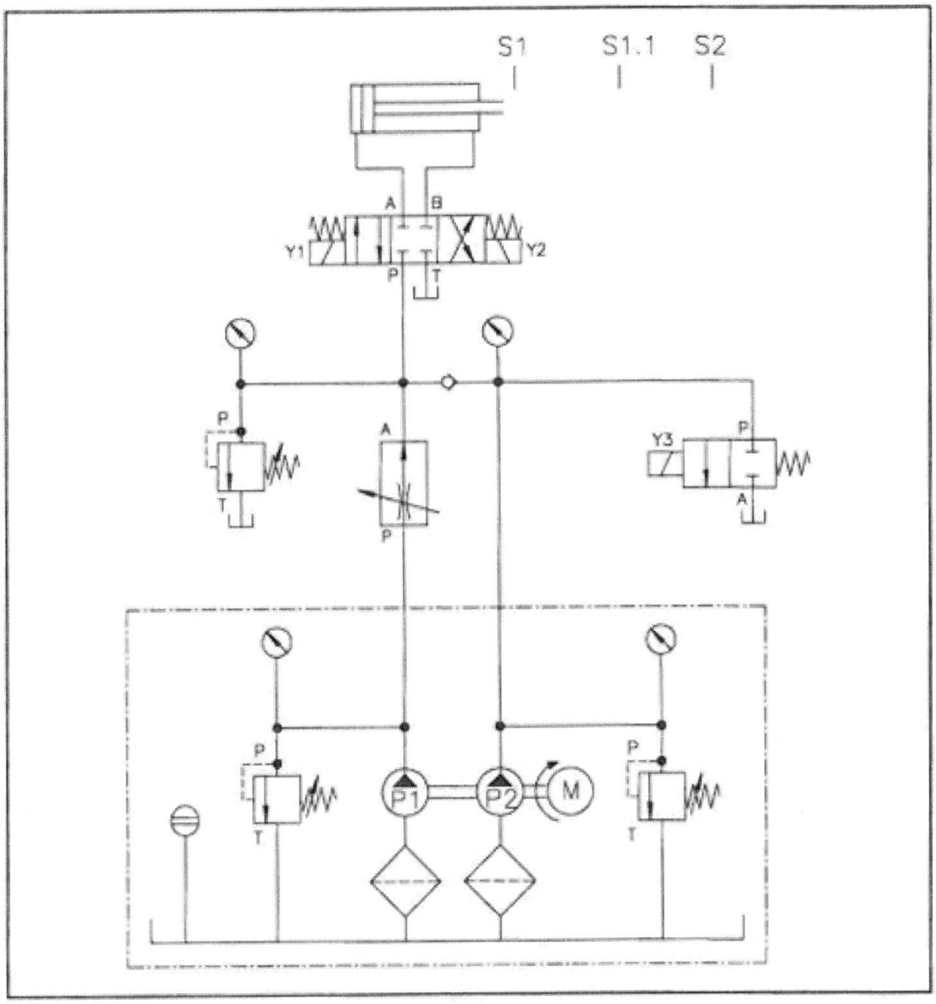

그림 17.38 리프팅 장치의 유압 회로도

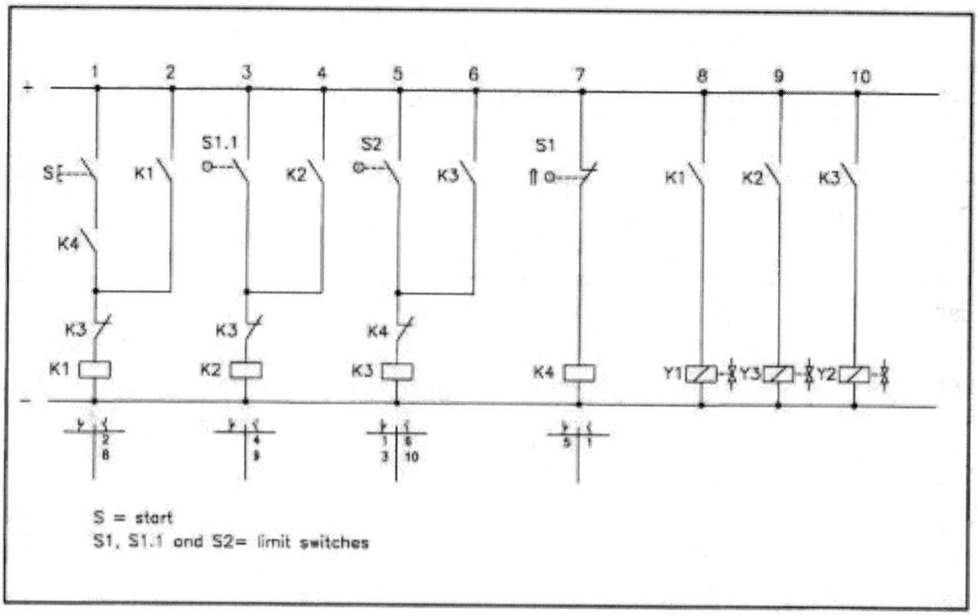

그림 17.39 리프팅 장치의 전기 회로도

저자와의
협의에 의해
인지 생략

NCS 유압제어

2판 3쇄 2022년 1월 10일

저 자 신흥열
발행인 송광헌
발행처 복두출판사
주 소 서울특별시 영등포구 경인로82길 3-4
센터플러스 807호
(우) 07371
전 화 02-2164-2580
FAX 02-2164-2584
등 록 1993. 11. 22. 제 10-902 호

정가 : 16,000원
ISBN : 979-11-5906-924-6 93560

한국과학기술출판협회 회원사